最受欢迎的种植业精品图书

ZUI SHOU HUANYING DE ZHONGZHIYE JINGPIN TUSHU

图说
农田杂草识别及防除

TUSHUO NONGTIAN ZACAO SHIBIE JI FANGCHU

第2版

马承忠　刘　滨
许　捷　颜玉树　编著

中国农业出版社

内 容 提 要

杂草与植物病虫害一样，是农业生产中的重大灾害。农田杂草阻碍作物生长发育并造成不可估量的经济损失。本书为了使读者更好地掌握杂草防除技术，从杂草特别是幼苗的识别入手，介绍了我国农田常见的215种杂草及防除技术，包括幼苗特征、成株特征、识别提示、本草概述及防除指南，并有幼苗和成株形态图，为识别提供方便。

本书图文并茂，通俗易懂，具有科学性、可操作性和实用性，可供农业生产者、大中专院校师生和农业技术人员及科研人员参考。

前 言

杂草是农业生产中的一大灾害。如何防除农田杂草，一直是农业生产中的重大难题。准确地识别农田杂草，对于提高杂草的防除效果起着关键作用，杂草防除技术的发展对杂草的识别提出了更高的要求。

关于杂草识别方面的论著很多，但多数局限于成株形态的描述，涉及幼苗形态的描述很少。鉴于此，我们从农业生产的实际出发，兼顾幼苗和成株的形态描述，并配以大量插图，编著了这本《图说农田杂草识别及防除》科普读物。

本书收录了我国农田常见或较为常见的杂草215种，所录杂草的绝大多数均有幼苗和成株图示，并附有详尽的形态特征、生态习性描述，每种杂草均有识别提示和无公害防除指南。

由于我们水平有限，加之时间仓促，书中错误、疏漏在所难免，恳请同行和广大读者批评指正。

编著者

2013年9月

目 录

(一)星接藻科杂草

本科植物均产于淡水。植物体为1列同形态构造和生理功能的细胞所组成的不分枝丝状体，易断裂，断裂下来的细胞或断片均能独立生活，不断进行横分裂，以后再生为新的植物体。绝大多数种类以接合孢子营有性生殖，少数以厚壁孢子营无性生殖，部分种类二者兼具。各种生殖细胞都不具鞭毛。

1. 水　　绵
Spirogyra sp.

【别　　名】 青苔、绿丝子、绿水沫子。

【幼苗特征】 丝状体细胞间层溶解，可引起藻体断离，每一段都能独立发育成新的丝状体。合子遇适宜条件即萌发为幼小丝状体。合子成熟后，并不立即萌发，常沉落于池塘底部，以休眠状态度过不良环境，春天气候温和、水分与光照充足时萌发。合子萌发时，内部原生质体因吸水而膨胀，突破中层与外层壁。纤维素内壁因原生质往外突出，而扩张形成1管，此管增长，发育为新丝状体。

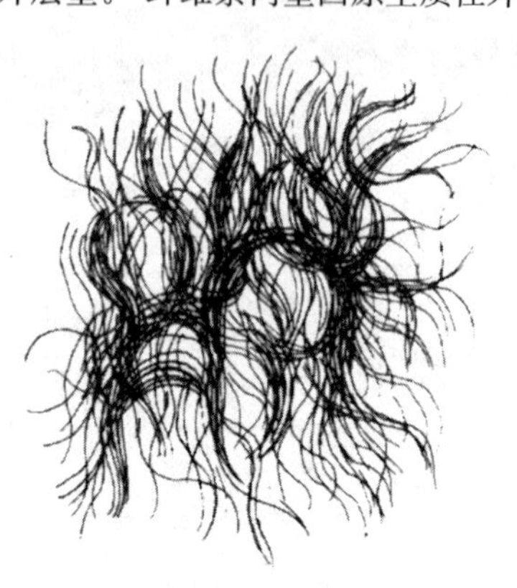

图1 水　绵

【成株特征】 水生绿藻植物，常群集成堆。单细胞为方形或矩形，有时为梯形，多数单细胞构成大的丝状体。丝状体绿色，被1层黏滑胶质，不具分枝，常多数成团如毛发，触摸有明显柔滑感。细胞的特殊形态为具带状回旋排列的色素体。因变种不同，色素体有1至数条。能进行接合生殖，产生大型梯状接合子（图1）。

【识别提示】 ①毛发状绿色大堆，漂浮在水面。②每个细胞内具带状色素体和细胞核，以及大型液泡。③具大型梯状接合子。④触摸丝状体有明显柔滑感。

【本草概述】 此种植物在水田和沟溪中较为常见，可强烈感染稻田和养鱼池。全国各地均有分布。

【防除指南】 及时放水晒田，用硫酸铜灭藻。少量发生时及时捞出，晒干毁掉。也可用扑草净、乙氧氟草醚、丙草胺等药剂防除。

（二）木贼科杂草

本科为多年生、陆生或沼泽植物。地下茎横生；地上茎有节，通常中空，单一或节上有轮生分枝，节间有纵棱，茎表皮外壁常含硅质。叶退化，下部连合成筒状或漏斗状鞘（鞘筒），包围节上，叶鞘顶端裂成狭齿（鞘齿）。孢子囊穗由盾形鳞片状孢子叶组成，每孢子叶背面着生6～9个孢子囊；孢子同型，有弹丝2～4条；弹丝细长，十字形着生，卷成螺旋形，围绕孢子，遇水即弹开，仅有1属。

2. 问　　荆

Equisetum arvense L.

【别　　名】 公母草、接续草、接骨草。

【幼苗特征】 初春时，从根状茎产生不分枝生殖枝，枝端丛生白色膨大孢子囊柄。孢子产生以后，生殖枝死去，随即另产生细长绿色不育营养枝，上轮生多数细枝。

【成株特征】 多年生草本。根茎发达，并常具小球茎。地上茎直立二型。营养茎在孢子茎枯萎后生出，高15～60厘米，有棱脊6～15条。叶退化，下部连合成鞘，鞘齿披针形，黑色，边缘灰白色，膜质；分枝轮生，中实，有棱脊3～4条，单一或再分枝。孢子茎早春先发，常为紫褐色，肉质，不分枝，鞘长而大。孢子囊穗顶生，钝头，孢子叶六角形，盾状着生，螺旋排列，边缘着生长形孢子囊。孢子一型（图2）。

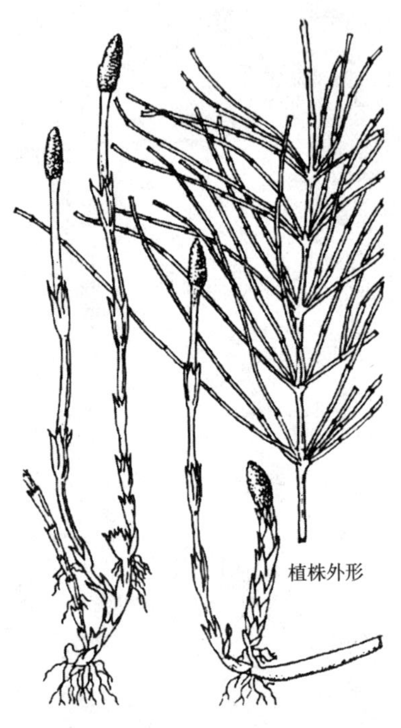

图2 问　荆

【识别提示】 ①植株异型；生孢子的茎没有叶绿素；迅速凋败，茎通常实心，鞘齿披针形。②叶退化，下部连合成鞘。③茎枝因沉积有多量的硅质，故质地很粗糙。

【本草概述】 生田间、沟旁，是旱地常见杂草，果园、苗圃也有生长。分布于东北、华北、山东、湖北、四川、贵州、新疆和西藏。部分小麦、大豆、谷子等旱作物受害较重。

【防除指南】 问荆以根茎繁殖为主，入土较深，对外界不良环境的抵抗力甚强。最佳的办法在于勤，出苗即锄掉，直至地下根茎中的营养耗尽，即可死去。敏感除草剂有麦草畏、灭草松、草甘膦、氟磺胺草醚、都阿混剂、三氟羧草醚等。

（三）蘋科杂草

本科为细小浅水生或湿生草本。根状茎的节上生根，有单生或簇生的叶。不育叶有长柄，小叶4片，叶脉由基部放射分叉，能育叶变为球形孢子果，孢子囊多数，每孢子囊群有少数大孢子囊，周围有数个小孢子囊。

3. 蘋
Marsilea quadrifolia L.

【别　名】 田字草、破铜钱、四叶菜、夜合草、四叶蘋。

【幼苗特征】 叶自细长的根状茎生出，近生或远生，叶柄长或短，顶端4枚倒卵状楔形小叶排成十字形（或称田字形）。基出脉叉状，射向边缘。

【成株特征】 多年生水生或湿生草本。根茎细长，横走泥中或生地面，茎节远离，向上发生1至数枚叶片，节下生须根数条，叶柄细长，小叶4，倒三角形，成十字形排列。根茎和叶柄的长短、叶着生的疏密可随水的深浅或有无，而有较大的变异。孢子果卵圆形，1～3枚簇生于短柄上，幼时有毛，后变无毛，孢子囊多个，大孢子囊和小孢子囊同生在一个孢子果内壁的囊托上，大孢子囊有1个大孢子，小孢子囊内有数个小孢子（图3）。

【识别提示】 ①具有细长根状茎，叶柄顶端具2对柄细短的小叶，排成十字形（或叫田字形）。②小叶基出叉状脉，质地细致，似银杏叶。③小叶夜间闭合，日出张开，水深则浮水面。

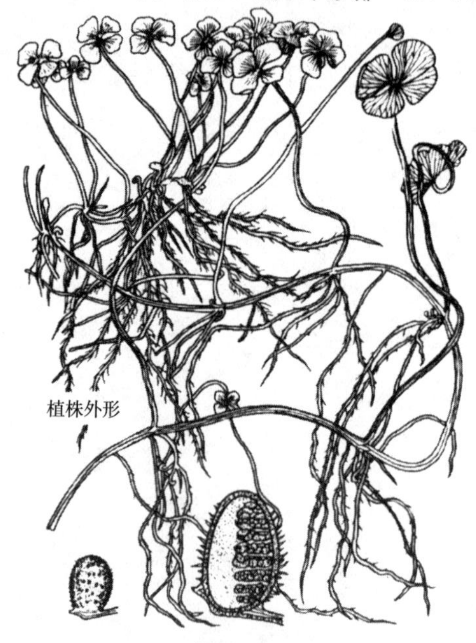

图3　蘋

【本草概述】 生浅水、沼池及低洼水湿地，广布全国各地。是稻田、蕹菜田恶性杂草。

【防除指南】 50年的干标本上的子囊果和浸于50°酒精中20年的子囊果均可萌发。由此可见，蘋对外界不良环境的抵抗力极强，可采用除根状茎的办法，年年行之，自可减少。敏感除草剂有扑草净、乙氧氟草醚、苄嘧磺隆、吡嘧磺隆、灭草松、恶草酮、二氯喹啉酸、异戊乙净等。

(四) 槐叶苹科杂草

本科植物形小，漂浮水面。茎纤细，横走，无毛，无真正的根。叶3片轮生，3列，其中2列漂浮水面，长圆形，表面密布乳头状突起，背面被毛，主脉明显，另1裂叶在水面下细裂成须根状悬垂水中，基部簇生孢子果。大孢子囊约8个，生于较小的孢子果内；小孢子囊多数，生于较大的孢子果内。

4. 槐叶蘋

Salvnia natans（L.）All.

【别　　名】 蜈蚣漂。

【幼苗特征】 孢子囊自孢子果散出，浮出水面。大小孢子均在孢子囊中萌发。大孢子产生雌配子体，有叶绿素；小孢子产生雄配子体，无叶绿素。雄配子体产生能移动的精子和雌配体所产生的卵子结合成合子，合子发育为胚，然后长成新株。常进行断体繁殖，茎极易断裂为新株。

【成株特征】 水生漂浮草本。茎细长，褐色，有毛。叶3片轮生，漂浮水面的叶形如槐叶，长圆形至椭圆形，基部略呈心形，全缘，表面绿色，密被乳头状突起，突起处簇生粗短毛，背面灰褐色，被有节的粗短毛，沉水叶细裂成须根状，悬垂于水中。孢子果4～8个，簇生于沉水叶的基部（图4）。

【识别提示】 ①植株甚似槐叶，浮生水面。②浮水叶绿色，上面有乳头状突起或束毛。③沉水叶叶柄粗壮，叶片细裂成丝状假根，假根上具根毛状单列细胞毛，垂悬水中。

【本草概述】 生水田、沟塘和静水溪河中，广布于长江以南及华北、东北各地。是稻田常见杂草，往往集生成丛，遮蔽水面。

【防除指南】 宜在秋季孢子囊尚未产生之际或虽已产生但尚未脱离母体坠入水底之前，将之捞出，连年行之，可以减少。药剂防除可用扑草净、灭草松、吡嘧磺隆、乙氧氟草醚、苄嘧磺隆等。

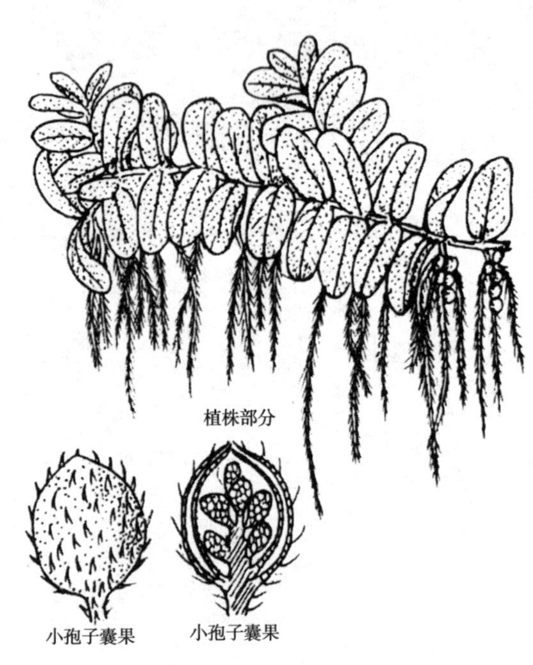

图4　槐叶蘋

(五) 满江红科杂草

浮生水面的小植物，绿色或赤色。根状茎极纤细曲折。叶微小，鳞片状，2列，互生，下有许多悬垂水中的须根。每叶有上下2裂片，上裂片浮水而覆盖根状茎，下裂片沉水中。孢子果有大小2形，成对着生于沉水裂片上；小孢子果球形，膜质，果内基部有多个孢子囊，每囊内有小孢子64个；大孢子果卵形，内有1个大孢子囊，囊内有1个大孢子。

5. 满 江 红

Azolla imbricata（Roxb.）

【别　　名】 绿萍。

【幼苗特征】 大孢子果产生的大孢子萌发为雌配子体，上有颈卵器，内生1个卵子，小孢子果产生的小孢子萌发为雄配子体，上有精子器，内有多数精子。精卵结合成合子，合子萌发成胚，再演化为新植株。根茎繁殖速度极快。

【成株特征】 植物体圆形或三角形，直径不到1厘米。根状茎羽状分枝，须根悬垂水中。叶小，互生，无柄，覆瓦状排列为2行，方形或卵形，全缘，分裂为上下2裂片，下裂片透明膜质，沉没水中营吸收作用；上裂片绿色，秋后转为紫红色，浮于水面表面有乳头状突起，营光合作用（图5）。

【识别提示】 ①漂浮小草本。②枝上生2列覆瓦状排列的小叶。③茎的腹面生须根，垂没水中，须根之毛状侧根成簇束。

【本草概述】 生于稻田或静水池塘中，广布全国各地，以长江以南各省区较普遍。是稻田中常见的杂草。

【防除指南】 满江红形式是杂草，实则为良好的绿肥，此草因有蓝藻共生可固氮肥田。但布满水面，则可造成水中缺氧，蔽光，对水中的生物极为不利。敏感除草剂有吡嘧磺隆、苄嘧磺隆、扑草净、敌草隆等。

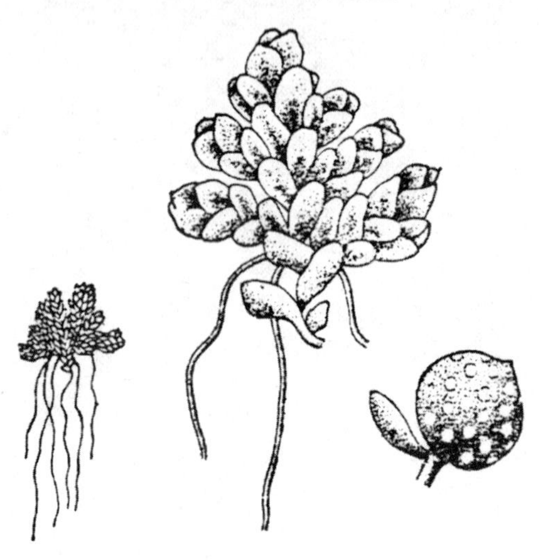

图5　满江红

（六）三白草科杂草

多年生草本。茎有明显的节。单叶互生，有贴生在叶柄上的托叶。花两性，密集成穗状或总状花序，与叶对生，有长的总花梗；有小苞片或大而明显的苞片；无花被；雄蕊3～8，离生或贴生于子房基部或上端；子房上位，3～4 心皮组成。果实由分离开裂的果瓣组成或于顶端开裂；种子胚乳丰富。

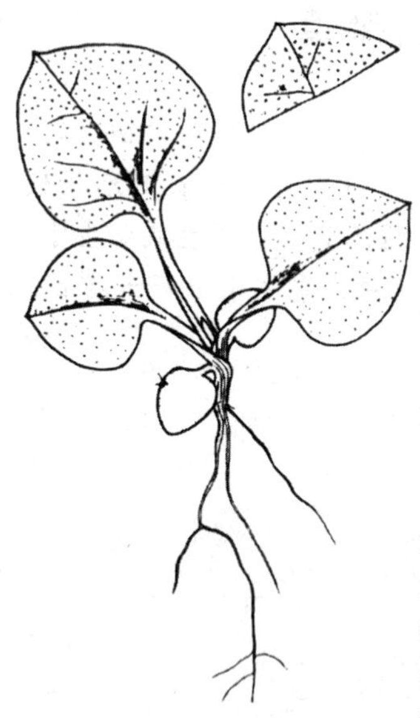
图6a 蕺菜幼苗

6. 蕺　　菜

Houttuynia cordata Thunb.

【别　　名】鱼腥草、臭腥草、狗贴耳。

【幼苗特征】种子出土萌发。子叶阔卵形，长2.5毫米，宽2毫米，无明显叶脉，具短柄。不存在上胚轴，下胚轴不发达。初生叶1片，互生，单叶，心脏形，有1条明显主脉，具叶柄。幼苗全株光滑无毛，揉碎幼苗可闻到浓烈的特异恶臭气味，似鱼腥味（图6a）。

【成株特征】多年生草本，高15～50厘米，有腥臭味，根茎发达，地上茎常带紫色，无毛。叶互生，具柄，叶片心形或宽卵形，全缘，有细腺点，两面叶脉具柔毛，叶背常带紫色。托叶膜质，条形，下部与叶柄合生成鞘状。穗状花序生于茎顶，与叶对生，基部有4片白色花瓣状苞片，花小而密，两性，无花被；雄蕊3，雌蕊由3个下部合生的心皮组成。子房上位，花柱分离。蒴果球形，先端开裂；种子卵圆形（图6b）。

【识别提示】①子叶呈阔卵形，初生叶叶柄基部无鞘，揉碎幼苗有浓烈的腥臭。②花有4片大而明显的白色总苞片；雄蕊3。

【本草概述】喜生淡水湿地，较阴之处尤适，常群生，水田坎上、田边、山野林边湿地等处处有之。广布于长江以南各省区，北至河南、陕西和甘肃南部。是低湿地果园和旱作田常见杂草。

【防除指南】此草种子繁殖并不重要，主要为地下根状茎的繁殖，入土很深，对外界不良环境之抵抗力甚强，根除比较困难，最好的办法在于勤锄，出苗即锄掉，直至其地下根状茎的养料耗尽即可死去。

图6b 蕺菜成株

（七）大麻科杂草

直立或缠绕草本，单叶互生或对生，不分裂或掌状分裂，有托叶。花雌雄异株，腋生，雄花为圆锥花序，花被5，覆瓦状排列，雄蕊5，雌蕊无柄，丛生或集成球果状穗状花序，有宿存的苞片，雌花被退化为1全缘的膜质片，紧包子房，子房1室，花柱2裂。果实为瘦果，有宿存花被，种子有肉质胚乳。

7. 葎　　草

Humulus scandens (Lour) Merr.

图 7a　葎草幼苗

【别　　名】 勒草、拉拉藤、拉拉秧。

【幼苗特征】 种子出土萌发。子叶带状，长 3～3.8 厘米，宽 0.4 厘米，先端急尖，全缘，有 1 条明显中脉。下胚轴发达，紫红色，上胚轴很短，密被短柔毛。初生叶 2 片，对生，卵形，3 深裂，每裂片有锯齿。后生叶为掌状裂叶（图 7a）。

【成株特征】 一年生或多年生缠绕草本，茎、枝和叶柄都有倒生的皮刺。叶纸质，通常对生，具长柄，叶片掌状深裂，裂片5～7，边缘有粗锯齿，两面有粗硬毛。花单性，雌雄异株，雄花小，淡黄绿色，排列成长15～25 厘米的圆锥花序，花被片和雄蕊各 5，雌花排列成近圆形的穗状花序，每 2 朵花外具 1 卵形、有白刺毛的小苞片，花被退化为 1 全缘的膜质片。瘦果扁圆形，先端具圆柱状突起（图 7b）。

【识别提示】 ①缠绕性藤本，全株具倒生的皮刺，初生叶为掌状裂叶。②雌雄异株，雄花序圆锥状，雌花序为近圆形的穗状花序，每 2 朵雌花生于 1 个小形叶状苞片内。③瘦果包在覆瓦状的宿存苞片内，外形像松树的球果，每面具 4 条纵棱。

【本草概述】 普遍生于路旁、菜地、果园及其他旱地。除新疆和青海外，全国各地均有分布。常群生，华北地区常见其侵入农田，危害小麦、玉米、果树，局部地区造成严重减产，且影响机械作业。也是棉红蜘蛛、绿盲蝽、棉叶蝉、双斑萤叶岬等的寄主。

【防除指南】 深耕，加强田间管理，结合野生植物的利用，在种子成熟前拔除全株。敏感除草剂有噻吩磺隆、苯磺隆、草甘膦、麦草畏、2,4-D等。

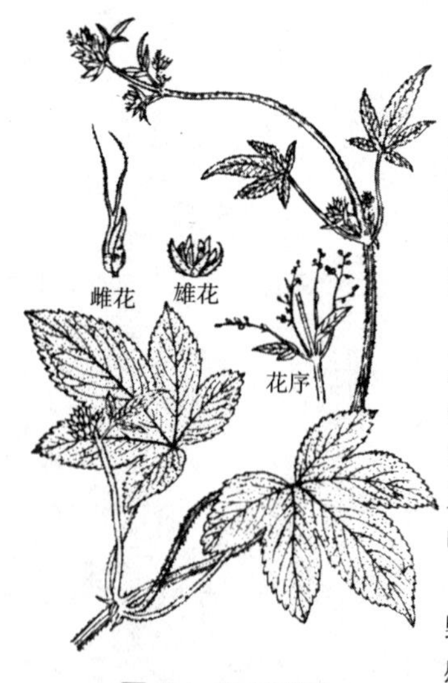

图 7b　葎草成株

（八）檀香科杂草

乔木、灌木或草本，有时为半寄生状态。单叶互生或对生，全缘，有时退化成鳞片状，无托叶。花小，辐射对称，两性或单性，花被1轮，萼片状或花瓣状，通常肉质，基部常呈管状，顶端分裂成4～5片或3～6片，雄蕊5，花被裂片同数而对生，花药2室，子房下位或半下位，1室。果实为坚果或核果。

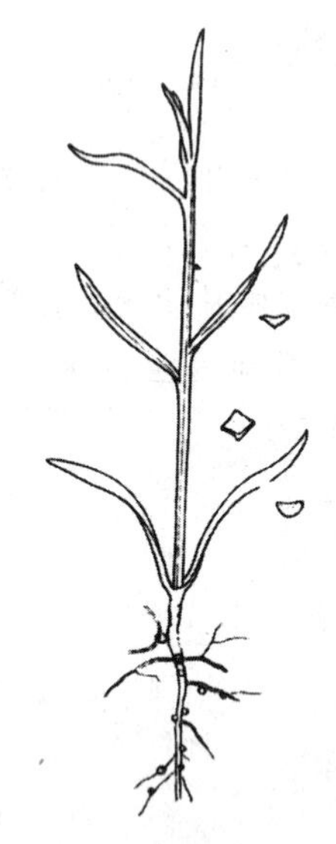
图 8a 百蕊草幼苗

图 8b 百蕊草成株

8. 百蕊草

Thesium chinense Turcz.

【别　　名】 百乳草、地石榴。

【幼苗特征】 种子出土萌发。子叶2片，因子叶柄强烈伸长而把叶片托出地面，叶片带状，长2厘米，宽0.1厘米，无叶脉，无叶柄。上胚轴极发达，绿色，下胚轴不明显。初生叶1片，互生，单叶，带状披针形，有1条中脉，无叶柄。幼苗主根发达，侧根多分枝，根上有吸器，常吸附其他植物根上，营半寄生生活（图 8a）。

【成株特征】 多年生半寄生草本，高15～30厘米。基部多分枝，枝柔细，有棱条。叶互生，线形而尖，具1脉。花小，腋生，具1苞片和2小苞片，花被钟状，白绿色，5裂，偶4裂；雄蕊5裂片同数，着生于裂口内面，并与裂片对生；子房下位，柱头头状。坚果球形，花被宿存，网纹显著（图 8b）。

【识别提示】 ①幼苗的根部具吸器，属半寄生杂草。②叶互生而狭长，具1脉。③白绿色小花有1苞片和2小苞片，雄蕊与裂片对生。

【本草概述】 生长于草地、果园、苗圃等处，常寄生于其他植物根上。我国各地均有分布。

【防除指南】 及时拔除幼苗，也可通过合理轮作的方式解决。果园中常用草甘膦进行化学防除。

（九）马兜铃科杂草

草本或灌木，通常缠绕生长。单叶互生，常心形，全缘或3～5裂，无托叶。花两性，单生或腋生，成簇或排列成总状花序；花被有时整齐，3裂，钟状或辐射状，有时不整齐，两侧对称，形状如囊；雄蕊6或多个；花柱通常6；子房下位或半下位，有4～6室；胚珠多个。果实为蒴果，胞背或胞间开裂；种子多个，三角形或扁形。

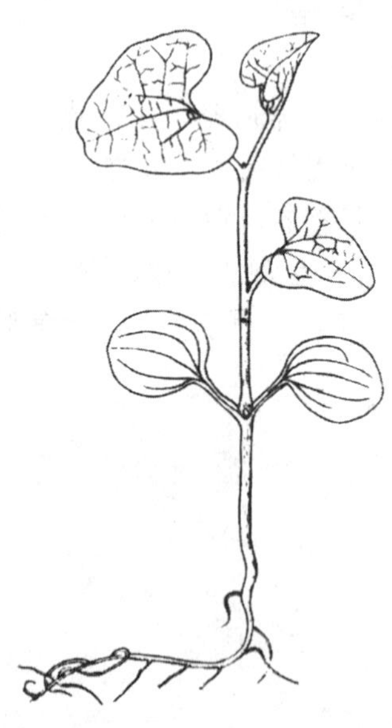

图9a 马兜铃幼苗

9. 马 兜 铃

Aristolochia debilis Sieb. et Zucc.

【别　　名】 臭拉秧子、痒辣菜、青木香藤。

【幼苗特征】 种子出土萌发，子叶近圆形，长11毫米，宽9.5毫米，有5条明显叶脉，具长柄。上、下胚轴均发达。初生叶1片，互生，单叶，阔卵形，先端钝圆，叶基耳垂形，有明显网状脉，有长柄。幼苗全株光滑无毛（图9a）。

【成株特征】 多年生缠绕草本，基部木质化，全株无毛。根细长，在土下延伸，到处生苗。叶互生，三角状椭圆形至卵状披针形或卵形，基部心形，两侧具圆的耳片。花单生于叶腋；花柄长约1厘米，花被管状或喇叭状，略弯斜，长3～4厘米，基部膨大成球形，中部收缩成管状，缘部卵状披针形，全缘，长约2厘米，上部暗紫色，下部绿色；雄蕊6，靠生于粗短的花柱体周围，柱头6。蒴果近球形，直径约4厘米，6瓣裂；种子扁平三角形，边缘有灰白色宽翅（图9b）。

【识别提示】 ①幼苗全株光滑无毛，初生叶的叶基呈耳垂形。②全株有特殊的臭味。③花不整齐，蒴果6瓣开裂。

【本草概述】 喜生于山坡草丛或路旁灌丛，常见于田园及堤岸等地。分布在黄河以南至长江流域，南至广西等省、自治区。部分玉米田可受其害。

【防除指南】 精细田间管理，及时连根铲除。

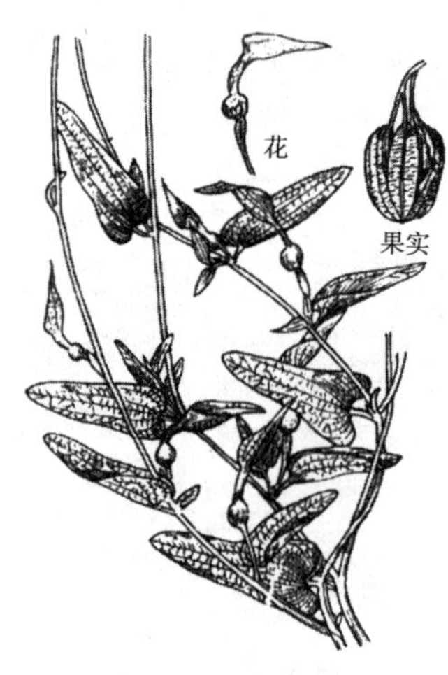

图9b 马兜铃成株

（十）蓼科杂草

一年生或多年生草本，很少半灌木或灌木。茎直立或半直立蔓性，平卧地面，缠绕或攀缘，节通常肿胀。单叶互生，全缘，稀分裂；基部与托叶形成的叶鞘相连（这种叶鞘称为托叶鞘），圆筒形，膜质。花两性，很少单性异株，整齐、簇生或由花簇（1至数朵花簇生于鞘状苞或小苞内）组成穗状、头状、总状或圆锥花序；花梗常有关节，基部有小形的苞片；花被片5，很少3、6，花瓣状，宿存；雄蕊通常8，稀6～9或更少；子房上位，花柱2～3裂。果实为瘦果，3棱形或两面凸形，部分或全部包于宿存的花被内；种子有丰富的粉质胚乳。

图 10a　萹蓄幼苗

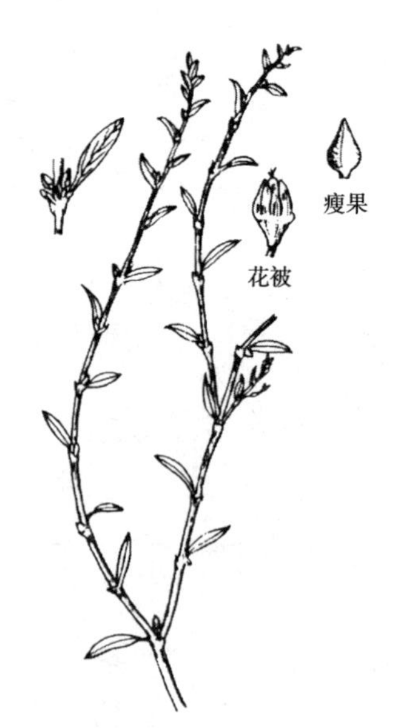

图 10b　萹蓄成株

10. 萹　　蓄

Polygonum aviculare L.

【别　　名】 竹鞭菜、竹节草、乌蓼、扁竹。

【幼苗特征】 种子出土萌发。子叶带状，长 1.4 厘米，宽 1.5 毫米，先端锐尖，全缘，叶基渐窄，无叶柄，下胚轴发达，红色，上胚轴不发育。初生叶 1 片，互生，单叶，倒披针形，先端锐尖，全缘，叶基渐窄，具短柄，基部有膜质的托叶鞘，鞘口齿裂，无缘毛。幼苗全株光滑无毛（图 10a）。

【成株特征】 一年生草本。茎自基部分枝，平卧或上升，有时直立，高 10～40 厘米，常有白粉，绿色，有沟纹。叶互生，具短柄，叶片线形至披针形，全缘，托叶鞘膜质。花 1～5 朵簇生叶腋，露出托叶鞘之外；花被 5 深裂，裂片椭圆形，暗绿色，边缘白色或淡红色，雄蕊 8，花柱 3 裂。瘦果卵形，表面有棱，深褐色。种子红褐色（图 10b）。

【识别提示】 ①幼苗叶子的叶柄基部具托叶鞘，抱轴。②叶基部有关节，托叶鞘数裂，叶小，线形或披针形。③雄蕊8。

【本草概述】 生于农田、渠边、路旁及水边湿地。全国各省、自治区均有分布，以北方最普遍，主要危害小麦、大麦、油菜、蔬菜等，棉田、果园、苗圃也有生长。是小地老虎、双斑萤叶岬的寄主。

【防除指南】 合理轮作和秋深翻地。废除不必要的田道，早期铲除，清理田旁隙地和路边。敏感除草剂有草灭威、甲草胺、乳氟禾草灵、西玛津、扑草净、哒草特、溴苯腈、都阿混剂、异丙甲草胺、氟尔灵等。

11. 红　　蓼

Polygonum orientale L.

图 11a　红蓼幼苗

【别　　名】 荭草、水红子、东方蓼。

【幼苗特征】 种子出土萌发。子叶弓形带状，长 3 厘米，宽 2.5 毫米，先端急尖，全缘，叶基渐窄，并互相合生成筒状，有 1 条中脉。下胚轴非常发达，紫红色，上胚轴不发育，被长柔毛，绿色。初生叶 1 片，互生，单叶，卵形，全缘，具睫毛，有长柄，基部有环形叶状托叶鞘，表面被毛（图 11a）。

【成株特征】 一年生草本，高 1～3 米。茎直立，多分枝，遍体密生柔毛。叶互生，具长柄；叶片卵形或宽卵形，顶端渐尖，基部圆形或浅心形，全缘，两面疏生长毛；托叶鞘筒状，顶端有草质的环状翅或干膜质裂片。花穗长圆柱形，通常数个排列成圆锥状；花被 5 深裂，淡红色，雄蕊 7，伸出花被外，柱头 2。瘦果近圆形，扁平，黑色，有光泽（图 11b）。

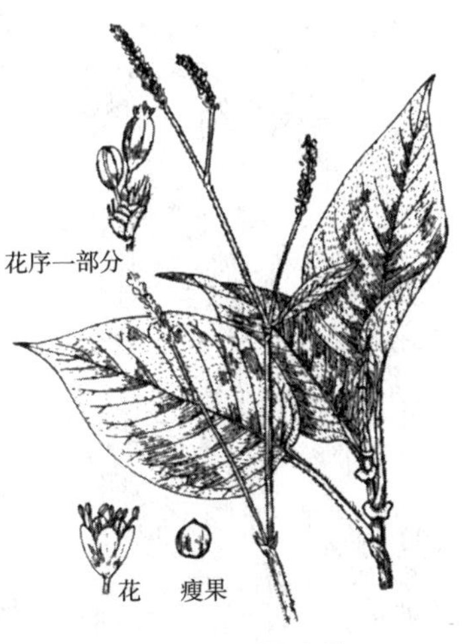

图 11b　红蓼成株

【识别提示】 ①鞘状托叶围绕茎节，上部扩展成叶状，绿色，下部抱茎，为褐色膜质。②全体生长柔毛。③雄蕊 7，长于花被。④种子顶部具小柱状突起。

【本草概述】 生农田、路旁、水边湿地。全国各地均有分布，以中部或北部较多，栽培或野生。部分小麦、大豆、马铃薯、甜菜等旱作物受害较重。

【防除指南】 合理轮作，适时中耕除草，并早期清理田旁隙地。敏感除草剂有拉索、敌稗、广灭灵、伴地农、苯达松、恶草灵、氟乐灵、阔叶净等。

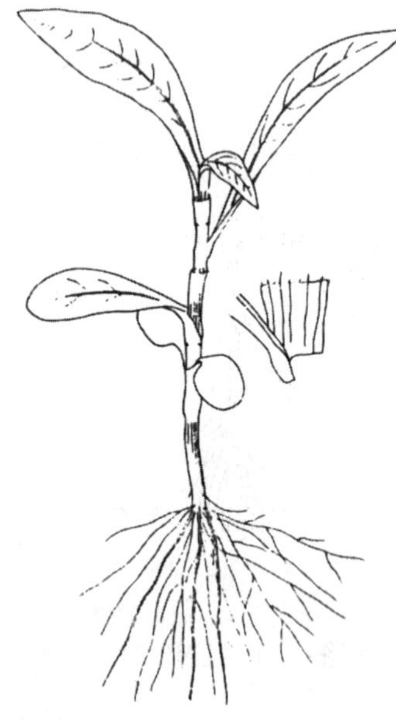

图 12a　水蓼幼苗

图 12b　水蓼成株

12. 水　　蓼

Polygonum hydropiper L.

【别　　名】 水马蓼、辣蓼、水蓼吊。

【幼苗特征】 种子出土萌发。子叶阔卵形，长6毫米，宽4.5毫米，先端钝圆，全缘，具短柄。上、下胚轴均明显，红色。初生叶1片，茎生，单叶，倒卵形，有1条明显中脉，红色，具叶柄，基部有1膜质托叶鞘，鞘口有数条短缘毛。幼苗全株光滑无毛（图 12a）。

【成株特征】 一年生草本，高 40～80 厘米，茎直立或倾斜，多分枝，无毛。叶互生，具短柄；叶片披针形，先端渐尖，基部楔形，全缘，通常两面有腺点；托叶鞘筒形，膜质有睫毛。花序穗状，顶生或腋生，细长，常弯垂，花疏生，下部间断，苞片钟形，花被 5 深裂，淡红色或淡绿色，雄蕊通常 6，花柱 2～3。瘦果卵形，暗褐色，或稍显三棱（图 12b）。

【识别提示】 ①初生叶倒卵形，叶缘不具睫毛。②全株有辣味。③线状总状花序，着生小花，往往间断呈疏生状。④雄蕊 6。

【本草概述】 生于水边湿地或农田，全国各地均有分布，以中部和南部地区较普遍，主要危害水稻和低湿地大豆、小麦等作物。

【防除指南】 敏感除草剂有扑草净、西草净、苄嘧磺隆、灭草松、溴苯腈、异戊乙净、禾草特等。

13. 粘 毛 蓼

Polygonum viscosum Buch. - Ham

【别　　名】 香马蓼、香蓼。

【幼苗特征】 种子出土萌发。子叶阔卵形，长8毫米，宽5毫米，先端钝尖，全缘，具乳头状腺毛，背面红色，有红色长柄。上、下胚轴均发达。初生叶1片，互生，单叶，卵形，也具乳头状腺毛，具长柄，基部有膜质筒状托叶鞘。幼苗全株密被混杂毛（图 13a）。

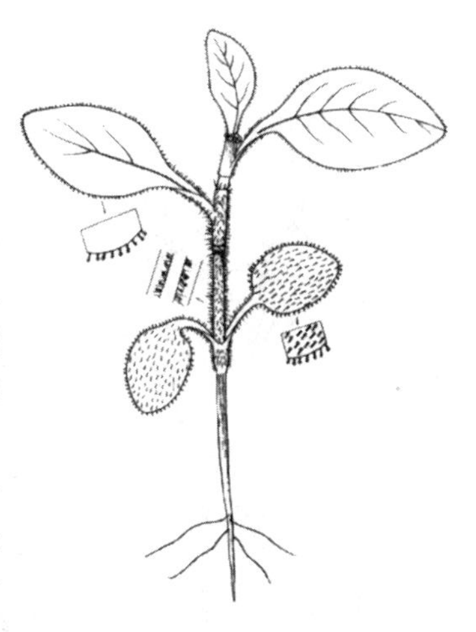

图 13a　粘毛蓼幼苗

【成株特征】 一生年草本，高50～120厘米。茎直立，上部多分枝，密生开展长毛和有柄脉毛。叶互生，具柄，有狭翅，叶片披针形或宽披针形，全缘，两面生糙伏毛；托叶鞘筒状，膜质，密生长毛。花序穗状，总花梗密生长毛和腺毛；花红色，花被5深裂；雄蕊8，花柱 3。瘦果卵状三棱形，黑褐色，有光泽（图 13b）。

【识别提示】 ①全株密生长毛和有柄腺毛，常分泌黏液。②托叶鞘筒形。③幼苗全株揉碎后有浓烈的香味。④雄蕊 8。

【本草概述】 生水边及路旁湿地。分布于吉林、辽宁、陕西、河南、江苏、浙江、福建、江西、广东、云南和贵州等省。是水田及低湿田常见杂草，对大豆、小麦、马铃薯等作物危害较重。

【防除指南】 合理轮作，全面秋深耕；生育期多次中耕除草，并于作物封垄后拔大草。药剂防除可用草甘膦、伴地农、2甲4氯、2,4-D等。

图 13b　粘毛蓼成株

14. 卷茎蓼

Polygonum convolvulus L.

图 14a 卷茎蓼幼苗

【别　　名】 荞麦蔓、野荞麦秧。

【幼苗特征】 种子出土萌发。子叶椭圆形，长 1.5 厘米，宽 5 毫米，具短柄。下胚轴非常发达，表面密生极细的刺状毛，上胚轴很发达，其下半段被子叶柄合生而成的“子叶管”所包裹，上半段裸露在外，横剖面呈六棱形。初生叶片互生，单叶，卵形，具长柄，基部有白色膜质托叶鞘（图 14a）。

【成株特征】 一年生草本。茎缠绕，细弱，有条棱。叶互生，具长柄；叶片卵形，先端渐尖，基部宽心形；托叶鞘短。花序穗状，腋生，苞片卵形，花排列，稀疏，淡绿色；花被 5 深裂，裂片在果期稍增大，有突起的肋或狭翅；雄蕊 8，短于花被；花柱极短。瘦果卵形，有 3 棱，密布小点（图 14b）。

图 14b 卷茎蓼成株

【识别提示】 ①初生叶卵形，叶柄及幼苗的茎均无倒钩刺。②上胚轴下半段被“子叶管”所包裹。③缠绕性草本，无根状茎。④雄蕊 8，花柱 3 裂，柱头状。

【本草概述】 生农田、路旁或荒地草丛中。分布于东北和华北各省、自治区。主要危害小麦、大麦、大豆、粟、果树和幼林，尤以小麦受害严重。

【防除指南】 合理轮作和秋深耕。加强选种措施，多次中耕除草。敏感除草剂有氟磺胺草醚、噻吩磺隆、灭草松、草甘膦、溴苯腈等。

15. 柳叶刺蓼

Polygonum bungeanum Turcz.

【别　　名】本氏蓼、刺蓼、胖孩子腿。

【幼苗特征】 种子出土萌发。子叶卵状披针形，长 1.2 厘米，宽 4 毫米，先端锐尖，全缘，具短柄。下胚轴发达，淡粉红色，上胚轴不明显。初生叶 1 片，互生，单叶 1，阔卵形，有 1 条中脉，具叶柄，基部有 1 膜质托叶鞘。幼苗全株密被紫红色乳头状腺毛（图 15a）。

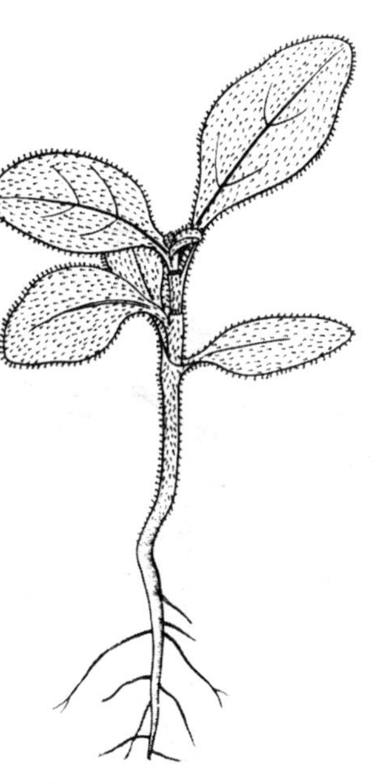

图 15a　柳叶刺蓼幼苗

【成株特征】 一年生草本，高30～80厘米。茎直立，有倒生皮刺。叶有短柄，互生；叶片披针形或宽披针形，先端急尖，基部楔形，全缘，有睫毛；托叶鞘筒状，膜质，先端截形，有长睫毛。花序穗状，花序轴密生腺毛；苞片漏斗状。绿色或淡紫色；花排列稀疏，白色或淡红色；花被 5 深裂；雄蕊 7～8；花柱 2，中部以下合生。瘦果近圆形，黑色，无光泽（图 15b）。

【识别提示】 ①幼苗全株密被紫红色乳头状腺毛，初生叶阔卵形。②茎上有倒钩刺。③雄蕊7～8；花柱2，中部以下合生。

【本草概述】 生于较湿润的农田、荒地及路旁。分布于东北、华北。是农田重要杂草，混生在各种作物中，对大豆、马铃薯、小麦、甜菜、果树等作物危害较重。

【防除指南】 合理轮作，及时中耕除草，作物封垄时彻底拔除田间大草。敏感除草剂有拉索、都尔、氟乐灵、敌稗、阔叶枯、苯达松、伴地农、扑草净、都阿混剂等。

图 15b　柳叶刺蓼成株

16. 酸模叶蓼

Polygonum lapathifolium L.

图 16a 酸模叶蓼幼苗

【别　　名】 大马蓼、斑蓼、旱苗蓼。

【幼苗特征】 种子出土萌发。子叶卵形，长 9 毫米，宽 4 毫米，先端急尖，叶基阔楔形，具短柄。上、下胚轴均发达，下胚轴淡红色。初生叶 1 片，互生，单叶，卵形，背面密生白色绵毛，具叶柄，基部有膜质托叶鞘（图 16a）。

【成株特征】 一年生草本，高 50～180 厘米。茎直立，粗壮，分枝多，节部膨大，生水中者尤为显著。叶互生，具柄；叶片披针形或宽披针形，叶面常有黑褐色新月形斑块，无毛，全缘；托叶鞘筒状，膜质。花序为数个花穗构成的圆锥状花序；苞片膜质边缘有短睫毛；花淡红色或白色，花被通常 4 深裂，裂片椭圆形；雄蕊 6，花柱 2，向外弯曲。瘦果卵形，黑褐色，光亮，全部包于宿存花被内（图 16b）。

【识别提示】 ①初生叶卵状披针形。②茎有赤色斑点，水生者斑点为长条形，陆生者斑点为圆形。③叶面常有新月形黑斑块。④花被 4 裂，雄蕊 6，花柱 2，柱头棒状。

【本草概述】 生低湿地或水边。全国各地均有分布，以北方最普遍。常成单一小片种群或小稗草等混生。部分棉花、豆类、薯类、水稻、茭白、薄荷等作物受害较重。

【防除指南】 合理轮作和秋深翻地，施腐熟有机肥料；精选种子，及时中耕除草。敏感除草剂有敌稗、甲草胺、异丙甲草胺、灭草敌、甲羧除草醚、乳氟禾草灵、西玛津、扑草净、噻吩磺隆、灭草松、恶草酮、异恶草松、溴苯腈、都莠混剂、都阿混剂等。

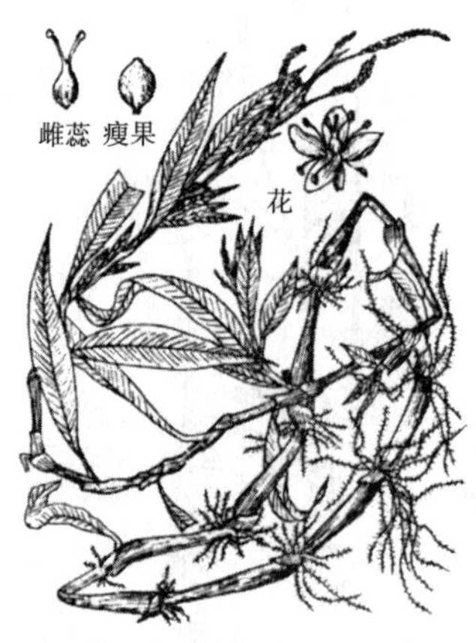

图 16b 酸模叶蓼成株

17. 齿果酸模

Rumex dentatus L.

【别　　名】 牛舌棵子、土大黄、野甜菜、齿果羊蹄。

【幼苗特征】 种子出土萌发。子叶卵形，长 8 毫米，宽 3.5 毫米，先端钝尖，全缘，叶基近圆形，具长柄。下胚轴红色，粗壮，上胚轴不发育。初生叶 1 片，互生，单叶，阔卵形，表面稀布红色斑点，具长柄，基部有膜质而呈杯状的托叶鞘。幼苗全株光滑无毛（图 17a）。

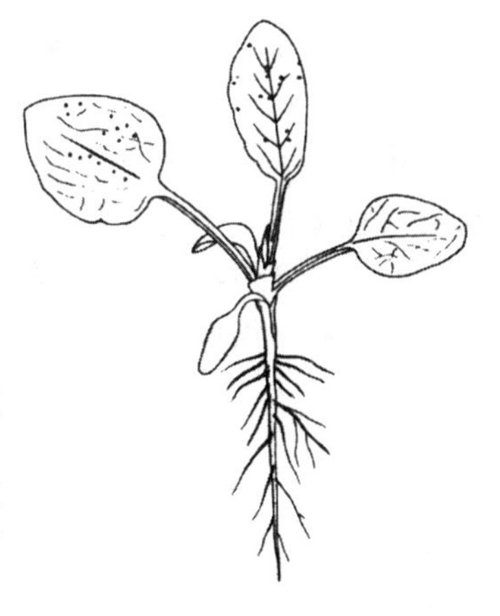

图 17a　齿果酸模幼苗

【成株特征】 多年生草本，高30～80厘米。茎直立，多分枝，枝斜上。基生叶具长柄，长圆形或宽披针形，基部圆形，边缘略显皱波状，茎生叶向上渐小，具短柄；托叶鞘筒状，膜质。花序顶生，大型，花簇呈轮状排列，通常有叶；花两性，黄绿色，花梗基部有关节；花被片 6，2 轮，坐果时内轮花被片增大，长卵形，有明显网纹，边缘通常有不整齐的针刺状齿4～5 对，全部有瘤状突起，雄蕊 6，柱头 3，画笔状。瘦果卵形，有 3 锐棱（图 17b）。

图 17b　齿果酸模成株

【识别提示】 ①初生叶阔卵形，网状叶脉，幼苗叶子表面有红色大斑点。②花簇轮状排列。③花被片边缘有长短针刺 4～5 对。

【本草概述】 生于较湿润的农田、渠边、路旁或浅水中。分布于陕西、河南、山西、河北、江苏、湖北、四川、云南等省。是旱田常见杂草，主要危害小麦、油菜、蔬菜等作物。

【防除指南】 合理轮作，适时中耕除草。敏感除草剂有 2,4 - D+麦草畏、氯草敏、氯氟吡氧乙酸、草甘膦、溴苯腈、都莠混剂等。

（十一）藜科杂草

一年生至多年生草本，一部分植物多汁，适应海岸或碱地生活，叶互生，少对生，无托叶，常为肉质，稀退化为鳞片状。单被花，很少无被花，小型，两性，单性或杂性，少为雌雄异株，通常苞叶和小苞簇生成穗状或再组成圆锥花序，少单生，二歧聚伞花序；花被片1～5，分离或合生，果期背面常发育成针刺状，翅状或瘤状附属物，雄蕊通常和花被同数而对生，周位或下位；子房卵形、球形或扁形，1室。果实为胞果，通常包于宿存花被内；种子稍扁，胚环形或螺旋形。

18. 猪 毛 菜

Salsola collina Pall.

【别　　名】 扎蓬棵、山叉明科。

【幼苗特征】 种子出土萌发。子叶针状，长 2 厘米，横剖面直径 0.8 毫米，叶表面中央有 1 条白带，无叶脉，无叶柄，下胚轴细长，上胚轴极短。初生叶 2 片，对生，线形并带肉质，无明显叶脉，无叶柄，叶面中央也有 1 条白带。幼苗全株光滑无毛，带深绿色（图 18a）。

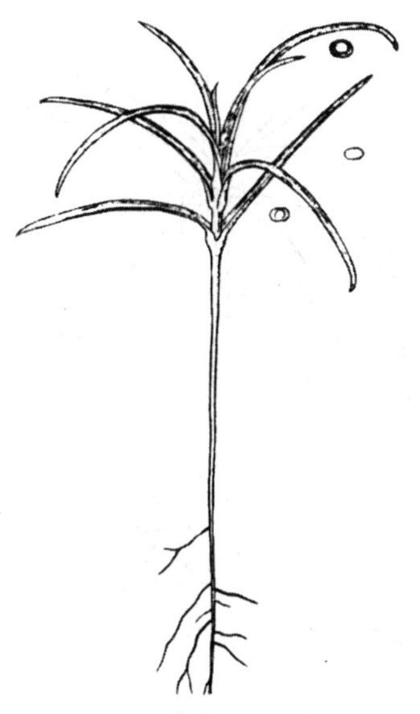

图 18a　猪毛菜幼苗

【成株特征】 一年生草本，高30～100厘米，基部多分枝，枝开展，有条纹，淡绿色。叶互生，丝状圆柱形，肉质，生短糙硬毛，先端有硬针刺。花序穗状，生枝条上部，苞片宽卵形，先端有硬针刺，小苞片 2，狭披针形，比花被长，花被片 5，膜质，披针形，结果后背部生短翅或革质突起，雄蕊 5，柱头丝形，长为花柱的 1.5～2 倍。胞果倒卵形。种子横生或斜生，胚卷曲成螺旋状，无胚乳（图 18b）。

图 18b　猪毛菜成株

【识别提示】 ①子叶针状，幼苗肥厚肉质。②苞片贴向穗轴，果期花被有短翅或革质突起。③胚卷曲成螺旋状。

【本草概述】 生于乡村边、路旁、荒地和盐碱沙质土壤。分布于我国东北、华北和陕西、甘肃、青海、四川、西藏、云南等省、自治区。是我国北部地区耕地、果园的常见杂草，对大豆、小麦、棉花、花生等作物危害较重。

【防除指南】 合理轮作，实行播前除草和多次中耕除草。药剂防除可用豆科威、氟乐灵、扑草净、阔叶净、苯达松、伴地农等。

19. 碱　　蓬

Suaeda glauca Bunge.

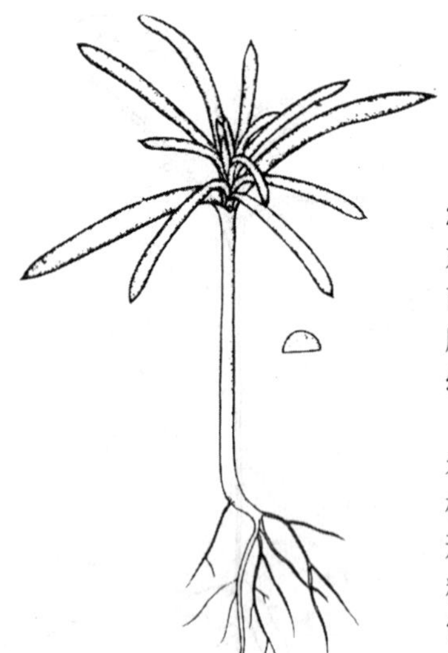
图 19a　碱蓬幼苗

图 19b　碱蓬成株

【别　　名】 盐吸、灰绿碱蓬、碱蒿子。

【幼苗特征】 种子出土萌发。子叶条状，长2.2厘米，宽2毫米，肥厚肉质，先端急尖，并有小刺尖，无脉，无柄，表面有灰白色斑点，横剖面形状半圆形。下胚轴非常发达，紫红色，上胚轴极短。初生叶 1 片，互生，单叶，带状。幼苗全株光滑无毛，淡绿色（图 19a）。

【成株特征】 一年生草本，高 40～80 厘米。茎直立，浅绿色，有条纹，上部多分枝，枝细长，斜伸或开展。叶互生，无柄，条状丝形、半圆柱形或略扁平，灰绿色，有粉粒或无粉粒；茎上部的叶渐变短。花两性，单生或通常 2～5 朵排列成聚伞花序，有短柄；小苍片短于花被；花被片 5，果期花被增厚呈五角星状；雄蕊 5，柱头 2。胞果扁平，种子近圆形，横生或直生，有颗粒状点纹（图 19b）。

【识别提示】 ①子叶呈条状，无明显上胚轴，子叶横剖形状半圆形。②花单生或 2～5 朵簇生，有短梗，排列面聚伞状，通常与叶有共同的柄。③花被果期增厚呈五角星状，种子有颗粒状点纹。

【本草概述】 生盐碱地农田、渠岸和荒地，广布于东北、西北、华北及山东、河南、浙江、江苏等省、自治区。是盐碱土地带新耕地中常见的杂草，对蔬菜、大豆、玉米、小麦、棉花等作物均有危害。此草不仅强烈消耗地力，而且能将土壤深层的盐碱吸上来，积累于地表，使土壤进一步盐碱化。

【防除指南】 改良盐碱土，多施有机肥，并在种子成熟前彻底清理田旁隙地。敏感除草剂有溴苯腈、灭草松、草灭畏、氟乐灵、灭草敌、乳氟禾草灵、扑草净、甲羧除草醚等。

20. 土荆芥

Chenopodium ambrosioides L.

图 20a 土荆芥幼苗

【别　　名】 杀人芥、鹅脚草、香藜草。

【幼苗特征】 种子出土萌发。子叶椭圆形，长 4 毫米，宽 2 毫米，先端钝状，叶基渐窄，叶表面稀布白色粉粒，具长柄。下胚轴不发达，粉红色，上胚轴不发育。初生叶 1 片，互生，单叶，卵形，叶基下延至柄成半透明膜质边缘，有 1 条明显中脉，具长柄。第一后生叶与初生叶相似，第二后生叶叶缘开始出现不规则锯齿，并有明显主脉与侧脉。幼苗全株光滑无毛。揉碎后有浓香味（图 20a）。

【成株特征】 一年生或多年生草本，高 50～80 厘米，芳香。茎直立，有棱，多分枝，分枝细弱。叶互生，具短柄，叶片长圆状披针形至披针形，先端渐尖，基部渐狭成短叶柄，边缘具不整齐的牙齿，下面有黄色腺点，沿脉疏生柔毛。花序穗状，腋生，分枝或不分枝。花两性或雌性，通常 3～5 朵簇生于苞腋，花被 5 裂，雄蕊 5，伸出花被外。胞果扁球形，包在宿存花被内，种子红褐色，光亮（图 20b）。

【识别提示】 ①全草揉之有浓香。②叶背面有黄色腺点，沿脉疏生柔毛。③花序穗状，腋生。④果皮膜质，易脱落。

【本草概述】 生村旁旷野、田边、路旁、河岸和溪边等处。分布于江苏、浙江、江西、福建、台湾、湖南、广东、广西、四川等省、自治区。

【防除指南】 敏感除草剂有豆科威、拉索、都尔、乙草胺、敌稗、大惠利、扑草净、恶草灵、草甘膦、伴地农、都莠混剂、都阿混剂。

图 20b 土荆芥成株

21. 藜

Chenopodium album L.

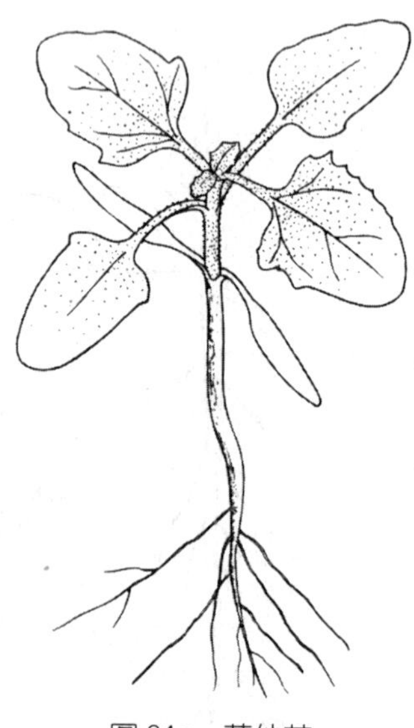
图 21a 藜幼苗

【别　　名】灰条菜、灰菜。

【幼苗特征】种子出土萌发。子叶长椭圆形，长 1.4 厘米，宽 4 毫米，先端钝圆，叶基阔楔形，全缘，背面有白色粉粒层，具长柄。下胚轴非常发达，红色，上胚轴亦很发达，具棱条纹，密布白色粉粒。初生叶 2 片，对生，单叶，三角状卵形，先端急尖，叶缘微波状，叶基戟形，两面均布白色粉粒。后生叶卵形，叶缘波齿状，两面均被白色粉粒（图 21a）。

【成株特征】一年生草本，高 60～120 厘米。茎直立，粗壮，有棱和绿色或紫红色条纹，多分枝，枝上伸或开展。叶互生，具长柄；叶片菱状卵形至披针形，边缘有不整齐的浅裂或牙齿，下面生粉粒，灰绿色。花两性，数个聚成团伞花簇，多数花簇排成腋生或顶生的圆锥状花序，花被片 5，具纵隆背和膜质的边缘，雄蕊 5，柱头 2。胞果完全包于花被内或顶端稍露，果皮薄，紧贴种子，种子双凸镜形，光亮，表面有不明显的沟纹及点洼（图 21b）。

图 21b 藜成株

【识别提示】①初生叶三角状卵形，叶基戟形。②成株下部的叶片菱状三角形，有不规则牙齿或浅齿，叶片两面都有粉粒。③果皮有泡状皱纹或近平滑。

【本草概述】生于农田、路边、沟边、村落附近或房屋周围隙地。全国各地均有分布，是世界恶性杂草，常成纯一种群或与萹蓄、马唐等混生。主要危害麦类、棉花、豆类、薯类、蔬菜、花生、玉米和果树等。也是地老虎、棉铃虫、双斑萤叶岬的寄主。

【防除指南】合理轮作，全面秋深耕，施用腐熟的农家肥料，适时中耕除草，并在种子成熟前彻底清理田旁隙地。敏感除草剂有甲草胺、草灭畏、异丙甲草胺、乙草胺、敌稗、敌草胺、环草啶、氟磺胺草醚、西玛津、扑草净、恶草酮、绿草敏、草甘膦、溴苯腈、百草敌等。

22. 小　藜

Chenopodium serotinum L.

【别　　名】 灰条菜、小灰条。

【幼苗特征】 种子出土萌发。子叶长椭圆形或带状，长7毫米，宽2毫米，先端钝圆，叶基阔楔形，全缘，具短柄。下胚轴非常发达，初生叶2片，对生，单叶，叶基两侧有2片小裂齿，具短柄。后生叶披针形，互生，边缘有不规则缺刻或疏锯齿，先端急尖，叶基的两侧也常有2片小裂齿，背面密布白色粉粒（图22a）。

图22a　小藜幼苗

【成株特征】 一年生草本，高20～50厘米。茎直立，分枝，有绿色条纹。叶互生，具柄；叶片长卵形或长圆形，边缘有波状牙齿，下部叶近基部有2个较大裂片，叶两面疏生粉粒，花序穗状，腋生或顶生，花两性，花被片5，宽卵形，淡绿色，微有龙骨状突起，雄蕊5，与花被片对生，且长于花被，柱头2，条形。胞果包于花被内，果皮膜质，有明显蜂窝状网纹；种子双凸镜形，黑色，有光泽（图22b）。

【识别提示】 ①初生叶呈卵状披针形，叶基戟形。②成株下部的叶片卵状长圆形，3裂，中裂片较长，近基部的两裂片下方通常有1小齿。③果皮膜质，有明显的蜂窝状网纹。

【本草概述】 生于农田、河滩、荒地和沟谷湿地。除西藏外，全国各地均有分布，部分小麦、大豆、棉花、蔬菜等作物受害较重。

【防除指南】 合理轮作，加强田间管理，适时中耕除草。敏感除草剂有地乐胺、敌草隆、环草特、阔叶枯、西玛津、赛克津、苯达松、恶草灵、广灭灵、草甘膦、伴地农、都莠混剂、都阿混剂等。

图22b　小藜成株

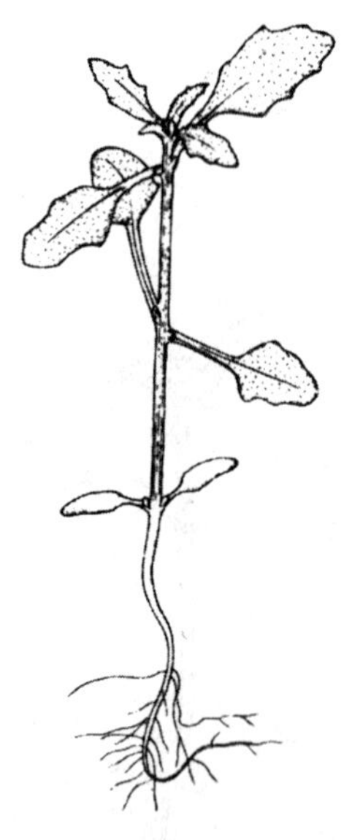

图 23a 灰绿藜幼苗

图 23b 灰绿藜成株

23. 灰 绿 藜

Chenopodium alaucum L.

【别　　名】 翻白藜、小灰菜。

【幼苗特征】 种子出土萌发。子叶卵状披针形，长5.5毫米，宽2.5毫米，先端钝圆，叶基近圆形，稍肥厚，具柄。下胚轴与上胚轴很发达，下胚轴紫红色，上胚轴有沟槽与条纹。初生叶2片，对生，三角状卵形，有1条明显中脉，背面密布白色粉粒，具长柄；后生叶呈椭圆形，叶缘呈疏锯齿状，背面也有白色粉粒（图 23a）。

【成株特征】 一年生草本，高 10～35 厘米。茎自基部分枝，分枝平卧或上伸，有绿色或紫红色条纹。叶互生，长圆状卵形至披针形，边缘有波状牙齿，叶面深绿色，叶背灰白色或淡紫色，密生粉粒。花序穗状或复穗状，顶生或腋生；花两性或雌性，花被片 3 或 4，肥厚，基部合生；雄蕊 1～2。胞果伸出花被外，果皮薄，黄白色；种子扁圆形，暗黑色至红黑色（图 23b）。

【识别提示】 ①子叶卵状披针形。②叶片厚，带肉质，下面有较厚的白粉，中脉显著。③花被裂片 3 或 4，极少 5。

【本草概述】 生于轻盐碱农田、沟边、干河床、堆肥场、路旁、村落附近或住宅周围隙地。广布于东北、华北、西北以及江苏、浙江、湖南等省、自治区。是农田常见杂草，多见于低湿耕地园圃及菜地，对大豆、小麦、棉花、马铃薯、薄荷、蔬菜等作物危害较重。

【防除指南】 轮作换茬，加强田间管理。此草为优良饲料作物，种子成熟前可大量采收作猪饲料。敏感除草剂有甲草胺、敌草胺、异丙甲草胺、乙草胺、乳氟禾草灵、氰草津、嗪吩磺隆、灭草松、恶草酮、草甘膦、溴苯腈等。

24. 地 肤

Kochia scoparia（L.）Schrad.

【别 名】 扫帚菜、蒿蒿头、独帚。

【幼苗特征】 种子出土萌发。子叶长椭圆形或带状，长8毫米，宽2毫米，有1条明显中脉，无叶柄，下胚轴非常发达，紫红色，上胚轴极短，被长柔毛。初生叶1片，互生，单叶，全缘，有睫毛，无叶柄（图24a）。

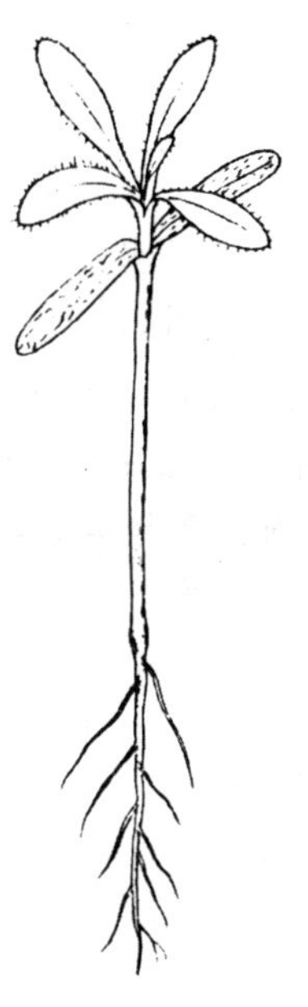

图24a 地肤幼苗

【成株特征】 一年生草本，高50～100厘米。茎直立，多分枝，分枝斜上伸，淡绿色或浅红色，生短柔毛。叶互生，近无柄，叶片披针形或条状披针形，两面生短柔毛。花两性或雌性，通常单生或2个生于叶腋，聚成稀疏的穗状花序；花被片5，基部合生，果期自背部生三角状横突起或翅；雄蕊5，花柱极短，柱头2，线形。胞果扁球形，包于花被内；种子倒卵形，无光泽（图24b）。

【识别提示】 ①初生叶有睫毛。②花无梗，1～2朵生于叶腋，花被5裂，下部连合，结果后，背部各生1横翅。

【本草概述】 生荒地、农田、路旁、园圃边、堆肥场、村落或房屋周围隙地。分布全国，以北方更普遍。是农田重要杂草，混生在各种旱田作物中，对大豆、玉米、高粱、棉花、蔬菜、果树等危害较重。

【防除指南】 合理轮作，适时中耕除草。敏感除草剂有草灭畏、乳氟禾草灵、莠去津、扑草净、苯磺隆、噻吩磺隆、溴苯腈等。

图24b 地肤成株

（十二）苋科杂草

草本，少为灌木，叶对生或互生，无托叶。花小，两性，少为单性，单生或簇生于叶腋或顶端，排列成穗状、头状或圆锥状的聚伞花序，苞片和2小苞片干膜质，小苞片有时呈刺状，花被3～5，分离或合生，萼片状，常干膜质，雄蕊1～5，花丝离生或下部连合成杯状，往往有退化雄蕊生于其间，子房上位，心皮2～3，合生，1室。胞果盖裂或不开裂。

25. 青　　葙

Celosia argentea L.

【别　　名】 狼尾巴棵、鸡冠菜、野鸡冠草。

【幼苗特征】 种子出土萌发。子叶椭圆形,长1毫米,宽4.5毫米,具短柄。上、下胚轴均发达,下胚轴紫红色。初生叶1片,互生,单叶,近菱形,有明显的羽状脉,具叶柄。幼苗全株光滑无毛(图 25a)。

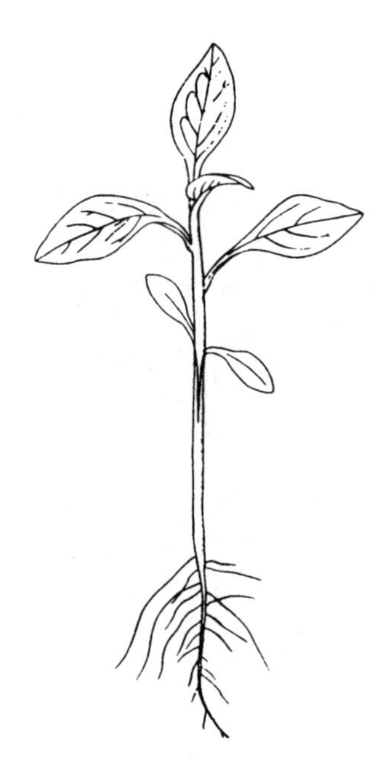

图 25a　青葙幼苗

【成株特征】 一年生草本,高 30～100 厘米,全株无毛。茎直立,有分枝或不具分枝,有条纹。叶互生,具短柄,叶片椭圆披针形至披针形,全缘,基部渐狭成柄。穗状花柱圆柱状或圆锥状,直立,顶生或腋生;花初开时淡红色,后变白色,每花有苞质,苞片 3;花被片 5,披针形,干膜质,透明,白色或粉红色,有光泽;雄蕊花丝下部连合成杯状;子房长圆形,花柱红色,柱头 2 裂。胞果卵形,盖裂;种子倒卵状至肾状圆形,黑色,有光泽(图 25b)。

图 25b　青葙成株

【识别提示】 ①初生叶互生,初生叶及后生叶先端锐尖,无凹缺。②花被片 5,干膜质,白色或粉红色,雄蕊花丝下部合生,杯状。③种子周缘不呈带状,黑色,有光泽。

【本草概述】 生于较湿润的农田、路旁和荒地。全国各地均有分布,尤以长江以南更为普遍。是旱作物地常见杂草,对小麦、棉花、豆类、甜菜等作物危害较重。

【防除指南】 合理轮作换茬,及时中耕除草,并早期清理路旁隙地。

26. 刺　苋

Amaranthus spinosus L.

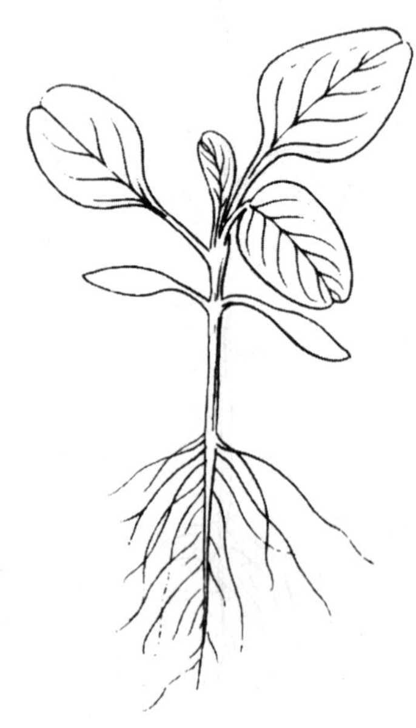

图 26a　刺苋幼苗

图 26b　刺苋成株

【别　　名】 刺苋菜。

【幼苗特征】 种子出土萌发。子叶卵状披针形，长1厘米，宽0.3厘米，先端锐尖，全缘，具长柄。下胚轴很发达，紫红色，上胚轴极短，也紫红色。初生叶1片，互生，单叶，阔卵形，先端钝，具凹缺，全缘，有明显叶脉，具长柄。幼苗全株光滑无毛（图26a）。

【成株特征】 一年生草本，高30～100厘米。茎多分枝，有时带红色。叶互生，具长柄。基部两侧各有1刺，刺长5～10毫米，叶片菱状卵形或卵状披针形。圆锥花序腋生和顶生，一部分苞片变成尖刺，一部分呈狭披针形，花被片5，淡绿色，雄蕊5，花柱2～3。胞果长圆形，盖裂，种子圆形至倒卵形，黑褐色，有光泽（图26b）。

【识别提示】 ①初生叶互生，上胚轴光滑无毛，后叶无睫毛。②植株叶腋有1对针刺。③种子黑褐色，周缘呈带状。

【本草概述】 生路旁、荒地、沟边及农田。分布于江苏、陕西、河南以及华东、华南、西南等省、自治区，以华南地区较多。部分小麦、棉花、蔬菜等作物受害较重。是朱砂叶螨、花生蚜、菜蚜、菜粉蝶的寄主。

【防除指南】 敏感除草剂有麦草畏、灭草畏、氟乐灵、乳氟禾草灵、扑草净、苯磺隆、灭草松、恶草酮、溴苯腈、草甘膦等。

27. 凹 头 苋

Amaranthus ascendenas Loisel.

【别　　名】 野苋菜、光苋菜、紫苋。

【幼苗特征】 种子出土萌发。子叶椭圆形，长8毫米，宽3毫米，先端钝尖，叶基渐窄，具短柄。下胚轴很发达，上胚轴极短，初生叶1片，互生，单叶，阔卵形，先端平截，并具凹缺，具长柄。幼苗全株光滑无毛(图 27a)。

图 27a　凹头苋幼苗

【成株特征】 一年生草本，高 10～30 厘米，全株无毛。茎自基部分枝，平卧或上伸。叶互生，具长柄。叶片卵形或菱状卵形，先端钝圆而有凹陷，基部宽楔形。花单性或杂性，花簇腋生于枝的上部，有时形成一粗大的顶穗，集成穗状花序或圆锥状花序；苞片和小苞片干膜质，花被片 3，膜质，雄蕊 3，柱头 3。胞果卵形，略扁，不开裂，稍皱缩，近平滑；种子倒卵形至圆形，黑褐色，有光泽（图 27b）。

【识别提示】 ①初生叶及后生叶先端截平，并具凹缺。②胞果卵形，近平滑，种子周缘较薄呈带状，带上有细颗粒状条纹。

【本草概述】 生于耕地、田边、路旁沟边、菜园、堆肥场、村落及房屋周围隙地。全国各地均有分布。常混生在各种作物中，多见于湿润肥沃的园田及房屋附近的耕地中，主要危害蔬菜、棉花、豆类、薯类、烟草、薄荷、幼龄林木等。

图 27b　凹头苋成株

【防除指南】 作物轮作换茬，施用腐熟农家肥料，细致田间管理。药剂防除可用甲草胺、异丙甲草胺、毒草胺、氟乐灵、敌草隆、一雷定、乳氟禾草灵、扑草净、苯磺隆、灭草松、恶草酮、异恶草松、溴苯腈、草甘膦、都莠混剂、都阿混剂等。

28. 反枝苋

Amaranthus retroflexus L.

图 28a　反枝苋幼苗

图 28b　反枝苋成株

【别　　名】 西风谷、苋菜、野苋菜。

【幼苗特征】 种子出土萌发。子叶卵状披针形，长 11 毫米，宽 2.5 毫米，先端锐尖，叶基渐窄，全缘，无毛，具长柄。下胚轴非常发达，紫红色，上胚轴明显，也呈紫红色，并密生短柔毛。初生叶 1 片，互生，单叶，阔卵形，先端钝圆，叶缘微波状，背面紫红色，具长柄。后生叶先端具凹缺。第二后生叶开始叶缘有 1 圈透明的狭边，并有睫毛（图 28a）。

【成株特征】 一年生草本，高 20～80 厘米。茎直立，有分枝，稍显钝棱，密生短柔毛。叶互生，具长柄；叶片菱状卵形或椭圆状卵形，先端微凸或微凹，具小茎尖，两面和边缘有柔毛。花单性或杂性，集成顶生和腋生的圆锥花序，苞片和小苞片干膜质，钻形，花被片 5，白色，具淡绿色中脉；雄蕊 5，花柱 3，内侧有小齿。胞果扁球形，淡绿色，盖裂，包裹在宿存花被内；种子倒卵圆形，黑色，有光泽（图 28b）。

【识别提示】 ①初生叶互生，上胚轴被柔毛，后生叶具睫毛。②全株有短柔毛，苞片顶端针刺状。③花被片及雄蕊各 5。

【本草概述】 生于农田、路旁和荒地。分布于东北、华北、西北地区。常与蟋蟀草、马唐、藜等一起危害作物，主要危害棉花、花生、玉米、豆类、薯类、瓜类、蔬菜和果树等。

【防除指南】 合理组织作物轮作换茬，施用腐熟的农家肥料，适时中耕除草，作物封垄后要拔大草。药剂防除可用 2,4 - D、扑草净、西玛津、莠去津、氟乐灵、甲草胺、异丙甲草胺、灭草松、苯磺隆、草甘膦、溴苯腈、都阿混剂、氯草敏等。

29. 皱果苋

Amaranthus viridis L.

【别　　名】 野苋、绿苋。

【幼苗特征】 种子出土萌发。子叶披针形，长7毫米，宽2毫米，先端渐尖，全缘，无叶脉，具短柄。下胚轴发达，淡红色，上胚轴淡红色，不发达。初生叶1片，互生，单叶，阔卵形，先端钝尖，并具凹缺，具长柄。幼苗合株光滑无毛（图 29a）。

【成株特征】 一年生草本，高40～80厘米，全体无毛。茎直立，少分枝，有条纹。叶互生，卵形至卵状长圆形，先端微缺或圆钝，有时具小芒尖，叶面常有 V 形白斑。花单性或杂性，成腋生穗状花序，或再集成大型顶生圆锥花序，苞片和小苞片干膜质；花被片3，膜质，雄蕊3。胞果扁球形，不裂，极皱缩，超出宿存花被片；种子圆形，略扁，黑色，有光泽（图 29b）。

【识别提示】 ①初生叶及后生叶先端钝尖，并具凹缺。②花被片及雄蕊各3。③胞果扁圆形，极皱缩。

【本草概述】 生于较湿润的农田、路旁。分布于我国南北各地。是北方旱地常见杂草，部分棉花、豆类、花生、蔬菜等作物受害较重。

【防除指南】 合理轮作换茬，精细田间管理。敏感除草剂有麦草威、甲草胺、氟乐灵、三氟羧草醚、乳氟禾草灵、西玛津、灭草松、恶草酮、草甘膦、溴苯腈、噻吩磺隆等。

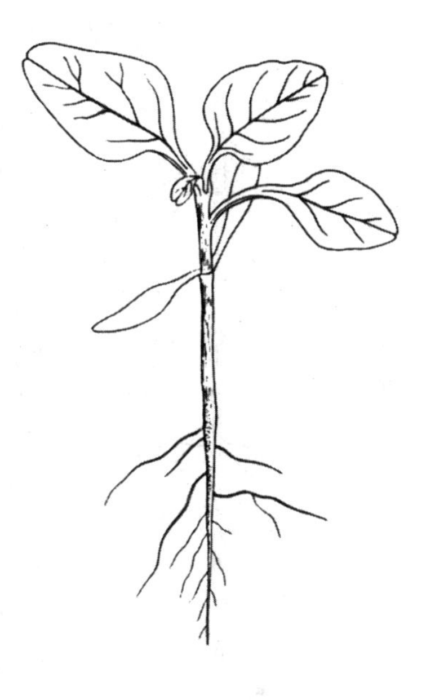

图 29a　皱果苋幼苗

图 29b　皱果苋成株

30. 莲 子 草

Alternanthera sessilis(L.) DC.

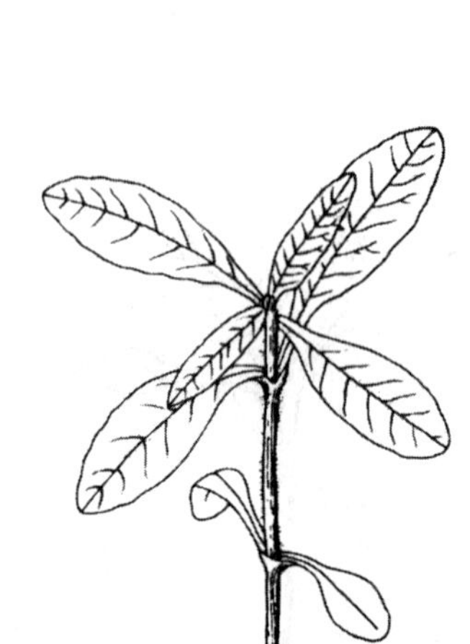

图 30a 莲子草幼苗

【别　　名】 虾钳菜、满天星、水中膝。

【幼苗特征】 种子出土萌发。子叶阔椭圆形，长 1 厘米，宽 0.7 厘米，先端钝圆，叶基渐窄。下胚轴发达，紫红色，上胚轴更发达，紫红色，并在轴的两侧各有 1 排密集的短柔毛。初生叶 2 片，对生，单叶，有明显的羽状脉（图 30a）。

【成株特征】 一年生草本，高10～45厘米。茎匍匐或上伸，有时近直立，多分枝，着地生根，具纵沟，沟内有柔毛，在节处有1行横生柔毛。叶对生，近无柄；叶片椭圆状披针形或倒卵状长圆形，先端急尖，基部楔形，全缘或有不明显的锯齿。头状花序 1～4 个，腋生，无总花梗；苞片、小苞片和花被片白色，宿存；雄蕊 3，花丝基部连合成杯状，退化雄蕊三角状钻形。胞果宽倒心形，边缘常具翅，浅栗色，包于花被内（图 30b）。

图 30b 莲子草成株

【识别提示】 ①初生叶对生，上胚轴两侧各有 1 排毛，有明显的羽状脉。②茎中有针孔大的细孔。③头状花序1～4个，腋生，无总花梗。

【本草概述】 生沼地和湿地，水田、池塘、沟渠等边缘甚多，分布于华东、华中、华南、西南地区。是水稻田边及旱地常见杂草，部分旱作物受害较重。

【防除指南】 敏感除草剂有灭草松、恶草酮、三氟羧草醚、草甘膦、丙草胺、异戊乙净等。

31. 空心莲子草

Alternanthera philoxeroides (Mart.) Griseb.

【别　　名】 水花生、空心苋、革命草。

【幼苗特征】 同莲子草，只是初生叶的羽状脉不明显（图 31a）。

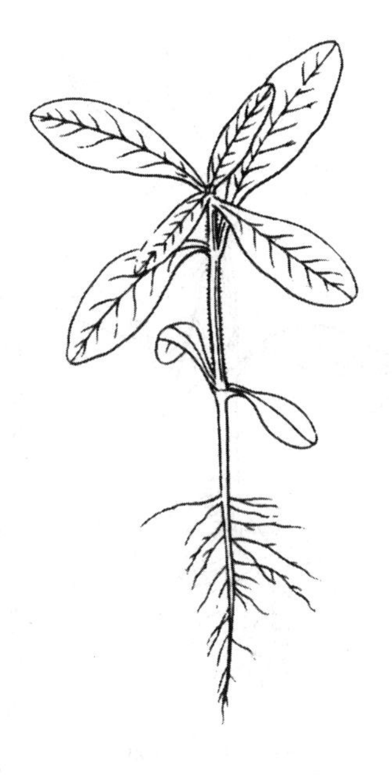

图31a　空心莲子草幼苗

【成株特征】 多年生草本。茎基部匍匐，上部上伸，或全株偃卧，着地或水面生根，中空，有分枝。叶对生，具短柄，叶片长椭圆形或倒卵状披针形，先端圆钝，有尖头，基部渐狭，全缘有睫毛。头状花序单生于叶腋，具总花梗，总花梗长 1～4 厘米；苞片、小苞片膜质，宿存；花被片白色，雄蕊 5，花丝基部合生成杯状，退化雄蕊顶端分裂成窄条(图 31b)。

【识别提示】 ①初生叶对生，上胚轴两侧各有 1 排毛，羽状脉不明显。②茎中空，髓腔甚大，很像空心菜。③头状花序，单生叶腋，有总花梗。

【本草概述】 原产巴西，我国以饲料为目的引种于北京、江苏、浙江、江西、湖南、福建，后逸为野生，成为水中的恶性。喜生水田、池塘、水沟中，是水田、旱地的常见杂草，部分水稻、棉花、蔬菜、果树等作物受害严重。

【防除指南】 加强田间管理，连根芽拔除。药剂防除可用二氯喹啉酸、灭草松、恶草酮、草甘膦、丙草胺等。

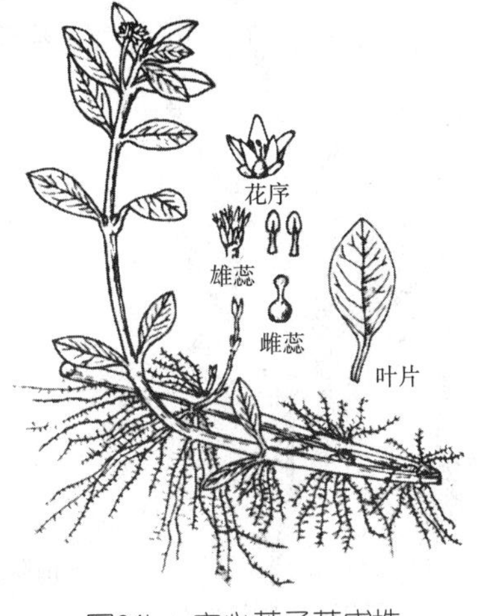

图31b　空心莲子草成株

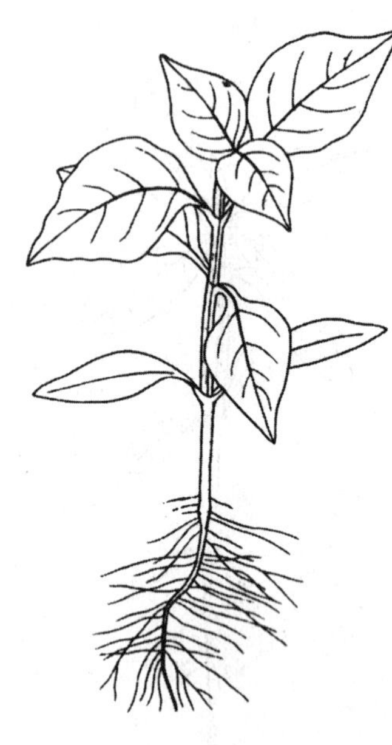

图32a　牛膝幼苗

图32b　牛膝成株

32. 牛　　膝

Achyranthes bidentata Bl.

【别　　名】喉白草、蛾子草、吧草。

【幼苗特征】种子出土萌发，子叶卵状披针形，长1.8厘米，宽0.6厘米，先端锐尖，全缘，叶基渐狭，具叶柄。下胚轴很发达，红色，上胚轴也很发达，呈四棱形，两侧各有1条沟槽，并被短毛，红色。初生叶2片，对生，单叶，卵状披针形，有睫毛，有明显羽状叶脉和密生短柔毛（图32a）。

【成株特征】多年生草本，高70～120厘米。根圆柱形，细长。茎直立，四棱形，节部膨大呈中膝状，常带暗紫色。叶对生，具柄；叶片椭圆形至椭圆状披针形，先端尾尖，嫩时两面有柔毛。穗状花序顶生和腋生，花后总花梗伸长，花向下折贴近总花梗；苞片宽卵形，顶端渐尖，小苞片贴生于萼片基部，刺状，基部有卵形小裂片；花被片5，绿色；雄蕊5，基部合生，退化雄蕊顶端平圆，波状。胞果长圆形，残存花柱长（图32b）。

【识别提示】①子叶卵状披针形，初生叶对生。②茎直立，方形，茎节膨大。③花后总花梗伸长，花不折，苞片、小苞片针刺状，略向外曲。

【本草概述】生于田园、沟边、路旁湿地及山坡林下，全国各地均有分布，以长江流域以南更普遍。是农田、苗圃中常见杂草，部分棉田、苗圃受害较重。

【防除指南】合理轮作换茬，及时连根芽清除。药剂防除可用2,4-D、麦草畏、草甘膦、灭草松等。

（十三）马齿苋科杂草

直立或匍匐草本，多数带肉质，少数亚灌木状。单叶互生或对生，全缘。花两性，整齐或不整齐；花萼通常2片，很少4片或5片，分离或基部与子房合生；花瓣4～5，分离或下部合生，通常顶端微凹；雄蕊4～8或更多，着生于花瓣或花盘上，子房1室，胚珠2至多个，着生在基生的珠柄或中央轴上，花柱长，顶端分成2～9个柱头。果实多数为蒴果，环状盖裂或2～3瓣裂，少有不开裂，种子多数，胚环状。

33. 马 齿 苋

Portulaca oleracea L.

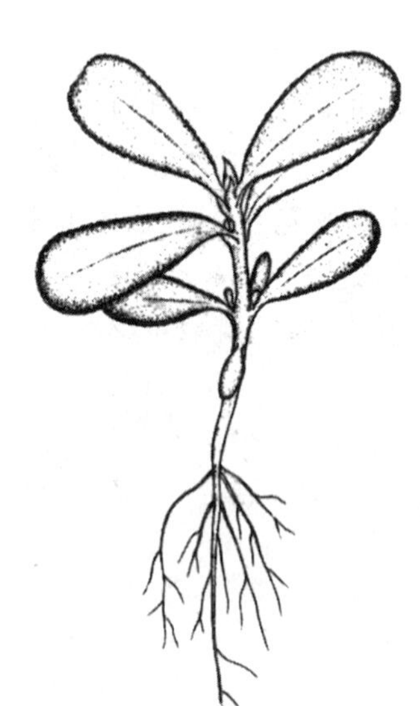
图 33a 马齿苋幼苗

图 33b 马齿苋成株

【别　　名】 马菜、马子菜、马马菜、马蛇子菜、酱瓣头草、猪长草、马齿菜、蚂蚁菜。

【幼苗特征】 种子出土萌发。子叶椭圆形或卵形，长 3.5 毫米，宽 1.2 毫米，先端钝圆，叶基阔楔形，全缘，叶脉不明显，稍肥厚，带红色，具短柄。下胚轴不发达，上胚轴较发达，均带红色。初生叶 2 片，对生，单叶，倒卵形，边缘有波状红色狭边，叶基楔形，仅有 1 条中脉，有短柄。幼苗全株光滑，并稍带肉质（图 33a）。

【成株特征】 一年生肉质草本，通常匍匐，肉质，无毛，茎带紫色。叶互生或假对生，柄极短或近无柄，叶柄倒卵形或楔状长圆形，全缘。花 3～5 朵生枝顶端，无梗；苞片 4～5，膜质，萼片 2；花瓣 5，黄色；雄蕊 10～12，花柱顶端 4～5 裂，线形，伸出雄蕊之上。蒴果圆锥形，盖裂；种子肾状卵形，扁，黑褐色，有小瘤状突起（图 33b）。

【识别提示】 ①初生叶对生，稍带肉质，幼苗体内多汁液，掐断茎、叶易溢出。②茎带紫色，叶倒卵形或楔状长圆形。③子房半下位，蒴果盖裂。

【本草概述】 生于耕地、田边、路旁、沟边、堆肥场或垃圾场、村落或房屋周围隙地。全国各地都有分布，是世界恶性杂草。混生在各种作物中。主要危害棉花、豆类、薯类、花生、甜菜、薄荷、蔬菜等作物，也是棉蚜、甘薯虫病的传染媒介。

【防除指南】 在合理轮作和秋深耕的基础上加强田间管理，特别要注意早期清理田旁隙地、房屋和周围隙地。敏感除草剂有甲草胺、2甲4氯、2,4-D、敌稗、敌草胺、伏草隆、灭草敌、甲羧除草醚、嗪草酮、扑草净、乳氟禾草灵、噻吩磺隆、灭草松、恶草酮、都阿混剂等。

（十四）石竹科杂草

草本，很少为半灌木，茎节常膨大。叶对生，全缘，常于基部连合，托叶干膜质或无。花两性，整齐，组成聚伞花序，很少单生；萼片4～5，离生或合生成管，宿存，花瓣4～5，常有爪；雄蕊8～10，通常为花瓣的2倍，少为同数或更少；子房上位，1室或不完全2～5室，花柱1～5，胚珠多数，为特立中央胎座。蒴果，很少为浆果或瘦果，蒴果顶端瓣裂或齿裂；种子1至多个，胚通常弯曲。

34. 漆姑草

Sagina japonica(S. W.)Ohwi.

图 34a　漆姑草幼苗

图 34b　漆姑草成株

【别　　名】 猪毛草、瓜槌草。

【幼苗特征】 种子出土萌发。子叶卵状披针形，长 1.5～2.5 毫米，宽 0.5 毫米，先端锐尖，全缘，无叶脉，无叶柄，两叶基部连合。下胚轴、上胚轴均不发达。初生叶 2 片，对生，单叶，带状披针形，无叶脉，无叶柄，两叶基部连合抱轴。幼苗光滑无毛，稍肉质（图 34a）。

【成株特征】 一年生或二年生草本。茎多簇生，稍铺散，高 8～15 厘米，仅上部疏生短柔毛，其余部分无毛。叶线形，基部有薄膜质，连成短鞘状。花小，单生于枝端叶腋，花梗细长，疏生柔毛；萼片 5，卵形，疏生短柔毛；花瓣 5，白色，卵形，比萼片稍短；雄蕊 5，花丝比花瓣短；子房卵形，花柱 5，丝形。蒴果卵形，微长于宿存萼片，5 瓣裂；种子多数，微小，褐色，密生小瘤状突起(图 34b)。

【识别提示】 ①初生叶对生，单叶，带状披针形，两叶基部合生。②叶线形，肉质，托叶干膜质，透明，连合成鞘状。③花单生，花瓣全缘。花柱和萼片同数，互生。

【本草概述】 生田间、路旁、水塘边、阴湿山地中。分布于长江流域各省，也产黄河流域和东北南部。是农田、果园常见杂草。

【防除指南】 合理组织作物轮作换茬，细致田间管理，适时中耕除草。敏感除草剂有苯磺隆、麦莠灵等。

35. 牛 繁 缕

Malachium aquaticum (L) Fries.

【别　　名】鹅儿肠、大鹅儿肠、鹅肠菜。

【幼苗特征】种子出土萌发。子叶卵形，长6毫米，宽3毫米，先端锐尖，全缘，具长柄。下胚轴与上胚轴均较发达，常带红色初生叶2片，对生，单叶，阔卵形，叶柄具疏生长柔毛，两柄基部合生抱轴（图35a）。

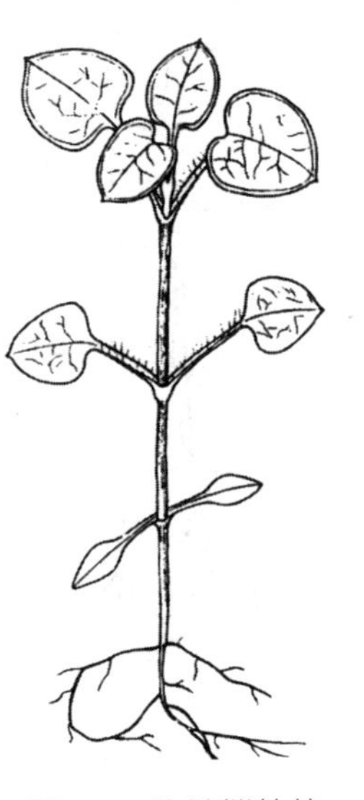

图35a　牛繁缕幼苗

【成株特征】多年生草本，高50～80厘米。茎分枝，先端渐上伸，下部伏地生根。叶对生，下部叶有柄，上部叶近无柄；叶片卵形或宽卵形，先端锐尖，基部近心形，全缘。花顶生枝端或单生叶腋；花梗细长，有毛；萼片5，基部稍合生，外有短柔毛；花瓣5，白色，远长于萼片，顶端2深裂达基部；雄蕊10，比花瓣稍短；花柱5，丝形，与萼片互生。蒴果5瓣裂，裂片先端2齿裂。种子近圆形，深褐色，有显著的散星状突起（图35b）。

【识别提示】子叶卵形，初生叶阔卵形，两柄基部合生抱轴。花瓣深2裂，花柱5。种子表面褐色，具明显散星状突起。

【本草概述】生于低湿地农田、路旁、草地、山野或阴湿处。我国南北省区均有分布。常成单一种群或与猪殃殃、看麦娘等混生，主要危害小麦、油菜、绿肥、棉花、蔬菜等作物，尤以稻麦轮作田数量最多，危害最重，是小地老虎的寄主。

【防除指南】精细田间管理，及时中耕除草。药剂防除可用扑草净、特丁净、溴苯腈、草甘膦、扑灭津、苯磺隆、麦草畏、2,4-D+麦草畏等。

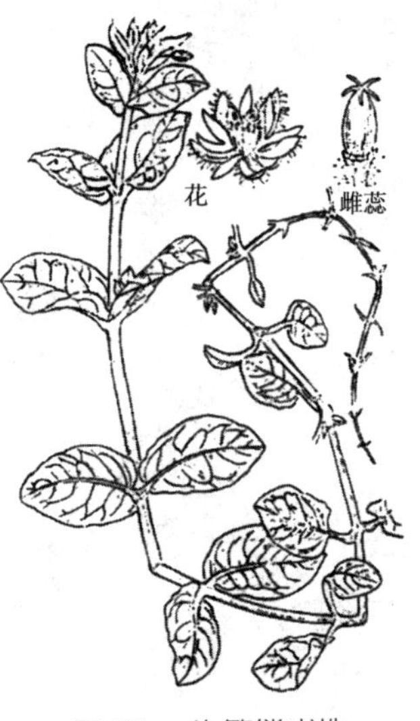

图35b　牛繁缕成株

36. 繁　　缕

Stellaria media（L）Cyr.

图 36a　繁缕幼苗

【别　　名】 鹅肠草、乱眼子草。

【幼苗特征】 种子出土萌发。子叶卵形，长 6 毫米，宽 3 毫米，先端急尖，叶基阔楔形，全缘，有叶脉，无毛，具长柄。下胚轴明显，上胚轴较发达，无毛。初生叶 2 片，对生，单叶，卵圆形，具长柄，柄上疏生长柔毛，两柄基部合生抱轴（图 36a）。

【成株特征】 越年生或一年生草本，高 10～30 厘米。茎细弱，由基部多分枝，平卧或近直立，茎的一侧有 1 列短柔毛，其余部分无毛。叶对生，有或无柄；叶片卵形，先端急尖，全缘。花单生叶腋或呈顶生疏散的聚伞花序，具短花梗，花后不下垂；萼片 5，披针形，有柔毛，边缘膜质；花瓣 5，白色，比萼片短，2 深裂近基部；雄蕊 10，子房卵形，花柱 3～4。蒴果卵形或长圆形，顶端 6 裂。种子肾形，略扁，黄褐色，密生同心排列的小瘤状突起（图 36b）

【识别提示】 ①子叶卵形，初生叶呈卵圆形，两柄基部合生抱轴。②茎上有 1 行短柔毛，下部叶有柄，上部叶无柄。③花瓣深 2 裂，花柱 3 或 4。④种子肾形，密生同心排列的小瘤状突起。

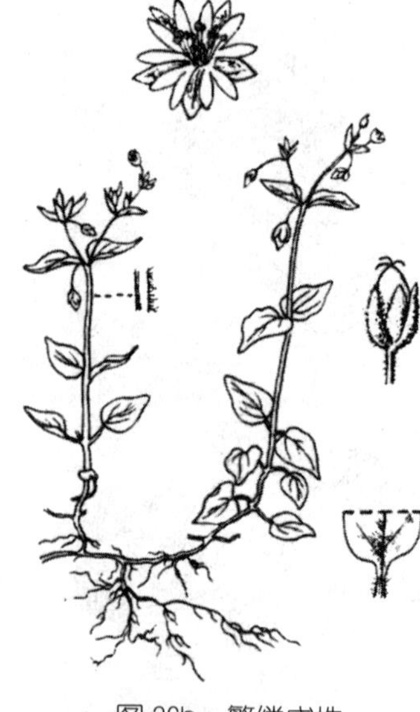
图 36b　繁缕成株

【本草概述】 生于较湿润的农田、路旁和溪边草地。广布全国，以中部和南部地区更普遍。是潮湿肥沃耕地中常见杂草，主要危害蔬菜、马铃薯、甜菜、小麦、油菜和幼龄林木等。是稻蚜、朱砂叶螨、小地老虎的寄主，并能传播霜霉病和菌核病。

【防除指南】 合理轮作，秋深翻地，并在种子成熟前清理田旁隙地。药剂防除可用丙草胺、敌草胺、异丙甲草胺、乳氟禾草灵、灭草松、恶草酮、氯草敏、嗪草酮、异丙隆等。

37. 黏毛卷耳

Cerastium viscosum L.

【别　　名】婆婆指甲菜。

【幼苗特征】种子出土萌发。子叶阔卵形，长 2 毫米，宽 1.5 毫米，先端钝圆，叶基渐窄，无毛，具柄。下胚轴、上胚轴明显，上胚轴密被柔毛。初生叶 2 片，对生，单叶，呈两头尖的椭圆形，有 1 条明显中脉，具长柄，两柄基部合生抱轴，叶片与叶柄均密被长柔毛。后生叶呈椭圆形或倒卵状披针形，全缘，有睫毛，叶片两面及叶柄均有长柔毛（图 37a）。

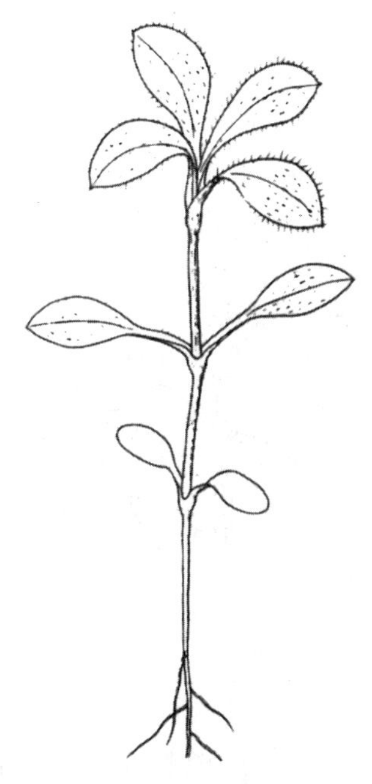

图37a　黏毛卷耳幼苗

【成株特征】二年生草本，高10～30厘米，全株密生长柔毛。茎簇生，直立，下部紫红色，上部绿色。叶对生，基部叶匙形，上部叶卵形至椭圆形，全缘，顶端钝或微凸，基部圆钝，主脉明显。二歧聚伞花序顶生，基部有叶状苞片；萼片披针形，绿色，边缘膜质，有腺毛，花瓣倒卵形，白色，顶端 2 裂；雄蕊，子房 10 室，卵形，花柱 4～5。蒴果圆柱形，10 齿裂；种子近三角形，褐色，密生小瘤状突起（图 37b）。

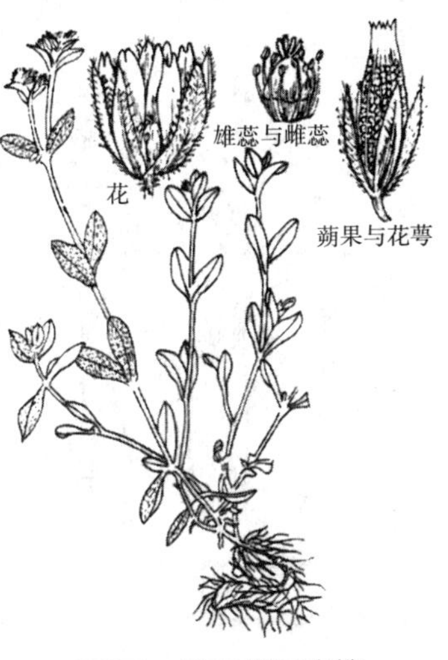

图37b　黏毛卷耳成株

【识别提示】①子叶呈阔卵形，上胚轴密被长柔毛，初生叶椭圆形，也密被长柔毛。②全株密生长柔毛。③蒴果 10 齿裂。④种子近三角形，褐色。

【本草概述】生田野、路旁及山坡草丛中。全国各地均有分布，以南部地区更为普遍。是果园、苗圃的常见杂草。

【防除指南】敏感除草剂有灭草畏、乙氧氟草醚、利谷隆、麦草畏＋2,4-D、西玛津、氰草津、嗪草酮、扑灭净、草甘膦、一灭酚等。

38. 蚤　　缀

Arenaria serpyllifolia L.

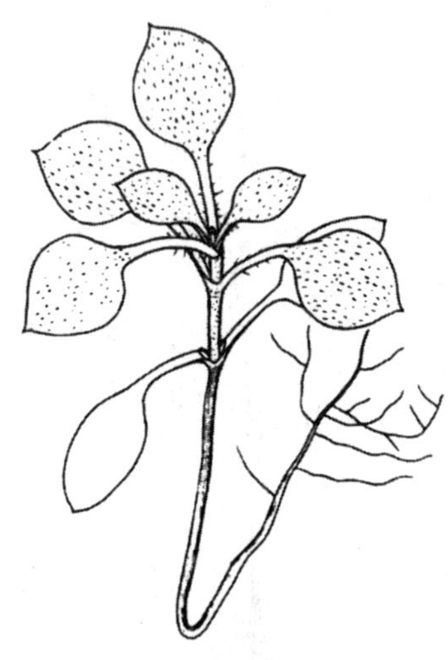
图38a　蚤缀幼苗

【别　　名】 鹅不食草、无心菜。

【幼苗特征】 种子出土萌发。子叶阔卵形,长3毫米,宽2毫米,先端钝尖,全缘,叶基近圆形,无毛,具长柄。下胚轴很长,上胚轴很短,有短柔毛。初生叶2片，对生，单叶，阔卵形，先端突尖，全缘，具长柄，两柄基部合生抱轴，叶片与叶柄均有短柔毛（图 38a)。

【成株特征】 一年生或二年生草本，高10～30 厘米，全体密生白色短柔毛。根有细长主根和细侧根。茎簇生，多数，细弱，极铺散。叶对生，无柄；叶片卵形，全缘，有睫毛。聚伞花序疏生枝端，花梗细长；苞片、小苞片叶质，卵形，密生柔毛；萼片呈披针形，有 3 脉，有短柔毛；花瓣 5，倒卵形，白色，全缘；雄蕊 10，比花萼短；子房卵形，花柱 3。蒴果卵形，和萼片近等长，先端 6 裂。种子肾形，淡褐色，有棒状小瘤（图 38b)。

图38b　蚤缀成株

【识别提示】 ①子叶阔卵形，上胚轴密被短毛，初生叶阔卵形，也被短柔毛。②全株有白色短柔毛，叶小，有睫毛，并有细乳头状腺点。③聚伞花序，蒴果 6 瓣裂。④种子肾形，表面有棒状小瘤。

【本草概述】 生田边、路旁、荒地或农田。全国各地均有分布，是旱地常见杂草，部分小麦、油菜和幼林受害较重。

【防除指南】 合理轮作换茬，早期清理田边周围隙地。可用溴苯腈、恶草酮等药剂防除。

39. 米瓦罐
Silene conoidea L.

图 39a 米瓦罐幼苗

【别　　名】 麦瓶草、灯笼草。

【幼苗特征】 种子出土萌发。子叶卵状披针形，长1.4厘米，宽0.4厘米，先端锐尖，全缘，叶基渐窄，有柄。下胚轴明显，绿色，上胚轴不发育。初生叶2片，对生，单叶，卵状披针形，先端急尖，叶基下延至叶柄，两柄基部连合抱轴，全缘，有1条明显中脉，有长睫毛（图39a）。

【成株特征】 一年生或越年生草本，高25～60 厘米，全体有腺毛。上部常分泌黏汁。主根细长，有细支根。茎直立，单生，叉状分枝，节部略膨大。叶对生，无柄，基部连合抱茎；基生叶匙形，茎生叶长圆形，全缘。聚伞花序顶生，有少数花；萼筒长2～3 厘米，开花时呈筒状，果时下部膨大呈圆锥形，有 30 条显著的脉棱，裂片钻状披针形；花瓣 5，倒卵形，粉红色，喉部有 2 鳞片；雄蕊 10，花柱 3。蒴果卵形，有光泽，具宿存萼，中部以上变细；种子肾形，螺卷状，有成行的瘤状突起（图 39b）。

【识别提示】 ①初生叶呈卵状披针形，叶缘有睫毛。②萼筒果时膨大为圆锥形，有30条显著的脉棱。③种子螺卷状，有成行的瘤状突起。

【本草概述】 生旷野、路旁、荒地、农田中。分布于西北、华北和江苏、湖北、云南等省。是麦田的主要杂草，部分小麦、油菜等作物受害严重。

【防除指南】 合理轮作换茬，加强田间管理，及早清理田边周围隙地。药剂防除可用二甲戊乐灵等。

图 39b 米瓦罐成株

40. 麦蓝菜

Vaccaria segetalis (Neck)Garcke.

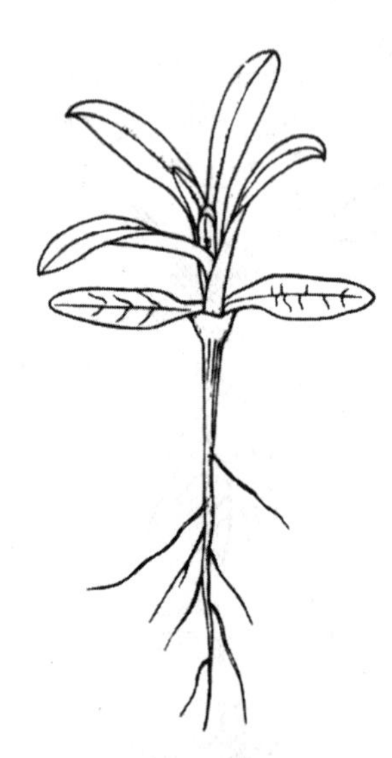
图 40a　麦蓝菜幼苗

图 40b　麦蓝菜成株

【别　　名】 王不留行、翘翘子、灯盏窝。

【幼苗特征】 种子出土萌发。子叶卵状披针形，长1厘米，宽3.5毫米，先端急尖，全缘，叶基渐窄，具叶柄。下胚轴发达，淡红色，上胚轴不发达。初生叶2片，对生，单叶，带状披针形，有1条明显叶脉，稍带肉质。幼苗全株光滑无毛（图40a）。

【成株特征】 一年生草本，高30～70厘米，全株无毛。茎直立，多单生，二歧分枝。叶对生，卵状披针形至长卵状椭圆形，全缘，聚伞花序，花多，花梗细长，花萼筒状，具5条宽绿色脉，并稍具5棱，花后基部稍膨大，顶端明显狭窄；花瓣5，粉红色，倒卵形，先端具不整齐小齿，基部具长爪；雄蕊10，子房长卵形，花柱2。蒴果卵形，有4齿裂，包于宿存萼内；种子圆球形，有明显的粒状突起（图40b）。

【识别提示】 ①初生叶呈带状倒卵形，稍呈肉质状。②萼筒基部膨大，有5棱角，顶端5裂。③种子球形，暗黑色，有细密的瘤状突起。

【本草概述】 生于农田或山坡、路旁，全国各省区均有分布，部分小麦、油菜受害较重。

【防除指南】 合理轮作换茬，精细田间管理，在种子成熟前早期拔除。敏感除草剂有扑草净、草甘膦等。

(十五)金鱼藻科杂草

生溪水中的沉浸草本。通常无根，有时基部茎埋于泥中褪去绿色，呈根茎状。茎纤细，分枝。叶密，4～12枚轮生，无托叶，叶片1～4次叉状分裂，裂片质硬脆，线状条形或丝状，一侧或两侧具疏波状细微的浅刺齿（叶有时分叉不对称似鹿角状），先端具2刚毛。花小，单性，同株而异节，无柄或近无柄，单生叶腋，每节常仅1花，无花被，有6～12深裂的总苞，镊合宿存。雄花有雄蕊8～20枚（稀少至2～3枚），雌花只有1心皮，子房上位，1室，具1个悬垂的直生胚珠。果实为带革质的坚果，顶刺为宿存的花柱，基部又具2刺或上部另有2刺。

41. 金 鱼 藻

Ceratophyllum demersum L.

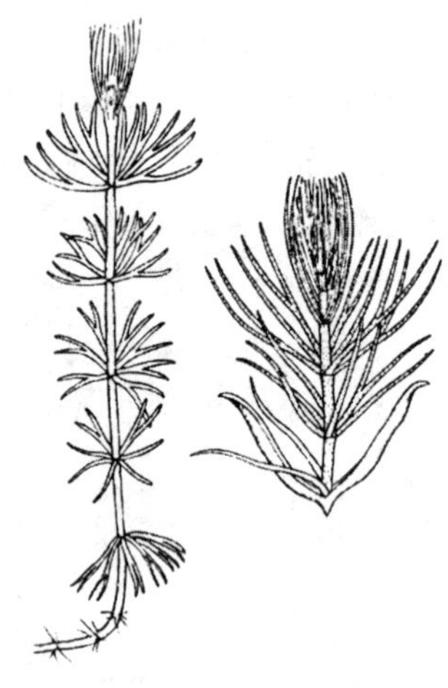
图 41a　金鱼藻幼苗

图 41b　金鱼藻成株

【别　　名】 金鱼草、水草、松藻、鸭扎。

【幼苗特征】 种子水下萌发。子叶带状披针形，长 8 毫米，宽 1.5 毫米，质地肥厚肉质，先端渐尖，稍向外反曲，无脉，无叶柄。下胚轴和上胚轴均不发育。初生叶 2 片，对生，单叶，叶片呈细线状，无脉，无叶柄。后生叶 4～8 片，轮生，叶片又呈二歧分裂，裂片线状。幼苗茎、叶表面均密布红色小线点，全株光滑无毛（图 41a）。

【成株特征】 多年生沉水草本。通常无根，有时基部茎埋于泥中，褪去绿色，呈根状茎；茎细圆，长 10～100 厘米，有分枝。叶 4～12 常为 6～10 枚轮生，1～2 回叉状分裂，裂片线形，常不等长，先端具微刺尖，1 侧有利齿。叶质硬脆。花单性，同株异节 1 单生叶腋，无柄或近无柄。无花被，具8～12 深裂总苞片，绿色或带赤色，裂片不甚整齐；雄花具雄蕊 10～16 枚，轮状排列，无花丝，雌花具 1 雌蕊，子房卵形，1 室。坚果宽椭圆形，微扁，具 2 个钝棱，顶刺长，为宿存的花柱，基部两侧的 2 个刺下倾，有时在上部另具 2 刺，故果具 2 刺或 5 刺（图 41b）。

【识别提示】 ①子叶呈披针形，稍肉质，初生叶对生，后生叶轮生，叶片 2 细裂。②多年生沉水草本，叶 6～8 列为一轮，裂片线状，有刺状齿。③小坚果具 3 刺或5 刺。

【本草概述】 生于池沼、湖泊、沟渠、溪流、稻田及周围积水地。全国各地均有分布。是藕田、菱田、水稻田中常见杂草，有时为杂草的优势种，地势低洼、排水不良的老稻田尤多。

【防除指南】 水旱轮作和秋深翻地。排水晒田，适时中耕除草。

（十六）毛茛科杂草

一年生或多年生草本，少数为木质藤本或灌木。叶基生或茎生，互生，少数对生，单叶或复叶；叶片通常为掌状分裂或羽状复叶，无托叶或托叶膜质，贴生在叶柄基部，很少有离生。花辐射对称或两侧对称，两性，很少为单性，无苞片，少数具苞片。花萼5片或更多，很少2～4片，早脱落，常作花冠状。花瓣缺，或2～5至更多，通常较小而不显著，或有各种变异。雄蕊多数，分离，雌蕊由单心皮组成，心皮1至多数，分离，少数心皮合生，每心皮有胚珠1至多数，花柱和柱头通常单一。果实为蓇葖果、瘦果，极少为浆果，蒴果、花柱常宿存。

42. 茴茴蒜

Ranunculus chinensis Bge.

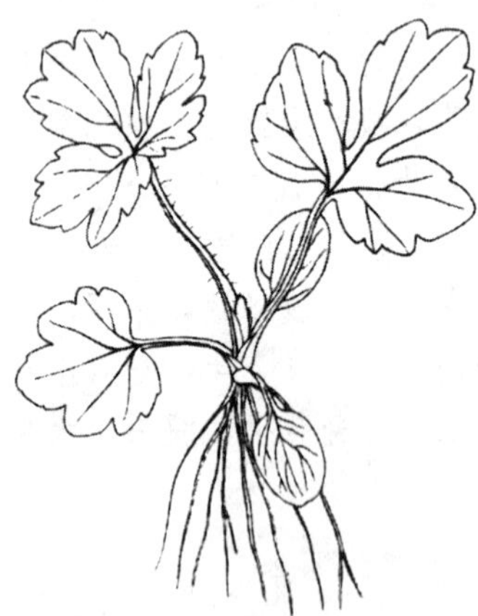

图 42a　茴茴蒜幼苗

【幼苗特征】 种子出土萌发。子叶呈阔卵形，长1厘米，宽0.6厘米，先端钝圆，并具微凹，全缘，有明显羽状脉，具长柄。下胚轴、上胚轴均不发育。初生叶1片，互生，单叶，为3浅裂掌状叶，有明显掌状叶脉，无毛，具长柄，叶柄基部两侧有半透明膜质的边缘。后生叶为3深裂掌状叶，叶缘有睫毛，叶柄密生横出长柔毛（图42a）。

【成株特征】 多年生草本，高15～50厘米。茎直立，被淡黄色糙毛。叶为三出复叶，基生叶和下部叶具长柄，柄的基部扩大成鞘状，有毛，叶片宽卵形，顶生小叶，具长柄，3深裂，裂片狭长，上部疏生不规则锯齿，两面有毛，侧生小叶2或3裂，柄短或无柄，茎上部叶渐变小，近无柄。花序具疏花，萼片5，淡绿色，船形，外面疏被柔毛；花瓣5，黄色，宽倒卵形，基部具密槽；雄蕊和心皮均多数。聚合果近长圆形；瘦果卵圆形，具短喙，扁平，中央微凹陷，褐色（图42b）。

图 42b　茴茴蒜成株

【识别提示】 ①子叶呈阔卵形，先端有时微凹，初生叶为浅裂掌状叶，后生叶为深裂掌状叶。②茎密被白色或微带黄色长硬毛。③聚合果长圆形，瘦果卵圆形，果喙短，微弯。

【本草概述】 生低湿田边、路旁、沟渠等。分布于华北、东北、西南及陕西、甘肃、河南、湖北、江苏等省。是菜地、稻田边常见的杂草。

【防除指南】 合理轮作，加强田间管理，在种子成熟前彻底清理田边、渠道等。敏感除草剂有乳氟禾草灵、氰草津、都阿混剂、苯磺隆等。

43. 石 龙 芮
Ranunculus sceleratus Thunb.

【别　　名】 假芹菜、石龙芮毛茛、鬼见愁。

【幼苗特征】 种子出土萌发。子叶近圆形，长2.5毫米，宽2.5毫米，全缘，无明显叶脉，具短柄。下胚轴不发达，上胚轴不发育。初生叶1片，互生，单叶，为3浅裂掌状叶，裂片全缘，有长柄。后生叶由3浅裂递变为3深裂掌状叶。幼苗全株光滑无毛，表面似有油质光泽(图43a)。

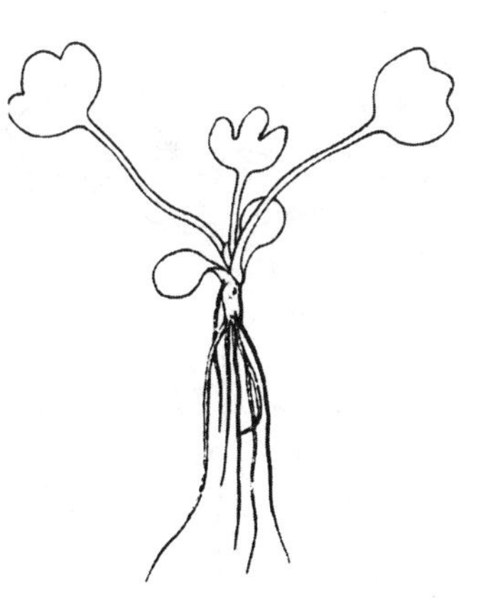

图 43a　石龙芮幼苗

【成株特征】 一年生草本，高 15～45 厘米。茎直立，粗壮，稍肉质，有分枝，无毛或疏生，短柔毛。基生叶或近基部叶具长柄，基部常扩展成鞘状；叶片宽卵形，3～5 深裂，顶生裂片菱状卵形，3 浅裂，全缘或有疏齿，侧生裂片 2 或 3 裂；茎生叶互生，中部叶有柄，3 裂，裂片狭长圆形，最上部叶无柄或近无柄，叶分裂或不分裂。花序常具较多花，花小，萼片 5，淡绿色，船形，外被短柔毛；花瓣 5，黄色，狭倒卵形，基部密槽不具鳞片；雄蕊 10～20，心皮 70～130，无毛，花柱短。聚合果长圆形，瘦果宽卵形，扁平（图 43b）。

图 43b　石龙芮成株

【识别提示】 子叶近圆形，全株光滑无毛，表面似有油质光泽。瘦果椭圆形，沿背面有 1 条暗色的沟，表面黄绿色，密布小穴。

【本草概述】 生于湿草甸、河岸、沼泽浅水边、低湿耕地、稻田及周围湿草地。广布全国各省区。常混生在水稻田和低湿地的各种大田作物中，是稻田、菜地常见杂草。也是萝卜蚜虫的寄主。

【防除指南】 秋翻地，细致田间管理。成熟前从渠道内外、田埂和田旁隙地等处彻底清除。药剂防除可用 2,4-D、扑草净等。

44. 毛　　茛

Ranunculus japonicus Thunb.

图 44a　毛茛幼苗

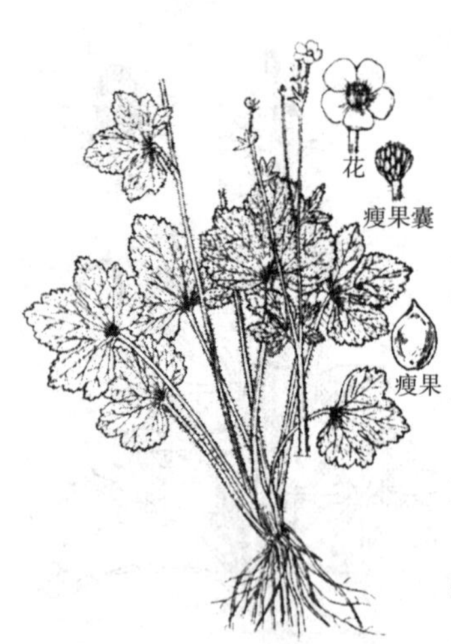

图 44b　毛茛成株

【别　　名】 日本毛茛、毛石龙芮、药虫草。

【幼苗特征】 种子出土萌发。子叶近圆形，长 6 毫米，宽 5.5 毫米，先端钝圆或微凹，全缘，具长柄。下胚轴明显，上胚轴不发育。初生叶 1 片，互生，单叶，为浅裂掌状叶，有明显叶脉，两面均被长柔毛，叶缘疏生长睫毛，有长柄(图 44a)。

【成株特征】 多年生草本，高 30～60 厘米。根须状。茎直立，上部有分枝，被伸展柔毛。基生叶和茎下部叶具长柄，有毛叶片五角形，基部心形，3 深裂，中央裂片宽菱形或倒卵形，3 浅裂，疏生锯齿，侧生裂片 2 裂；茎中部叶具短柄，上部叶无柄，3 深裂或不裂。花序具数朵花；萼片 5，淡绿色，船状椭圆形，外被柔毛；花瓣 5，黄色，倒卵形，基部有密槽，雄蕊和心皮多数。聚合果近球形，瘦果倒卵形，扁平，褐色(图 44b)。

【识别提示】 ①子叶近圆形，幼苗全株密生长柔毛。②叶片五角形，3 深裂，中间裂片 3 浅裂。

【本草概述】 生于低湿地田边、路旁或水边。全国各地均有分布。是常见杂草，稻田和旱田均有，对大豆、小麦、玉米危害较重。

【防除指南】 播前除草，加强对低湿新耕地的田间管理，并在种子成熟前彻底清理田旁隙地。药剂防除可用乳氟禾草灵、都阿混剂、苯磺隆等。

45. 扬子毛茛

Banunculus sieboldii Miq.

【别　　名】 辣子毛茛、辣子草、小辣菜。

【幼苗特征】 种子出土萌发，子叶阔卵形，长 8 毫米，宽 6 毫米，先端钝圆，全缘，三出脉，无毛，有叶柄。下胚轴与上胚轴均不发育。初生叶 1 片，互生，单叶，3 浅裂掌状叶，裂片边缘具锯齿，有 5 条明显叶脉，无毛，具长柄。第一片后生叶与初生叶相似，第二或第三片后生叶开始叶柄密生横出直生长柔毛（图 45a）。

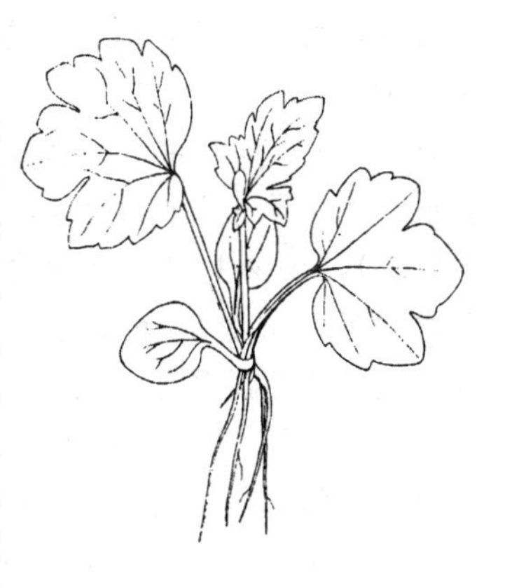

图 45a　扬子毛茛幼苗

【成株特征】 多年生草本。茎常匍匐地上，长达 30 厘米，密生伸展的白色或淡黄色柔毛。三出复叶，叶片宽卵形，下面疏被长柔毛，中央小叶具长或短柄，宽卵形或菱状卵形，3 浅裂至深裂，裂片上部边缘疏生锯齿，侧生小叶具短柄，较小，2 裂。花对叶单生，具长梗，萼片 5，反曲，狭卵形，外面疏被柔毛，花瓣 5，黄色，近椭圆形；雄蕊和心皮均多数，无毛。聚合果球形，瘦果卵形，扁平，具小弯尖，始终绿色，味辣（图 45b）。

【识别提示】 ①子叶阔卵形，初生叶为 3 浅裂掌状叶，裂片边缘具粗锯齿。②茎通常匍匐地面，节着地生根，密生柔毛。③果喙短钩状。

【本草概述】 生湿地、沼地或浅水中。分布长江中、下游和台湾省。是稻田、果园较为常见的杂草。

【防除指南】 敏感除草剂有氰草津、乳氟禾草灵、都阿混剂、苄磺隆。

图 45b　扬子毛茛成株

（十七）十字花科杂草

一年生或多年生草本，很少亚灌木，无毛或有各式毛。叶互生，通常无托叶；单叶或羽状分裂，有柄或无柄，基生叶莲座状。花两性，两侧对称，通常呈总状花序，有时呈复总状，很少单生；萼片4，2轮，直立或开展，有时外轮2片基部呈囊状，多早落；花瓣4，开展如十字形，有白、黄、粉红或淡紫色，基部多数渐狭成爪，很少无花瓣；雄蕊6，外轮2个较短，内轮4个较长（称四强雄蕊），很少1～2个或多数，花丝分离，很少合生，基部多数有各式蜜腺，雌蕊1，由2个心皮合成，子房上位，侧膜胎座，中央常由假隔膜分成2室，很少1室，每室有胚珠1～2粒或多数，排列成1～2行，花柱短或无，柱头单一或2裂。果实为长角果（长约为宽度的4倍或更长）或短角果（长和宽几乎相等或稍长于宽），成熟时开裂或不开裂，果瓣突起或扁平，有脉或无脉，种子小，无胚乳；种子内2片子叶和胚根的位置有子叶缘倚（胚根位于2片子叶的边缘）、子叶背倚（胚根位于2片子叶中一片的背面）、子叶对摺（胚根位于2子叶纵向对摺的中间）等三种情况。

46. 球果蔊菜
Rorippa globosa (Turcz.) Thell.

【别　　名】球果水田芥、球芥、水蔓菁。

【幼苗特征】 种子出土萌发。子叶近圆形，长3毫米，宽3.5毫米，先端钝圆，叶基近截形，全缘，具长柄。下胚轴很发达，上胚轴不发育。初生叶1片，互生，单叶，近圆形，全缘，有1条中脉，具长柄，第一后生叶圆形，叶缘微波状，有明显主脉和侧脉，具长柄。第二后生叶为卵状椭圆形，叶缘有疏齿和睫毛，具长柄，柄上带刺状毛（图46a）。

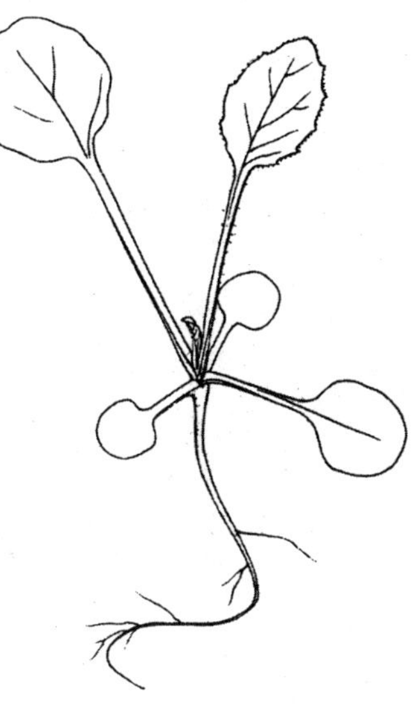

图46a　球果蔊菜幼苗

【成株特征】 一年生草本，高可达100厘米。茎直立，分枝，基部木质化，下部有毛。叶长圆形或倒卵状披针形，先端渐尖，或圆钝具短尖头，基部抱茎，两侧短耳状，边缘呈不整齐齿裂，两面无毛。总状花序顶生，具细梗；花较小，萼4裂，裂片长卵形；花瓣4，黄白色；雄蕊4，雌蕊1，子房头状，花柱长柱状，柱头圆形。角果球形，顶端具短喙；种子多数，细小，卵形，一端微凹，表面有纵沟（图46b）。

【识别提示】 ①子叶近圆形，先端钝圆，初生叶全缘。②角果球形，直径约2毫米。

【本草概述】 生于低湿地、沼泽湿草地、稻田及周围杂草地。分布于黑龙江、辽宁、河北、山西、山东、江苏、广西、广东、台湾等省、自治区。是稻田、低湿地旱田常见杂草，对水稻、小麦、玉米、蔬菜等危害均较重。也是小菜蛾、跳甲等多种害虫的寄主。

【防除指南】 细致田间管理，并在种子成熟前彻底清理田旁隙地和渠堤等处。药剂防除可用2，4-D、2甲4氯等。

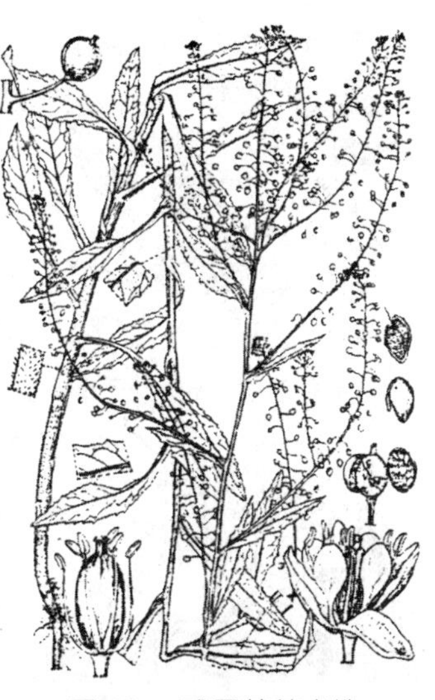

图46b　球果蔊菜成株

47. 印度蔊菜

Rorippa indica（L.）Hiern.

图 47a 印度蔊菜幼苗

【别　　名】 蔊菜、香荠菜、江剪刀草。

【幼苗特征】 种子出土萌发。子叶阔卵形或近圆形，长 3 毫米，宽 2.5 毫米，先端微凹，全缘，具叶柄。下胚轴不发达，上胚轴不发育。初生叶 1 片，互生，单叶，阔卵形，先端钝圆，全缘，具长柄，第一后生叶的叶缘有 1～2 个疏尖齿。第二后生叶开始递变为阔椭圆形,且叶缘呈疏锯齿状。幼苗全株光滑无毛(图 47a)。

【成株特征】 一年生草本，高 15～50 厘米，全体有毛或无毛。茎直立，粗壮，不分枝或分枝，有时带紫色。基生叶和茎下部叶有柄，大头羽状分裂，顶生裂片较大，边缘有不整齐锯齿，侧生裂片较小，全缘，茎上部叶渐小，无柄，叶片长圆形多不分裂。总状花序顶生，花小，花瓣 4，黄色。长角果圆柱形或线形，长 2 厘米以上，稍肿胀，斜向上开展，有时向内弯。种子细小，近卵形，红褐色，有皱纹（图 47b）。

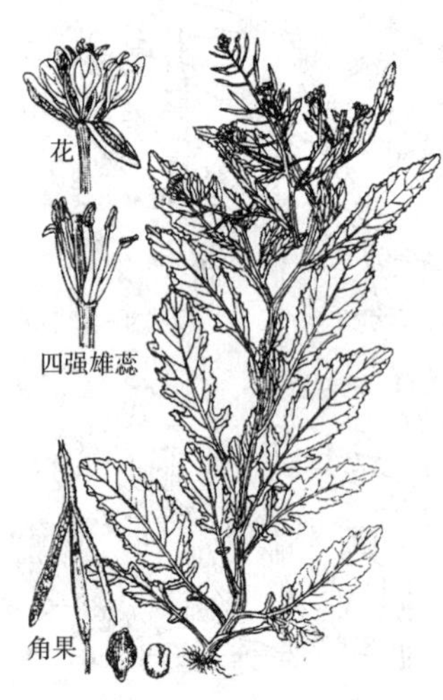

图 47b 印度蔊菜成株

【识别提示】 ①子叶近圆形或阔卵形，初生叶全缘，后生叶羽状裂叶，有粗锯齿，②角果细圆柱形或线形,长 2 厘米以上。

【本草概述】 生于地边、路旁或荒野处。分布于山东、河南、陕西、甘肃、江苏、浙江、江西、湖南、福建、台湾、广东。是农田、菜地的常见杂草，部分蔬菜、薯类、豆类和幼林受害较重。

【防除指南】 敏感除草剂有 2,4-D、2 甲 4 氯、麦草畏等。

48. 广东蔊菜

Rorippa microsperma D. C.

【别　　名】 细籽蔊菜。

【幼苗特征】 种子出土萌发。子叶阔卵形，长2～2.5毫米，宽2毫米，全缘，无明显叶脉，有长柄。下胚轴不发达，上胚轴不发育。初生叶1片，互生，单叶，阔卵形，全缘，无明显叶脉，有长柄。第一后生叶开始递变为椭圆形，叶基呈羽状深裂或全裂。幼苗全株光滑无毛（图48a）。

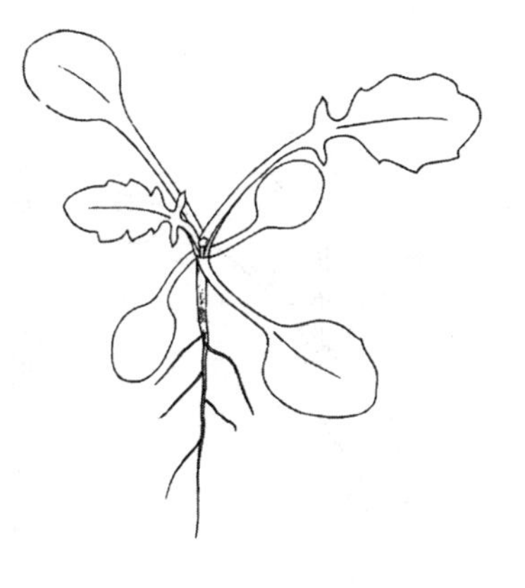

图 48a　广东蔊菜幼苗

【成株特征】 一年生草本，高 10～25 厘米，全株无毛。茎直立，分枝或不分枝。基生叶有柄，羽状深裂，约 7 对裂片，顶生裂片较大，侧生裂片较小，边缘有钝齿，茎生叶无柄，羽状浅裂，基部抱茎，两侧耳形，边缘有不整齐锯齿。总状花序顶生，花生于羽状分裂苞片的腋部，花瓣黄色，倒卵形，基部渐成爪，短角果圆柱形，长 6～8 毫米。种子多数，微小，卵形，有网状，一端凹入，红褐色（图 48b）。

【识别提示】 ①子叶阔卵形，初生叶全缘，后生叶羽状裂叶，具粗锯齿。②花单生叶腋。③短角果圆柱形，长6～8 毫米。

【本草概述】 生田边、路旁或湿草地。分布于辽宁、河北以及华东、中南和西南等省区。是水田、菜地、低湿地常见杂草。

【防除指南】 加强田间管理，早期清理田旁隙地、田埂和渠道等。

图 48b　广东蔊菜成株

49. 沼生蔊菜

Rorippa palustris (Leyss) Bess.

图 49a　沼生蔊菜幼苗

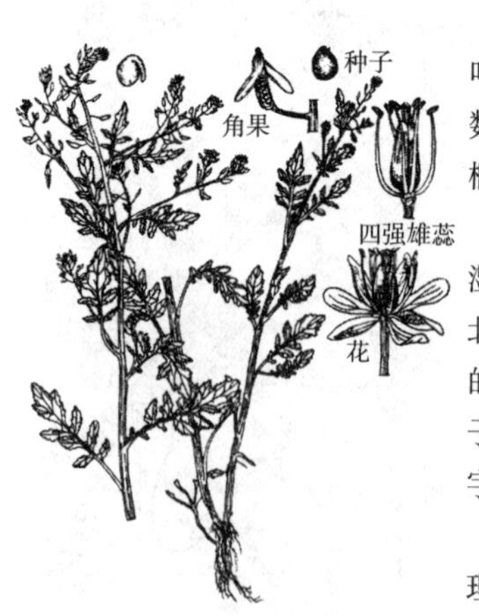

图 49b　沼生蔊菜成株

【别　　名】 风花菜、黄花荠菜、大荠菜。

【幼苗特征】 种子出土萌发。子叶近圆形，长3毫米，宽3毫米，全缘，具长柄。下胚轴发达，上胚轴不发育。初生叶1片，互生，单叶，近卵形，全缘，有1条中脉，具长柄。第一后生叶叶缘微波状，第二后生叶叶缘有粗锯齿，幼苗全株光滑无毛（图 49a）。

【成株特征】 越年生或多年生草本，高15～90厘米。茎直立或斜上，有分枝。基生叶和茎下部叶羽状分裂，顶生裂片较大，卵形，侧生裂片较小，边缘有钝齿，茎生叶向上，渐小，分裂或不分裂。总状花序顶生或腋生，花瓣4，黄色。长角果圆柱状长椭圆形，稍弯曲；种子卵形，稍扁平，红黄色，有小点（图 49b）。

【识别提示】 ①初生叶近卵形。②茎生叶大头状羽裂，侧生裂片向下渐小。③花多数呈顶生或腋生总状花序。④角果圆柱形或椭圆形，长约1厘米。

【本草概述】 生于耕地、田边、路旁、湿草地、田埂及渠堤等处。分布于东北、华北、西北以及江苏、西南等省区。是旱田、水田的常见杂草，对低湿地的大豆、小麦、玉米、谷子等危害较重。也是传播油菜病毒及其他十字花科作物病虫害的媒介。

【防除指南】 轮作和深耕，精细田间管理，早期清理田旁隙地。可用莠去津、西玛津、麦草畏、溴苯腈等药剂防除。

50. 无瓣蔊菜

〔*Rorippa dubia* (Pers.) Hara〕
〔*R. montana* (Wall.) Small〕

【别　　名】 塘葛菜、蔊菜。

【幼苗特征】 种子出土萌发。子叶近圆形，长 2.5 毫米，宽 2.5 毫米，先端钝圆或具微凹，叶基圆形，全缘，有叶柄。下胚轴不发达，上胚轴不发育。初生叶 1 片，互生，单叶，阔卵形，全缘，有 1 条中脉，具长柄。第一后生叶与初生叶相似。第二后生叶开始叶缘具疏锯齿。幼苗全株光滑无毛（图 50a）。

图 50a　无瓣蔊菜幼苗

【成株特征】 一年生草本，高 10～30 厘米，全体无毛。茎直立或呈铺散状分枝，有纵沟。基生叶与茎下部叶倒卵形或倒卵状披针形，多数呈大头羽状分裂，边缘具不规则锯齿，稀不裂，茎上部叶卵状披针形或长圆形，边缘有波状齿，上下部叶形和大小均多变化，叶柄短或无。总状花序顶生或腋生，花小，多数，花梗细弱，萼片 4，直立，披针形或条形，无花瓣，偶有不完全花瓣。长角果条形，细小，种子每室 1 行，褐色，表面有细网纹，一端尖而微凹（图 50b）。

【识别提示】 ①子叶阔卵形。②基部多数叶呈大头状羽裂。③无花瓣。

【本草概述】 生于田边、果园、沟边、路旁等湿地。分布于华东、中南、西南以及陕西、甘肃等省区。是菜地、苗圃的常见杂草。

【防除指南】 敏感除草剂有 2,4-D、2 甲 4 氯、麦草畏、溴苯腈等。

图 50b　无瓣蔊菜成株

51. 弹裂碎米荠

Cardamine impatiens L.

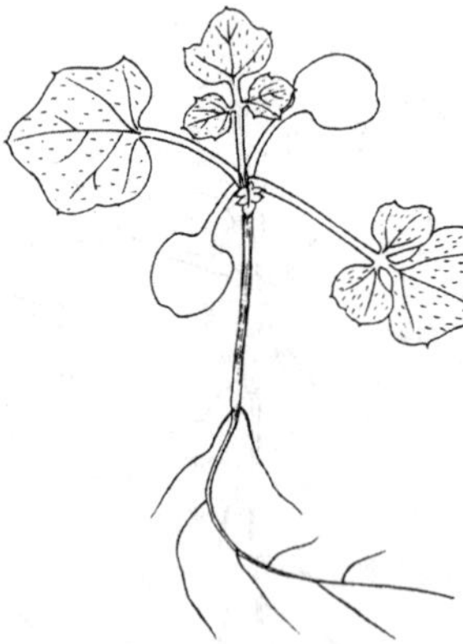

图 51a　弹裂碎米荠幼苗

【别　　名】 水花菜。

【幼苗特征】 种子出土萌发。子叶阔卵形，长 4 毫米，宽 4 毫米，先端微凹，有长柄。下胚轴较发达，上胚轴不发育。初生叶 1 片，互生，单叶，为掌状浅裂，每裂片顶端有 1 小尖头，叶脉明显，叶面被短柔毛，有长柄。后生叶为三出羽状复叶，每小叶 2～5 浅裂，每裂顶端也有小尖头，叶脉明显，叶面有短柔毛（图 51a）。

【成株特征】 一年生草本，高15～40厘米。茎直立，不分枝或从基部分枝，有棱，无毛或疏生毛。单数羽状复叶，基生叶与茎下部叶有长柄；茎上部叶柄短或几乎无柄，柄基部有具缘毛的线形裂片，抱茎，小叶4～9对，卵形、长圆形或披针形，边缘有3～5钝圆形浅裂片。总状花序顶生或腋生，花小，白色，花梗细而短，萼片长圆形，花瓣宽倒披针形，长近萼片1倍，花柱圆柱形，较花瓣长。长角果线形而扁，果瓣无毛，成熟后自下而上弹性开裂，种子椭圆形，棕黄色，边缘有极窄的翅(图51b)。

【识别提示】 ①初生叶为掌状浅裂叶。②长角果成熟时，果瓣自下而上弹裂。③种子边缘有狭翅。

【本草概述】 生于田边、路旁、山坡等处。分布于长江流域至西南和秦岭北坡。有时可侵入农田。

【防除指南】 敏感除草剂有嗪草酮、氟乐灵、绿麦隆、敌草胺等。

图 51b　弹裂碎米荠成株

52. 弯曲碎米荠

Cardamine flexuose With.

【幼苗特征】 种子出土萌发。子叶阔卵形,长3毫米,宽2.5毫米,先端微凹,全缘,具长柄。下胚轴不发达,上胚轴不发育。初生叶1片,互生,单叶,三角状卵形,先端3浅裂,裂片先端钝圆,叶基近圆形,具长柄,第二至三后生叶与初生叶相似,第四至五后生叶为3小叶羽状复叶,其顶小叶不同于初生叶,两侧各有1尖齿,第六后生叶开始出现5小叶羽状复叶(图 52a)。

图 52a 弯曲碎米荠幼苗

【成株特征】 越年生或一年生草本，高 10～30 厘米。茎自基部多分枝，斜伸呈铺散状，疏生柔毛。羽状复叶，基生叶有柄。小叶 3～7 对，茎生叶 3～5 对，小叶多呈长卵形或线形，1～3 浅裂或全缘，有柄或无柄。总状花序多数，生于枝顶，花小，花瓣 4，白色，长角果线形，果序轴或多或少呈左右弯曲。种子长圆形，黄绿色（图 52b)。

图 52b 弯曲碎米荠成株

【识别提示】 ①初生叶为 3 裂浅裂叶。②果序轴呈左右弯曲。③种子黄绿色，先端有极狭的翅。

【本草概述】 生于较湿润的田边、路旁及草地。分布于长江以南各省区,北达河南、陕西。水旱轮作田受害较重。

【防除指南】 加强田间管理，及时中耕除草。药剂防除可用氟吡甲禾灵、环庚草醚等。

53. 离蕊芥

Malcolima africana (L.) R. Br.

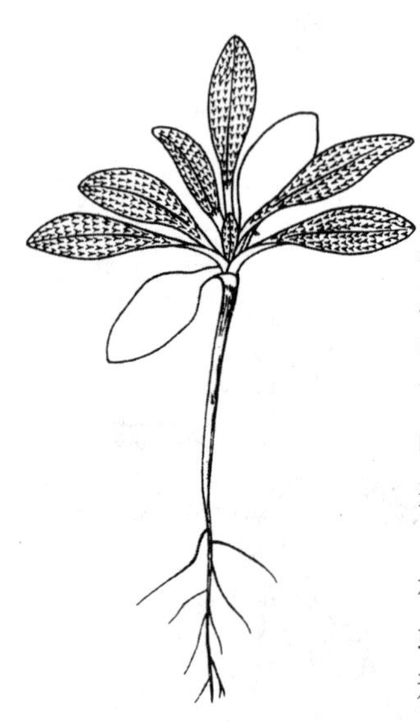

图 53a 离蕊芥幼苗

【别　　名】 涩荠、涩叶子。

【幼苗特征】 种子出土萌发。子叶卵形，长4毫米，宽2毫米，先端急尖，无明显叶脉，具叶柄。下胚轴较发达，上胚轴不发育。初生叶1片，互生，单叶，两头尖，椭圆形或卵形，全缘，1条明显主脉，腹面密被分叉毛，背面无毛，具叶柄，后生叶与初生叶相似。幼苗除子叶和下胚轴外，全株密布排列整齐的分叉毛(图53a)。

【成株特征】 一年生草本，高 8～15 厘米，有单毛或 2～3 分枝硬毛。茎自基部分枝，直立或铺散状。基生叶和茎下部叶有柄，叶片长圆形、倒披针形或近椭圆形，边缘具波状齿，羽状分裂或近全缘；茎上部叶渐小，无柄，全缘。总状花序顶生，花瓣 4，淡紫色或淡红色。长角果圆柱形，略有 4 棱，质坚硬，密生长毛或分枝状短毛，顶端有钻状短喙，果梗与长角果近于等粗，与果序轴几乎成直角开展；种子长圆形，稍扁，淡褐色(图 53b)。

图 53b 离蕊芥成株

【识别提示】 ①初生叶全缘，叶表面密生分叉毛。②全株有单毛或 2～3 分枝硬毛。③花瓣 4，紫红色或淡紫色。④长角果圆柱形，略显4棱，有钻状短喙。

【本草概述】 生于农田或荒地。分布于江苏、河南、山西、陕西、甘肃、四川、青海、新疆、内蒙古等地。是麦地、菜田极常见的杂草，部分麦田受害较重。

【防除指南】 敏感除草剂有乳氟禾草灵、苯磺隆、噻吩磺隆、灭草松、麦草畏、溴苯腈、氰草津、三氟羧草醚、2,4-D 等。

54. 遏蓝菜

Thlaspi arvense L.

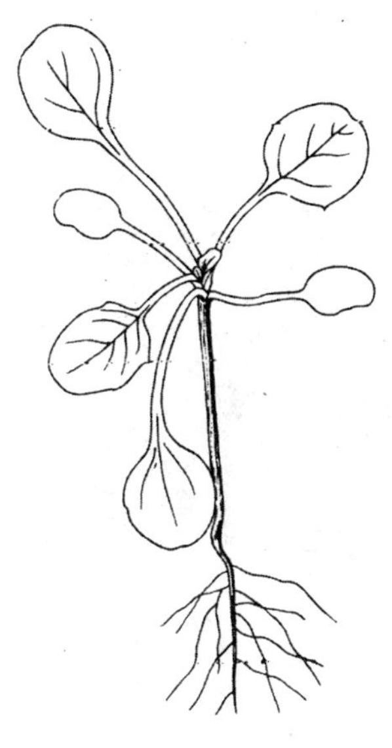

图 54a 遏蓝菜幼苗

【别　　名】 灯盏蒿、犁头菜、布娘鼓。

【幼苗特征】 种子出土萌发。子叶阔椭圆形，一边常有缺陷，长6毫米，宽4.5毫米，先端钝圆，叶基圆形，无明显叶脉，具长柄。下胚轴很发达，上胚轴不发育。初生叶2片，对生，单叶，近圆形，先端微凹，全缘，叶基阔楔形，有明显叶脉，具长柄。后生叶与初生叶相似，幼苗全株光滑无毛(图54a)。

【成株特征】 一年生或越年生草本，高10～50厘米。茎直立，分枝或不分枝，有棱。基生叶有柄，叶片倒卵状长圆形，全缘，茎生叶无柄，叶片长圆状披针形，顶端钝圆，边缘有疏齿或全缘，基部两侧箭形抱茎。总状花序顶生；花瓣4，白色。短角果扁平，卵形或近圆形，先端凹陷，边缘有狭翅；种子近倒卵形，黄褐色，粗糙，有近V形的棱，枝顶具瘤状突起（图54b）。

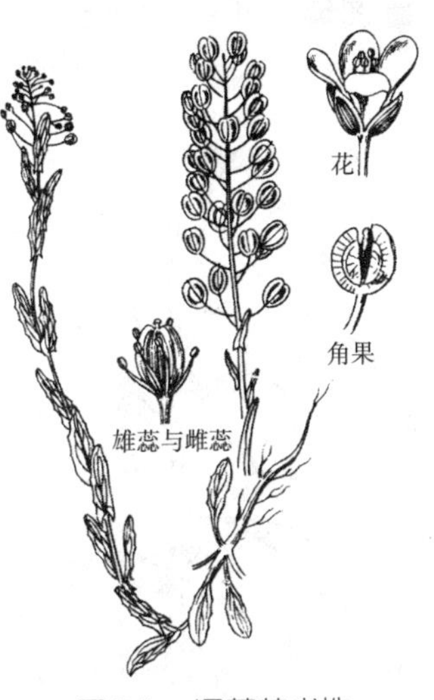

图 54b 遏蓝菜成株

【识别提示】 ①子叶阔椭圆形，一边常有缺陷，初生叶全缘，幼苗全株光滑无毛。②短角果先端凹入，边缘有翅。③种子倒卵形，具平行V形棱，棱顶具瘤状小突起。

【本草概述】 生于农田、路边或荒地。分布几乎遍布全国，是农田重要杂草，混生在各种作物播种地。主要危害蔬菜、果园和幼龄林木，部分小麦、蔬菜受害十分严重。

【防除指南】 合理轮作，加强田间管理，早期清理田旁隙地、渠堤等。敏感除草剂有2,4-D、麦草畏、噻吩磺隆、苯磺隆、哒草特、敌草隆、西玛津、氰草津、溴苯腈、草灭威等。

55. 垂果南芥

Arabis pendula L.

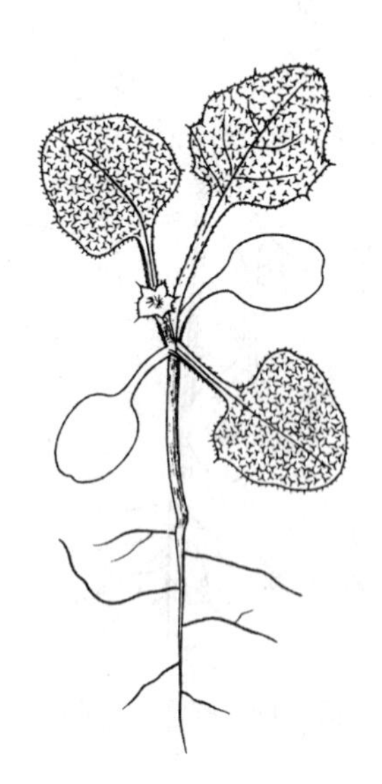

图 55a 垂果南芥幼苗

图 55b 垂果南芥成株

【别　　名】 山白菜、悬垂筷子芥。

【幼苗特征】 种子出土萌发。子叶阔卵形，长 4 毫米，宽 3.5 毫米，先端钝圆，具微凹，全缘，叶基圆形，具长柄。下胚轴发达，上胚轴不发育。初生叶 1 片，互生，单叶，阔卵形，先端钝圆，叶缘微波状，并疏生睫毛，叶基截形，表面密生三叉状分枝毛，具长柄。后生叶与初生叶相似。幼苗全株除下胚轴和子叶外，均密被三叉状分枝毛（图 55a）。

【成株特征】 越年生或多年生草本，高 20～80 厘米。茎直立，基部木质化，不分枝或分枝，茎叶疏生粗硬毛和星状毛。中下部叶矩圆形或矩圆状卵形，先端渐尖，基部窄耳状，稍抱茎，边缘具牙状或波状齿；上部叶无柄，狭椭圆形或披针形，近抱基；几乎全缘或具细锯齿。总状花序顶生，疏且长；花白色。长角果条形，伸长且下垂，具脉；种子卵形，淡褐色，具狭膜质边（图 55b）。

【识别提示】 ①子叶阔卵形，初生叶叶缘微波状。②条形长角果通常下垂。③种子卵形，具狭膜质边。

【本草概述】 生于耕地、田边、路旁、沟边、灌丛间、村落或房屋周围隙地。分布于东北、华北、西北和西南等省区。是菜地、果园、林园中常见杂草。有时大量侵入农田，对小麦、大豆、玉米等作物危害较重。

【防除指南】 合理轮作，加强田间管理，并在种子成熟前彻底清理田旁隙地和房屋周围等。敏感除草剂有 2，4-D、2 甲 4 氯、麦草威、利谷隆、乳氟禾草灵、莠去津、嗪草酮、溴苯腈、甲羧除草醚、西玛津等。

56. 独 行 菜

Lepidium apetalum Willd.

【别　　名】 腺茎独行菜、辣根菜、羊拉罐儿。

【幼苗特征】 种子出土萌发。子叶椭圆形，长5毫米，宽2毫米，先端钝尖，全缘，叶基楔形，具长柄。下胚轴较发达，上胚轴不发育。初生叶2片，对生，单叶，为3浅裂或4浅裂掌状裂叶，叶基近圆形，具长柄。后生叶为5浅裂掌状裂叶，互生，其他与初生叶相似。幼苗全株光滑无毛(图56a)。

图 56a　独行菜幼苗

【成株特征】 越年生或一年生草本，高10～30厘米。茎直立，基部多分枝，有头状腺毛。基生叶丛生，具长柄，叶片狭匙形，羽状浅裂或深裂；茎生叶互生，无柄，叶片条形，有疏齿或全缘。总状花序顶生，果时伸长，疏松；花极小，萼片早落，花瓣退化为丝状；雄蕊2～4，雌蕊1，子房扁圆形，短小。短角果近圆形或椭圆形，扁平，先端微缺，上部有极狭翅；种子倒卵状椭圆形，光滑，棕红色（图56b）。

【识别提示】 ①子叶椭圆形，初生叶为3浅裂或4浅裂掌状裂叶。幼苗全株光滑无毛。②花极小，花瓣退化为丝状。③短角果近圆形，扁平，先端微缺，上部具极狭翅。

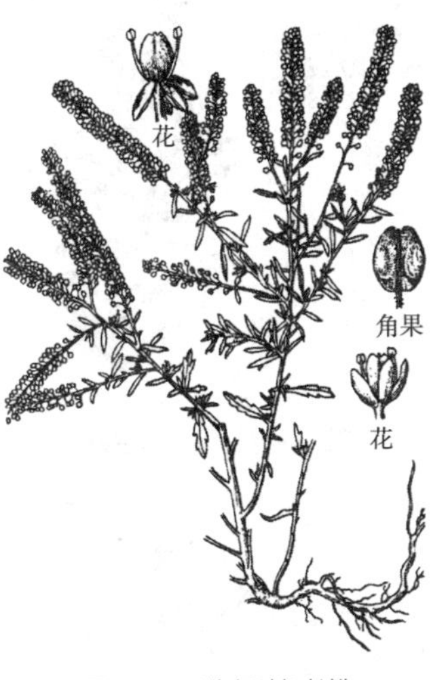

图 56b　独行菜成株

【本草概述】 生于农田及荒地。分布于东北、华北、西北及西南等地。是麦田、菜地、果园常见杂草，部分麦田受害较重。也是跳甲、小菜蛾及十字花科根肿病的传播媒介。

【防除指南】 合理轮作，加强田间管理，适时中耕除草。药剂防除可用莠去津、嗪草酮、溴苯腈等。

57. 北美独行菜

Lepidium virginicum L.

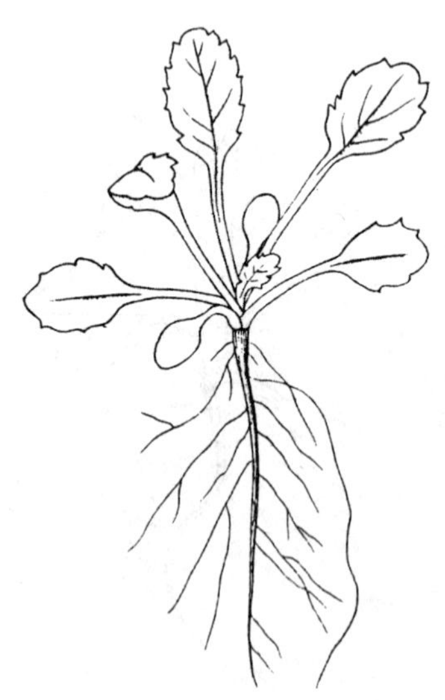
图 57a　北美独行菜幼苗

图 57b　北美独行菜成株

【别　　名】 星星菜、辣辣根、小白浆。

【幼苗特征】 种子出土萌发。子叶阔卵形，长 3.3～3.5 毫米，宽 2～3 毫米，先端钝圆，全缘，无叶脉，具叶柄。下胚轴不发达，上胚轴不发育。初生叶 1 片，互生，单叶，阔椭圆形，先端钝圆，叶缘带暗红色，并有桃状齿和稀短睫毛，叶基渐窄，有 1 条明显中脉，具长柄。后生叶与初生叶相似(图 57a)。

【成株特征】 越年生或一年草本，高 30～50 厘米。茎直立，上部分枝，有柱状腺毛。基生叶有长柄，倒披针形，羽状分裂，边缘有锯齿；茎生叶具短柄，倒披针形或条形，先端急尖，基部渐狭，有锯齿，两面无毛。花小，白色；雄蕊 2～4。短角果近圆形，无毛，顶端微凹，近顶端两侧有狭翅；种子扁卵形，红褐色，边缘有透明狭翅，湿后成一层黏滑胶膜（图 57b）。

【识别提示】 ①子叶阔卵形，初生叶具桃状粗齿。②花小，白色。③短角果近圆形，顶端微凹，近顶端两侧有狭翅。④种子扁卵形,边缘有透明狭翅，湿后成一层黏滑胶膜。

【本草概述】 生于农田，路旁和荒草地。分布于内蒙古、吉林、辽宁、江苏、浙江、福建、湖北、云南等地。部分旱作物受害较重。

【防除指南】 敏感除草剂有乳氟禾草灵、莠去津、嗪草酮、溴苯腈。

58. 荠

Capsella bursa-pastoris（L.）Medie.

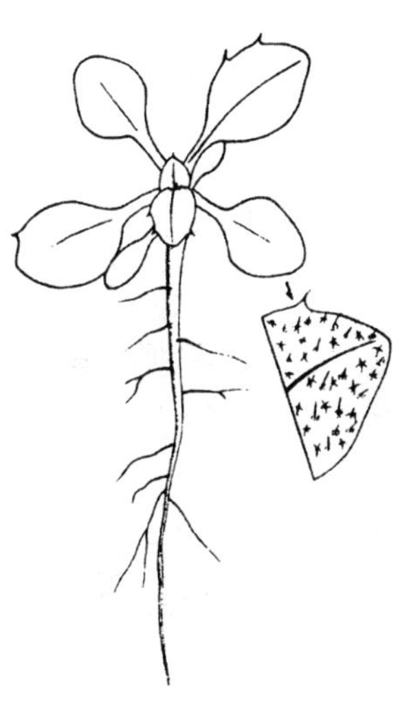

图58a　荠幼苗

【别　　名】荠菜、荠菜花。

【幼苗特征】种子出土萌发。子叶阔椭圆形或阔卵形，长2.5毫米，宽1.5毫米，先端钝圆，全缘，叶基渐窄，具短柄。下胚轴不发达，上胚轴不发育。初生叶2片，对生，单叶，阔卵形，先端钝圆，全缘，叶基楔形，叶片及叶柄有星状毛或与单毛混生。后生叶为互生，叶形变化很大，第一后生叶叶缘开始出现尖齿，此后长出的后生叶叶缘变化更大。幼苗除子叶和下胚轴外，全株密被星状毛或单毛（图58a）。

【成株特征】越年生或一年生草本,高20～50厘米,全株稍有分枝毛或单毛。茎直立,有分枝。基生叶丛生,大头羽状分裂,顶生裂片较大,侧生裂片较小,狭长,先端渐尖,浅裂或有不规则粗锯齿,具长柄;茎生叶狭披针形,基部抱茎,边缘有缺刻或锯齿。总状花序顶生和腋生;花瓣4,白色。短角果倒三角形或倒心形,扁平,先端微凹,有极短宿存花柱。种子长椭圆形,黄色至黄褐色(图58b)。

【识别提示】①初生叶全缘，幼苗全株密生单毛和星状毛。②基生叶莲座状，茎生叶披针形。③短角果三角状倒心形。

【本草概述】生于耕地、田边、路旁、沟边、荒地、村落或房屋周围隙地。分布于全国。是农田极常见的杂草，常与播娘蒿、打碗花等一起危害，有时也可形成小片种群。主要危害小麦、油菜、绿肥、蔬菜等作物。也是棉蚜、麦蚜、桃蚜、花生蚜、菜蚜、豌豆潜叶蝇、小地老虎、绿盲蝽、菜粉蝶等的寄主。

【防除指南】合理轮作,加强田间管理。敏感除草剂有草灭畏、异丙甲草胺、敌草胺、乳氟禾草灵、西玛津、苯磺隆、噻吩磺隆、灭草松、恶草酮、草甘膦、溴苯腈、都阿混剂等。

图58b　荠成株

59. 播娘蒿

Descurainia sophia (L.)Schur.

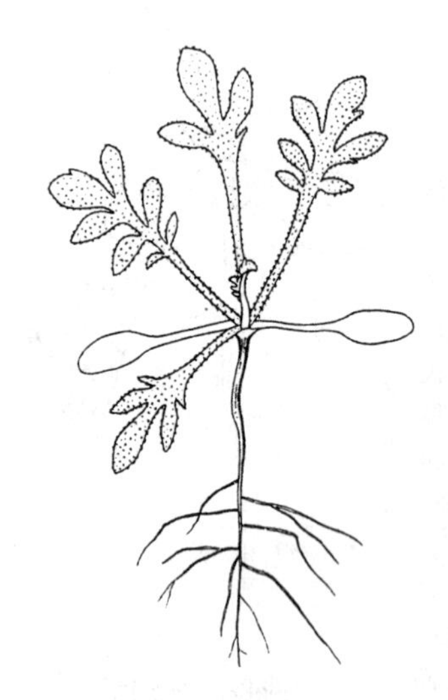
图59a 播娘蒿幼苗

【别　　名】 米蒿、眉毛蒿、线香子。

【幼苗特征】 种子出土萌发。子叶椭圆形，长4.5毫米，宽1.5毫米，先端钝圆，全缘，叶基阔楔形，具长柄。下胚轴很发达，上胚轴不发育。初生叶1片，互生，单叶，羽状裂叶，叶两面及叶柄均密被分叉毛和星状毛。后生叶与初生叶相似。幼苗除子叶和下胚轴外，全株密被分叉毛和星状毛（图59a）。

【成株特征】 越年生或一年生草本，高30～120厘米，全体有分叉毛。茎直立，圆柱形，多分枝，密生灰色柔毛。叶互生，下部叶有柄，上部叶无柄；叶片二回至三回羽状深裂，最终裂片窄条形或条状长圆形。总状花序顶生，花多数；萼片4，直立，早落，条形，外面有分叉细柔毛；花瓣4，淡黄色。长角果窄条形，斜展，成熟后开裂。种子长圆形至近卵形，黄褐色至红褐色（图59b）。

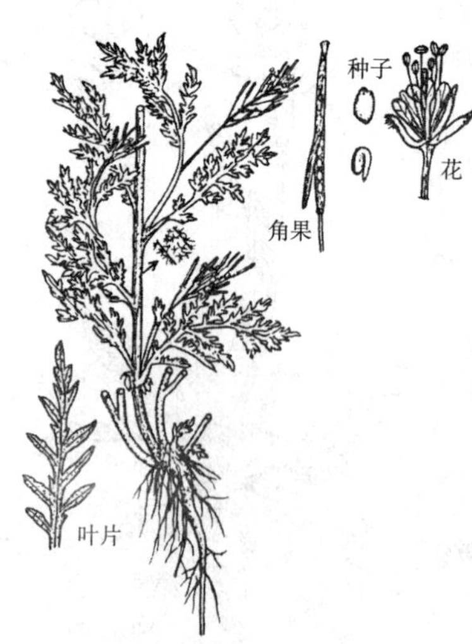

图59b 播娘蒿成株

【识别提示】 ①初生叶为羽状裂叶，幼苗全株密被星状毛。②总状花序顶生，花小，多数，黄色。③长角星线形。

【本草概述】 生于荒野、路旁和农田，分布于华北、西北、华东以及四川等省区。是盐碱土区麦田常见杂草，常成单一种群或与荠菜、王不留行等混生。主要危害小麦、油菜、蔬菜、果树等作物。也是油菜茎象甲的传播媒介。

【防除指南】 合理进行轮作，加强田间管理。敏感除草剂有2甲4氯、麦草畏、苯磺隆、莠去津、溴苯腈、都阿混剂等。

60. 臭　　荠

Coronopus didymus (L.) J. E. Smith

【别　　名】 肾果荠。

【幼苗特征】 种子出土萌发。子叶棒状，长9毫米，宽1.5毫米，全缘，下胚轴发达，上胚轴不发育。初生叶2片，对生，单叶，不分裂叶，阔卵形，先端急尖，全缘，叶基阔楔形，无明显叶脉，具长柄。后生叶为羽状裂叶。幼苗全株不光滑，无毛。揉碎幼苗含有臭味，故称臭荠(图60a)。

图 60a　臭荠幼苗

【成株特征】 一年生或二年生匍匐草本。高 3～50 厘米。主茎不明显，多分枝，有柔毛。叶为一回至二回羽状分裂，裂片 5～7 对，条形，先端急尖，基部渐狭，全缘，无毛，腋生总状花序，长可达 4 厘米，花小，白色。果实成对而生，扁球形，顶端下凹，表面有粗糙皱纹，成熟时不开裂，仅沿中央分离；种子 1 粒，卵形（图 60b）。

图 60b　臭荠成株

【识别提示】 ①子叶呈棒状，揉碎幼苗有明显臭味。②匍匐草本，矮小，叶羽状分裂。③花白色，短角果近小球形，侧扁，皱缩，顶端下凹。

【本草概述】 生于旱地、果园、荒地及路旁等处，分布山东、江苏、安徽、湖北、江西、浙江、福建、广东等省。

【防除指南】 敏感除草剂有 2 甲 4 氯、莠去津、溴苯腈、噻吩磺隆等。

（十八）蔷薇科杂草

草本、灌木或乔木，有时攀缘，落叶或常绿，有刺或无刺。单叶或复叶，通常互生而有托叶。花两性、少数单性，通常整齐，花轴膨大成扁平至壶形或有时成圆锥形花托，花托边缘生有萼片，花瓣和雄蕊内边通常具1环腺状花盘，萼片4～5枚或有副萼片；花瓣4～5，少数无花瓣，雄蕊5至多数，少数4或1～2，着生在萼筒上；雌蕊1至多数心皮，心皮分离或合生，子房上位、周位或下位，每室内有胚珠1至数个；花柱数与心皮数相等，分离或少有合生。果实为蓇葖果、瘦果、核果、梨果，有时外面具1膨大肉质花托。种子通常无胚乳。

本科的识别特征：花为5基数，心皮离生或合生，子房上位或下位，周位花。果实为核果、梨果、瘦果、蓇葖果等。

61. 蛇　　莓

Duchesnea indica (Andrews)Focke

图 61a　蛇莓幼苗

【别　　名】 地莓、小草莓、蛇蛋果、三脚虎。

【幼苗特征】 种子出土萌发。子叶阔卵形，长4毫米，宽3.5毫米，先端钝圆，具微凹，全缘，缘生睫毛，叶基圆形，无毛，具长柄，下胚轴较发达，上胚轴不发育。初生叶1片，互生，单叶，叶片掌状，叶缘粗牙齿状，并具睫毛，有明显掌状脉及斑点，具长柄，柄被长柔毛。第一后生叶与初生叶相似。第二后生叶为三出复叶，其他与初生叶相似(图61a)。

【成株特征】 多年生草本，具长匍匐茎，有柔毛。三出复叶，小叶菱状卵形或倒卵形，边缘具钝锯齿，两面散生柔毛或上面近于无毛，叶柄长1～5厘米；托叶卵状披针形，有时3裂，有柔毛。花单生于叶腋，花梗较长，有柔毛；花托扁平，花期膨大成半圆形，海绵质，红色，副萼片5，先端3裂，稀5裂；花萼裂片卵状披针形，小于副萼片，均有长柔毛；花瓣5，黄色；雄蕊多数。瘦果长圆状卵形，暗红色（图61b）。

图 61b　蛇莓成株

【识别提示】 ①子叶呈阔卵形，初生叶不深裂，叶缘粗齿状。②三出复叶，小叶片菱状卵形或倒卵形，边缘有钝锯齿。③花托球形或长椭圆形，鲜红色，覆以无数红色小瘦果，并为宿萼所围绕。

【本草概述】 生于较湿润荒地、沟旁或山坡草丛。辽宁南部以南各省区均有分布。是苗圃、果园常见杂草。

【防除指南】 合理轮作换茬，加强田间管理，及时中耕除草。敏感除草剂有乙氧氟草醚、草甘膦等。

62. 委陵菜

Potenlilla chinensis Ser.

【别　　名】 翻白眼、翻白草。

【幼苗特征】 种子出土萌发。子叶近圆形，长 2.5 毫米，宽 2.5 毫米，先端微凹，全缘，叶缘有乳头状腺毛的睫毛，叶基圆形，具短柄。下胚轴明显，红色，并被短毛，上胚轴不发育。初生叶 1 片，互生，单叶，阔卵形，顶端一般 3 浅裂或 5 浅裂，叶缘有长睫毛，叶基圆形，具长柄，柄带红色，并有柔毛。后生叶 5 浅裂掌状，其他与初生叶相似（图 62a）。

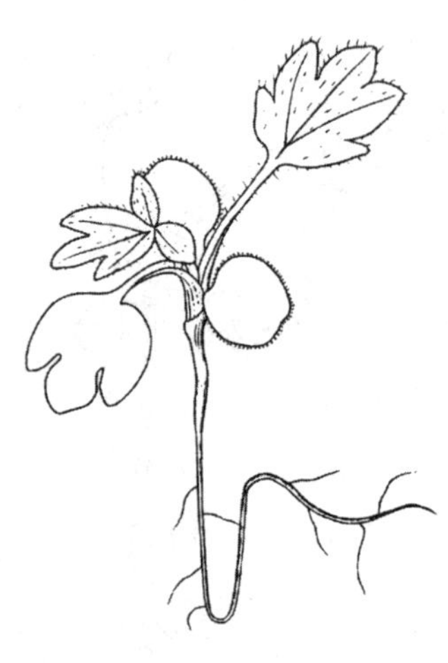

图 62a　委陵菜幼苗

【成株特征】 多年生草本，高 30～60 厘米。根肥大，木质化。茎丛生，直立或斜升，有白色长柔毛。叶为羽状复叶，基生叶有小叶 15～31，小叶长圆状倒卵形或长圆形，羽状深裂，裂片三角状披针形，下面密生白色绵毛；叶柄长约 1.5 厘米；托叶和叶柄基部合生；叶柄有长柔毛；茎生叶较小。聚伞花序顶生，总花梗和花梗有白色茸毛或柔毛；花瓣 5，黄色。瘦果卵形，有肋纹，多数，聚生于有绵毛的花托上（图 62b）。

图 62b　委陵菜成株

【识别提示】 ①初生叶为单叶，3 深裂，叶缘全缘。②基生叶有小叶 15～31，小叶羽状深裂。③聚伞花序顶生，花黄色。

【本草概述】 生于山坡、路旁、草甸、沟边或河岸，分布于东北及河北、山西、陕西、甘肃、山东等省。果园、苗圃常成片发生，危害较重。

【防除指南】 敏感除草剂有草甘膦、2 甲 4 氯等。

63. 朝天委陵菜
Potentilla supina L.

【别　　名】 野香菜、仰卧委陵莱、伏枝委陵菜、地榆子。

【幼苗特征】 种子出土萌发。子叶阔卵形，长3毫米，宽3毫米，先端钝圆，全缘，叶基圆形，具长柄，下胚轴很发达，淡红色，上胚轴不发育。初生叶1片，互生，单叶，为5浅裂掌状叶，先端钝尖，叶基圆形，有明显叶脉，具长柄。第一后生叶为7浅裂掌状叶，其他与初生叶相似。第二后生叶开始变为3小叶或更多小叶的羽状复叶。幼苗全株光滑无毛（图63a）。

图 63a　朝天委陵菜幼苗

【成株特征】 一年生或二年生草本，高10～50厘米。茎自基部分枝，枝平铺或斜伸，有时近直立，疏生柔毛。羽状复叶，基生叶有小叶7～13，小叶倒卵形或长圆形，边缘有缺刻状锯齿，上面无毛，下面微生柔毛或近无毛；茎生叶有时为三出复叶，托叶阔卵形，3浅裂。花单生于叶腋，花梗细长，有柔毛；花瓣5，黄色；副萼片椭圆状披针形。瘦果卵形，黄褐色，有皱纹（图63b）。

【识别提示】 ①子叶阔卵形，初生叶5浅裂，无睫毛。②基生叶有7～13小叶。③花单生叶腋。

【本草概述】 生于耕地、田边、路旁、沟边、荒地、村落或房屋周围隙地。分布于黑龙江、吉林、内蒙古、新疆、河北、河南、陕西、甘肃、山东、山西、四川、江苏等省、自治区。是常见杂草，对蔬菜、果树、小麦、油菜、薯类等作物危害较重。

【防除指南】 合理轮作，加强田间管理，早期清理田旁隙地、田埂、渠堤。药剂防除可用2,4-D、乙氧氟草醚、草甘膦、2甲4氯等。

图 63b　朝天委陵菜成株

（十九）豆科杂草

一年生或多年生草本，灌木、乔木或攀缘大藤本。叶互生，很少对生，有托叶羽状或掌状复叶，或单叶；小叶也有小托叶，有时叶中轴顶端有卷须。花序总状或圆锥花序，顶生、腋生或对叶着生，少有单生或二、三簇生；有苞片和小苞片；花两性或杂性，两侧对称或辐射对称；萼片5，连合成管或离生，通常不整齐，有时为二唇形；花瓣5，少有不发育少于5数，通常离生，整齐或成为三种类型，即上面1片大而显著称旗瓣，两侧2片比较小，称翼瓣，下面2片合生或分离，称龙骨瓣，各瓣基部有爪或无爪；雄蕊5、10或多数，离生，若为10，花丝离生或合生，有时成9和1的两体，花药2室，纵直开裂；花柱1，通常向上弯曲，柱头头状，顶生或偏斜，子房1室，胚珠1至多数，排列1行，着生于腹缝线上。荚果通常长线形或有其他不同形状，开裂或不开裂，开裂时沿腹背两缝线，有时呈肉质核果状而有横隔；种子有多种形状，通常无胚乳，少有含少量胚乳。

本科的识别特征：叶为羽状或三出复叶，有叶枕。花冠多为蝶形或假蝶形，雄蕊为2体、单体或分离。果实为荚果。

64. 野大豆

Glycine ussuriensis Reget et Maack.

【别　　名】 蛈豆、乌豆、野毛豆、野黑豆。

【幼苗特征】 种子出土萌发。子叶阔卵形，长1厘米，宽0.6厘米，先端钝圆，全缘，叶基近圆形，有明显叶脉，无毛，具短柄。下胚轴非常发达，上胚轴亦较发达，并有斜垂直柔毛。初生叶2片，对生，单叶，卵形，先端急尖，全缘，叶基心形，具长柄，柄上密生短柔毛，托叶细小，呈三角形。后生叶为三出羽状复叶，小叶形态与初生叶相似(图64a)。

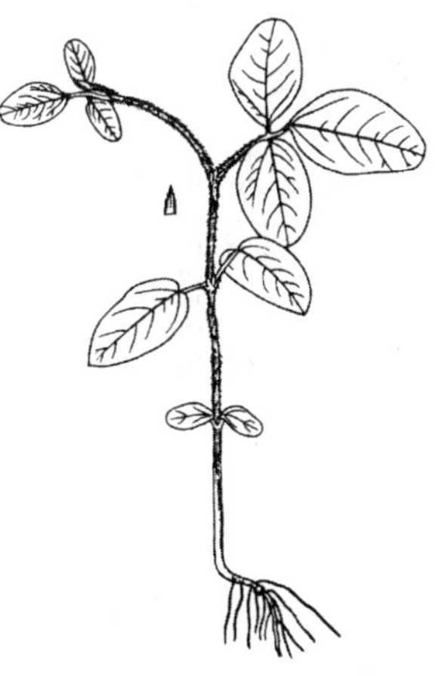

图 64a　野大豆幼苗

【成株特征】 一年生缠绕草本。茎细瘦，长80～150厘米，各部有黄色长硬毛。叶互生，有柄，具3小叶，顶生小叶卵状披针形，侧生小叶斜卵状披针形；托叶卵状披针形，均密被长硬毛。总状花序腋生；花梗生长硬毛；花萼钟状，萼齿5，上唇2齿合生，披针形，有黄色长硬毛；花冠紫红色或淡紫色，旗瓣阔卵形，翼瓣稍短，龙骨瓣斜卵形；雄蕊10，两体，子房披针形。荚果长椭圆形，密生黄色长硬毛；种子近椭圆形，黑色（图64b）。

【识别提示】 ①初生叶为单叶，呈卵形，先端急尖，后生叶为三出羽状复叶。②缠绕草本，茎细弱，各部均有黄色伏贴的毛。③花冠紫红色，荚果内有黑色种子2～4粒。

【本草概述】 生于耕地、田边、路旁、沟边、岸边湿地、柳丛间及林下草地。分布于东北及河北、山东、甘肃、陕西、四川、安徽、湖南、湖北等省。野大豆是喜湿植物，在低湿地常成片生长，出现优势或单一种群，为河滩、芦苇地、果园、林地常见杂草，对低湿地的大豆、玉米、谷子危害严重，部分幼林、芦苇田也深受其害。也是大豆食心虫的寄主，并可诱发大豆霜霉病、大豆菌核病和大豆褐斑病。

【防除指南】 水旱轮作，换茬。施用腐熟农家肥。药剂防除可用莠去津、西玛津、敌草隆等。芦苇田用2甲4氯＋麦草畏防效最好。

图 64b　野大豆成株

65. 米口袋

Cueldenstaedria multiflora Bunge.

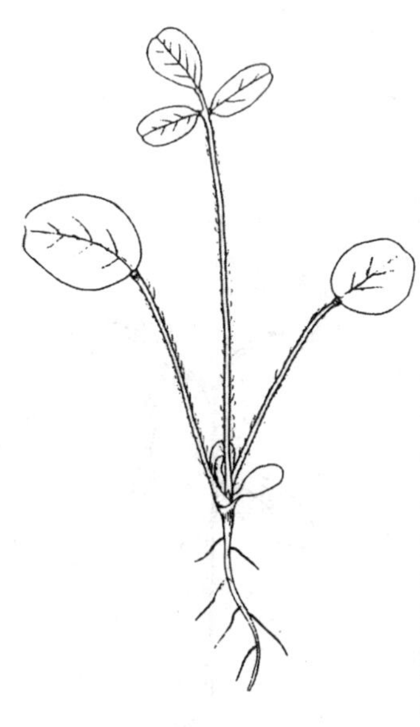

图 65a 米口袋幼苗

图 65b 米口袋成株

【别　　名】小地槐、萝卜地丁、奶青草、米布袋。

【幼苗特征】种子出土萌发。子叶阔椭圆形，长 6 毫米，宽 4 毫米，先端钝圆，全缘，叶基圆形，无毛，具短柄。下胚轴不发达，上胚轴不发育。初生叶为单叶状复叶，1 片，互生，叶片阔椭圆形或近圆形，先端微凹，全缘，具睫毛，叶基圆形，具长柄，柄上密生弯曲长柔毛，托叶三角形，第一后生叶阔卵形，其他与初生叶相似。第二后生叶为三出羽状复叶，顶小叶倒卵形，先端微凹，全缘，叶基阔楔形，两侧小叶椭圆形，叶基近圆形，其他与顶小叶相似，具长柄，柄上密斜生弯毛（图 65a）。

【成株特征】多年生草本。根圆锥形。茎缩短。数条簇生于根颈。一回单数羽状复叶丛生于短茎，小叶 11～21，椭圆形、卵形或长椭圆形；托叶三角形，基部合生；托叶、花萼和花梗上均有长柔毛。伞形花序腋生，有 4～6 朵花；花萼钟状，上面 2 个萼齿较大；花冠紫色，旗瓣卵形，长于翼瓣，龙骨瓣短，长约为翼瓣的一半；子房圆柱形，花柱内曲。种子肾形，黑褐色具凹点，有光泽（图 65b）。

【识别提示】①初生叶阔卵形，叶缘具睫毛。②一回单数羽状复叶簇生于缩短的根颈上。③花冠紫红色，荚果圆筒形，内有肾形具凹点的种子。

【本草概述】生于田野、山坡、草地及路旁等处，分布于东北、华北以及陕西、甘肃等省区。为田边常见杂草，偶入苗圃、果园或农田。

【防除指南】加强田间管理，早期清理田旁隙地。

66. 含羞草

Mimosa pudica L.

【别　　名】 知羞草、怕丑草。

【幼苗特征】 种子出土萌发。子叶近方形，长5.5毫米，宽5毫米，稍肥厚，先端微凹，全缘，叶基略呈箭形，无毛，具短柄。下胚轴很发达，密生短柔毛，并布红色线点，与初生根交界处有1膨大颈环，上胚轴不发育。初生叶1片，为偶数羽状复叶，小叶阔椭圆形，共3对，叶缘有稀睫毛，叶尖钝圆，叶基略偏斜。第一后生叶分二叉，每枝为偶数羽状复叶，形态与初生叶相似(图66a)。

【成株特征】 直立或蔓生或攀缘半灌木，高可达1米。茎多分枝，下部伏地，有刺毛及钩刺。叶为二回羽状复叶，羽片2～4个，掌状排列，小叶14～48个，长圆形，边缘及叶脉有刺毛，触之即闭合而下垂。头状花序长圆形，2～3个生于叶腋；花淡红色，花瓣4，花萼钟状，有8个微小萼齿；雄蕊4，伸出花瓣外，子房无毛。荚果扁平，边缘有刺毛，有3～4荚节，每荚节含1粒种子，成熟时节间脱落，有长刺毛的荚缘宿存(图66b)。

【识别提示】 ①子叶呈方形。②二回羽状复叶，羽片掌状排列，触之即闭合下垂。③荚果边缘有刺毛，每荚节含1粒种子，成熟时节间脱落。

【本草概述】 生于山坡丛林、路旁、潮湿地，也有地方栽培。分布于华东、华南和西南，以广东、云南等热带地区最多。是薯类、花生等旱地较常见的杂草，部分农作物受害较重。

【防除指南】 细致田间管理，及时中耕除草。敏感除草剂有苯磺隆、莠草净等。

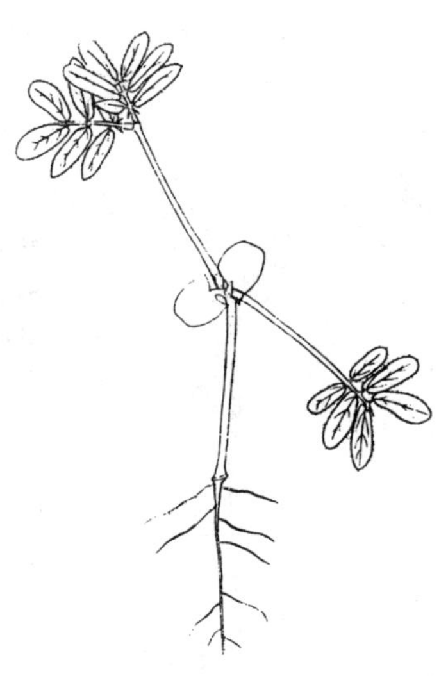

图66a　含羞草幼苗

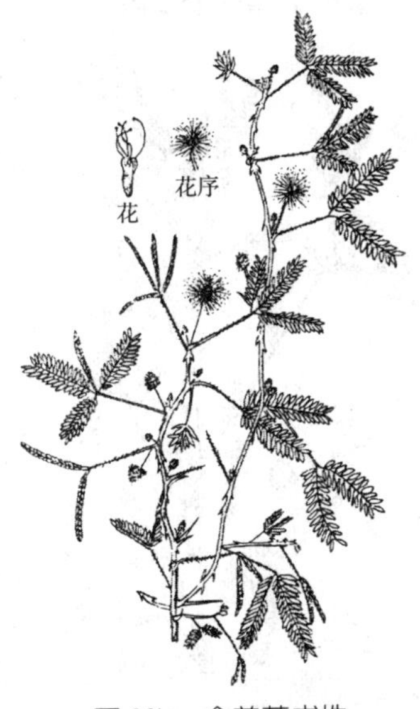

图66b　含羞草成株

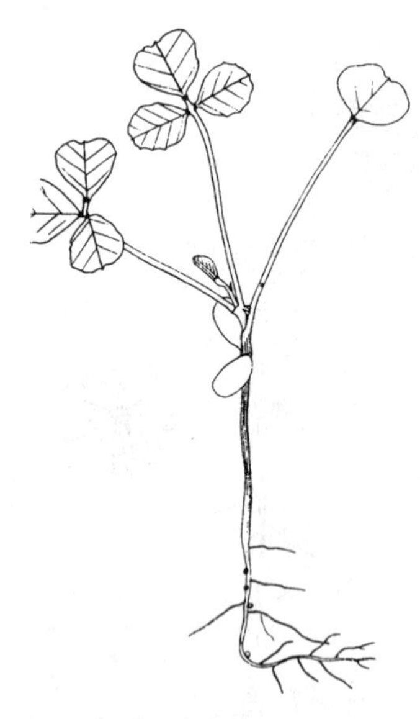

图 67a　草木樨幼苗

图 67b　草木樨成株

67. 草 木 樨

Melilotus suaveolwna Ledeb.

【别　　名】 山黄蓍、香马料、野草木樨。

【幼苗特征】 种子出土萌发。子叶阔卵形或近阔椭圆形，长 6.5 毫米，宽 3.5 毫米，先端钝圆，全缘，叶基渐窄，具短柄。叶片与叶柄之间有明显关节。下胚轴非常发达，上胚轴极短。初生叶为单叶状复叶，1 片，互生，叶片倒肾形，先端微凹，其中央有 1 小突尖，全缘，叶基圆形，具长柄。后生叶为三出羽状复叶，小叶倒阔卵形，先端微凹，其中亦有 1 小突尖。叶缘为内凹齿状，叶基阔楔形，具长柄。幼苗全株光滑无毛（图 67a）。

【成株特征】 一年生或二年生草本，高 60～90 厘米。茎直立，多分枝，无毛。复叶有 3 小叶，小叶长椭圆形至倒披针形，先端截形，有短尖头，边缘有疏细齿，托叶线形。总状花序腋生，长达 20 厘米；花萼钟状，萼齿 5；花冠黄色，旗瓣长于翼瓣。荚果卵圆形，网纹明显，无毛，含 1 粒种子，种子卵球形，褐色（图 67b）。

【识别提示】 ①子叶呈倒阔卵形，初生叶为单叶羽状复叶，叶片呈倒肾形。②三出复叶，小叶边缘有疏细齿。③总状花序，花冠黄色，荚果表面具网纹，含 1 粒种子。

【本草概述】 生于耕地、田边、路旁、沟边、荒地及湿草地，分布于北部、西南和华东。常混生在各种作物播种地，对小麦、大豆、马铃薯、林木、果园等危害较重。也是蚜虫、金龟甲、椿象、象甲等多种害虫的转株寄主。

【防除指南】 合理轮作，加强对各种作物播种地、果园和林园的管理，适时中耕除草。敏感除草剂有苯磺隆、克莠灵等。

68. 鸡眼草

Kummerowia striara (Thunb.) Schindl.

【别　　名】 线条鸡眼草、捏不齐。

【幼苗特征】 种子出土萌发。子叶阔卵形，长5毫米，宽4毫米，先端钝圆，全缘，叶基圆形，具短柄。下胚轴非常发达，具细茸毛，上胚轴较明显，并密被斜垂直细毛。初生叶2片，对生，单叶，倒卵形，先端微凹，全缘，具有明显的羽状叶脉。后生叶为三出掌状复叶，小叶三角状倒卵形，先端微凹，全缘，叶基楔形，总叶柄基部有膜质托叶，柄上密生短柔毛（图68a）。

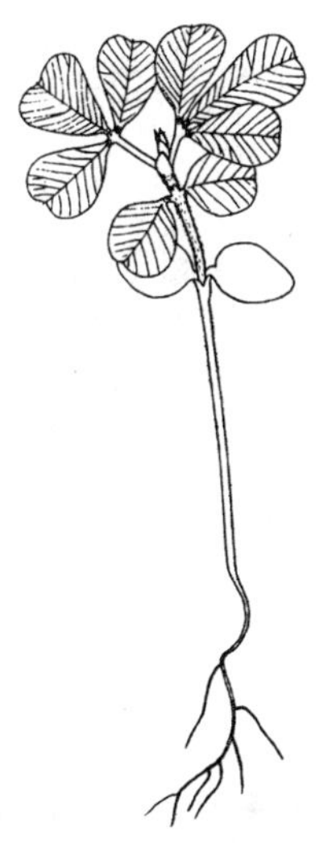

图68a　鸡眼草幼苗

成株特征】 一年生草本。茎平卧，长5～30厘米，茎和分枝有白毛。叶互生，3小叶；托叶长卵形，宿存；小叶长椭圆形或倒卵状长椭圆形，主脉和叶缘有疏毛。花1～3朵腋生；小苞片4个，1个生于花梗的关节之下，另3个生于萼下；萼钟状，萼齿深裂，裂片叶状椭圆形，有网状脉纹，深紫色；花冠淡红色。荚果卵状圆形，顶端稍急尖，通常较萼稍长或长不超过萼的1倍，外面有细短毛（图68b）。

【识别提示】 ①上胚轴较明显，密被斜垂直细毛。②茎直立或平卧，常铺地分枝，匍匐状，枝上有向下的毛。③荚果较宿存花萼稍长或长不超过萼的1倍。

【本草概述】 生于荒地、路边、林缘或农田。分布于东北及河北、江苏、福建、广东、湖南、湖北、贵州、四川、云南等省区。对大豆、小麦、谷子、幼龄林木和果树等危害较重，也是豆蚜、红蜘蛛的寄主。

【防除指南】 加强田间管理，早期清理田旁隙地。药剂防除可用2甲4氯、2,4-D、苯磺隆等。

图68b　鸡眼草成株

69. 长萼鸡眼草

Kummerowia striata (Maxim.) Makino.

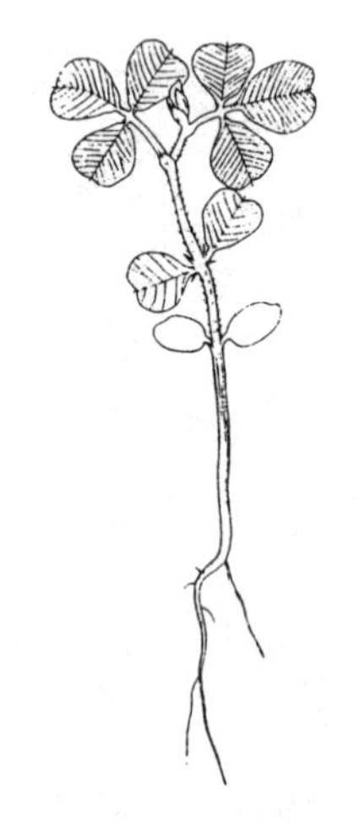

图 69a　长萼鸡眼草幼苗

图 69b　长萼鸡眼草成株

【别　　名】 掐不齐、鸡眼草。

【幼苗特征】 种子出土萌发。子叶阔椭圆形，长 3 毫米，宽 2 毫米，先端一侧微凹，全缘，无明显叶脉，具短柄。下胚轴非常发达，被短毛，上胚轴明显，密被斜伸直生毛。初生叶 2 片，对生，单叶，倒阔卵形，先端微凹，中央形成 1 小突尖，全缘，叶基楔形，有明显羽状叶脉，具短柄。后生叶为三出羽状复叶，小叶与初生叶相似(图 69a)。

【成株特征】 一年生草本，高10～40厘米。茎直立，分枝多而开展，有时呈披散状，茎和分枝上常有向上的毛。三出复叶互生；小叶倒卵形或椭圆形，先端圆或微凹，具短尖，基部楔形，上面无毛，下面中脉及叶缘有白色长硬毛，侧脉平行；托叶2，卵形，膜质。花1～2朵簇生叶腋；花梗有白色硬毛，有关节，小苞片3枚；萼钟状，萼齿5，卵形；花冠上部暗紫色，龙骨瓣较长。荚果卵形，较萼长3～4倍，有 1 粒种子；种子黑色，平滑（图 69b)。

【识别提示】 ①上胚轴明显，密被斜伸直生毛。②分枝多开展，枝上有向上的毛。③荚果较萼长 3～4 倍。

【本草概述】 生于耕地、田边、路旁、沟边、荒地或林边草地。分布于东北、河北以及山西、陕西、甘肃、河南、山东、江苏、浙江、安徽、江西等省区。部分果园和旱秋作物受害较重。

【防除指南】 加强田间管理，早期清除田旁隙地杂草。可用 2 甲 4 氯、2,4 - D、苯磺隆等药剂防除。

70. 南苜蓿
Medicago hispida Caertn.

【别　　名】 金花菜、苜荠头、草头。

【幼苗特征】 种子出土萌发。子叶呈弯曲的椭圆形，长9毫米，宽4毫米，先端钝圆，全缘，叶基阔楔形，具短柄。下胚轴很发达，上胚轴不易看出。初生叶为单叶状复叶；互生，阔卵形，先端微凹，全缘，叶基圆形，托叶锥状。后生叶为三出羽状复叶，小叶阔卵形，先端微凹，中央具1小尖头。全缘，叶基圆形，具长柄。幼苗全株光滑无毛(图70a)。

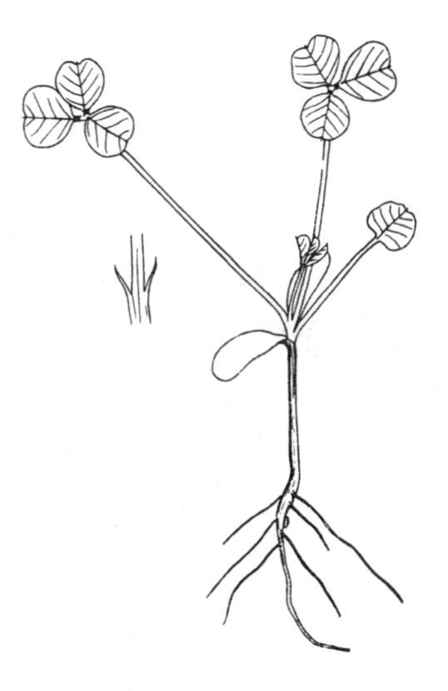

图70a　南苜蓿幼苗

【成株特征】 一年生或多年生草本，高30厘米。茎匍匐或直立，基部多分枝，无毛或稍有毛。叶具3小叶；小叶宽倒卵形，先端钝圆或凹入，上部具锯齿，下部楔形，两侧小叶略小；托叶裂刻很深。总状花序腋生，有花2～6朵；花萼钟形，深裂，萼齿披针形，尖锐，有疏柔毛；花冠黄色，略伸出萼外。荚果螺旋形，边缘具钩刺，含种子3～7粒。种子肾形，黄褐色(图70b)。

【识别提示】 ①初生叶为单叶状复叶，呈阔卵形，后生叶为三出羽状复叶。②托叶裂刻很深，茎近无毛或稍有毛。③荚果螺旋形，边缘具钩刺。

【本草概述】 原产伊朗，现各地普遍栽培，长江中下游有野生，适生于排水良好的壤土和沙壤土。分布于我国长江中下游地区。

【防除指南】 加强田间管理，早期清除田旁隙地杂草。此草为优良牧草和绿肥，可结合除草利除之。敏感除草剂有苯磺隆等。

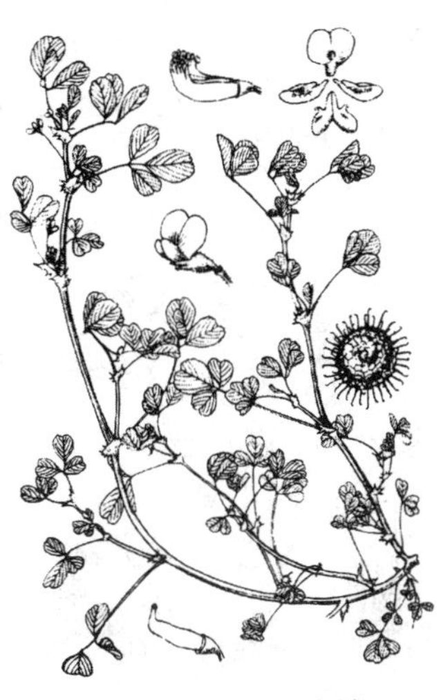

图70b　南苜蓿成株

71. 小苜蓿

Medicago minima（L.）L.

图 71a 小苜蓿幼苗

【幼苗特征】 种子出土萌发。子叶椭圆形，长 0.7 厘米，宽 0.3 厘米，先端圆，全缘，叶基阔楔形，无毛，近无柄。下胚轴较发达，淡红色，上胚轴不明显。初生叶为单叶状复叶，互生，肾形，先端具突尖，叶缘具不规则微细齿和缺刻，叶基圆形，腹面密生短柔毛，背面密生混杂毛，具长柄，柄上亦密被混杂毛。后生叶为三出羽状复叶，小叶倒卵形，顶端微波状，中央具突尖，叶基阔楔形或圆形，总叶柄基部有锥状托叶。幼苗除下胚轴和子叶外，全株密被混杂毛（图 71a）。

【成株特征】 一年或多年生小草本，全体有白色茸毛，高不足 20 厘米。茎多分枝，匍匐状。三出复叶；中间小叶倒卵形，先端圆或凹缺，具锯齿，两面均有白色柔毛，两侧小叶略小；小叶柄细，有毛；托叶斜卵形，先端尖，基部具疏齿。总状花序短缩成头状，有花 1～8 朵，花序梗较短；花序钟状，萼齿 5，密生柔毛；花冠淡黄色。荚果盘曲成球形，表面有疏柔毛，脊棱上具 3 列长刺，刺端钩状，含种子数粒；种子肾形，黄褐色（图 71b）。

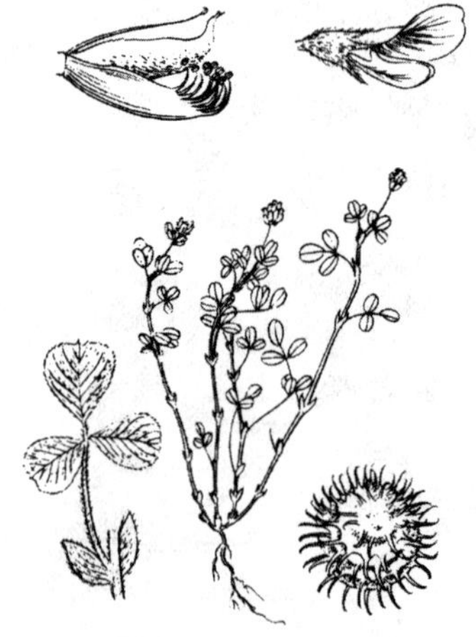

图 71b 小苜蓿成株

【识别提示】 ①初生叶为单叶状复叶，呈肾形，后生叶为三出复叶。②托叶裂刻浅，近全缘，茎叶多茸毛。③荚果盘曲成球形，脊棱上具 3 列长刺，刺端钩状。

【本草概述】 生于沙地或荒坡，分布于陕西、山西、河南、湖北、四川、江苏等地。是田边、路旁的常见杂草，但田间较少。

【防除指南】 敏感除草剂有草甘膦、都阿混剂等。

72. 天蓝苜蓿
Medicago lupulina L.

【别　　名】 黑荚苜蓿、杂花苜蓿。

【幼苗特征】 种子出土萌发。子叶阔卵形，长5毫米，宽3毫米，先端钝圆，全缘，叶基圆形，无柄。初生叶1片，为单叶状复叶，叶片呈倒肾形，先端凹缺，全缘，有睫毛，叶基圆形，具长柄。柄上密生长柔毛，托叶披针形。后生叶为三出羽状复叶，具长柄，亦密生长柔毛，小叶倒卵形，顶端微凹，并在中央部分形成1小突尖（图72a）。

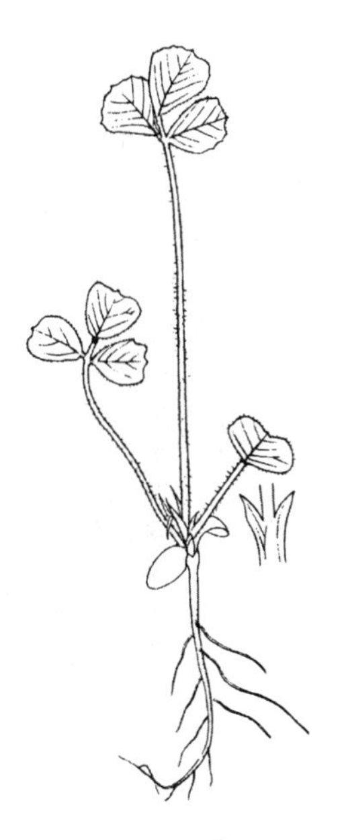

图72a　天蓝苜蓿幼苗

【成株特征】 一年生或越年生草本，高20～60厘米。茎自基部分枝，枝多而铺散或近直立，有疏毛。三出复叶，小叶宽倒卵形至菱形，先端钝圆，微缺，上部具锯齿，基部宽楔形，两面均有白色柔毛；托叶斜卵形，有柔毛。花10～15朵密集成头状花序，花序梗细长；花萼钟状，萼筒短，萼齿长；花冠黄色，稍长于花萼。荚果弯曲成肾形，无刺，内含1粒种子。种子倒卵形或肾状倒卵形，黄褐色(图72b)。

【识别提示】 ①不具上胚轴，初生叶为单叶状复叶。②总状花序腋生，有花10～15朵，花黄色。③荚果弯曲成肾形，无刺，内含1粒种子。

【本草概述】 生于干燥地区，抗旱、抗寒力均强。分布于东北、华北、西北、华中以及四川、云南等省区，以北方更普遍。是农田常见的杂草，对小麦、蔬菜、果树等作物危害较重。

【防除指南】 合理轮作换茬，加强田间管理，早期清除田旁隙地杂草。可用草甘膦、都阿混剂等药剂防除。

图72b　天蓝苜蓿成株

73. 小巢菜

Vicia hirsuta (L.)S. F. Cray.

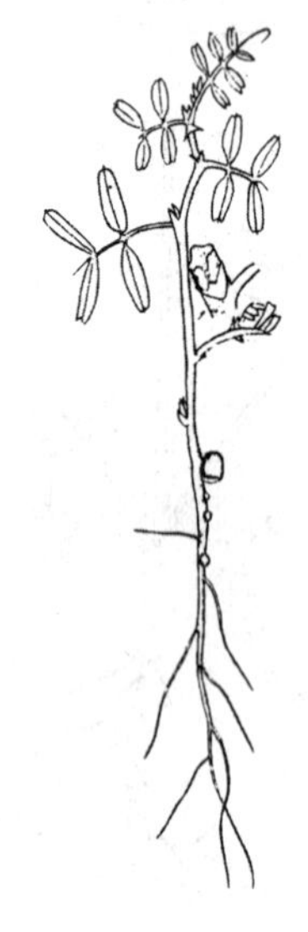
图73a 小巢菜幼苗

【别　　名】雀野豆、硬毛果野豌豆。

【幼苗特征】种子留土萌发。下胚轴不伸长，上胚轴不甚发达。带紫红色。初生叶为不发育的鳞片叶，后生叶为2或3对小叶的羽状复叶，顶端具小尖突或叶卷须，两侧小叶带状椭圆形，先端截形，顶生1芒针，全缘，叶基圆形，具长柄，托叶三角形，顶端3齿裂。幼苗全株光滑无毛（图73a）。

【成株特征】一年生草本，高10～30厘米，无毛。羽状复叶有卷须；小叶8～16，长圆状倒披针形，先端截形，微凹，有短尖，基部楔形，两面无毛。总状花序腋生，总梗及花梗均有短柔毛；有2～5朵花；萼钟状，萼齿5，披针形，有短柔毛；花冠白色或淡紫色；子房密生长硬毛，无柄，花柱顶端周围有短柔毛。荚果长圆形，扁并有黄色柔毛，内含1～2粒种子；种子扁圆形，棕色（图73b）。

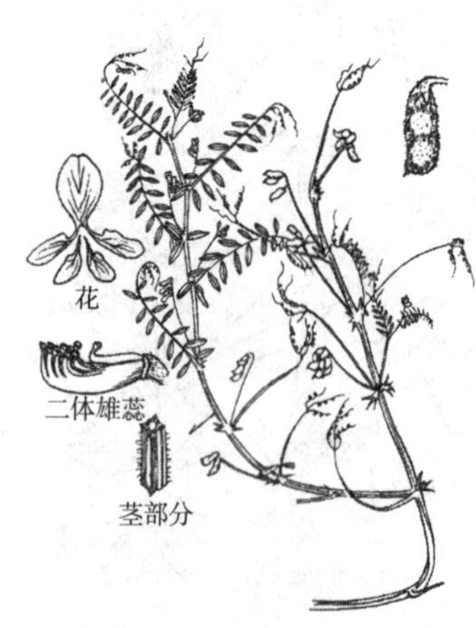

图73b 小巢菜成株

【识别提示】①初生叶为不发育的鳞片叶，真叶先端截形。②花序有花2～5朵，花小，白色或淡紫色，萼齿5，近等长。③荚果长圆形，有黄色柔毛。

【本草概述】生于田边、路旁、河边等处，分布于江苏、浙江、江西、湖北、安徽、河南、陕西、四川、云南、台湾等省区。是麦田、苗圃、果园的常见杂草，也是豌豆蚜的寄主。

【防除指南】合理轮作，加强果园、林园管理，适时中耕除草，早期清除田旁隙地杂草。敏感除草剂有苯磺隆、麦莠灵等。

74. 大巢菜
Vicia sativa L.

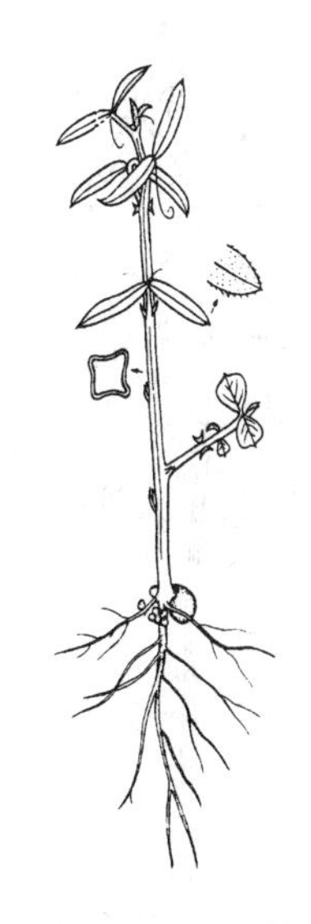

图74a　大巢菜幼苗

【别　　名】 救荒野豌豆、箭筈豌豆。

【幼苗特征】 种子留土萌发。下胚轴不伸长，上胚轴发达，带紫红色。初生叶鳞片状，幼苗主茎叶均为由1对小叶所组成的复叶，其顶端具1小尖头或卷须。小叶带状椭圆形，全缘，有短睫毛，具短柄。幼苗侧枝上的叶子为倒卵形的小叶所组成的羽状复叶，小叶先端钝圆或平截，其中央具1小突尖，全缘，有睫毛，叶基渐窄，羽状叶脉，托叶呈戟形(图74a)。

【成株特征】 一年生或二年生草本，高25～70厘米。茎自基部分枝，有棱，疏生短柔毛。羽状复叶有卷须；小叶8～16，长椭圆形或倒卵形，先端截形，凹入，有细尖，基部楔形，两面疏生黄色柔毛；托叶戟形。花1～2朵生于叶腋，花梗短，有黄色疏短毛；花萼钟状，萼齿5，披针形，渐尖，有白色疏短毛；花冠紫红色或红色；子房无毛，无柄，花柱顶端背部有淡黄色须毛。荚果条形，扁平，近无毛；种子圆球形，成熟时黑褐色(图74b)。

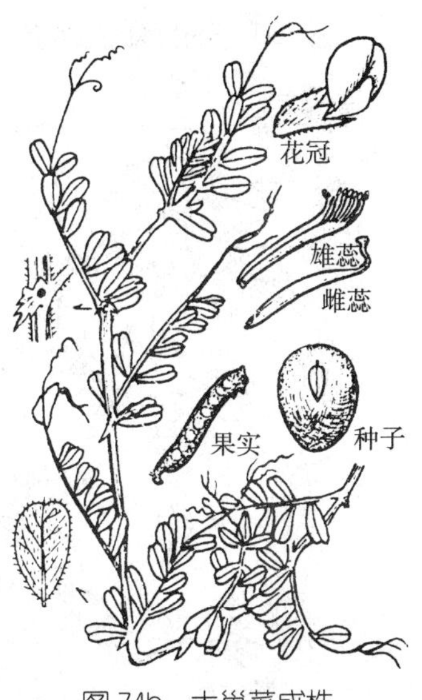

图74b　大巢菜成株

【识别提示】 ①初生叶鳞片状，侧枝真叶呈倒阔卵形。②花 1～2 朵生于叶腋，花近无梗。

【本草概述】 生于山脚草地、路旁、灌木林下或农田中，全国各地均有分布，是麦田恶性杂草之一，部分果园、苗圃也可受害。

【防除指南】 合理轮作换茬，加强田间管理，适时中耕除草。敏感除草剂有氯氟吡氧乙酸、草甘膦等。

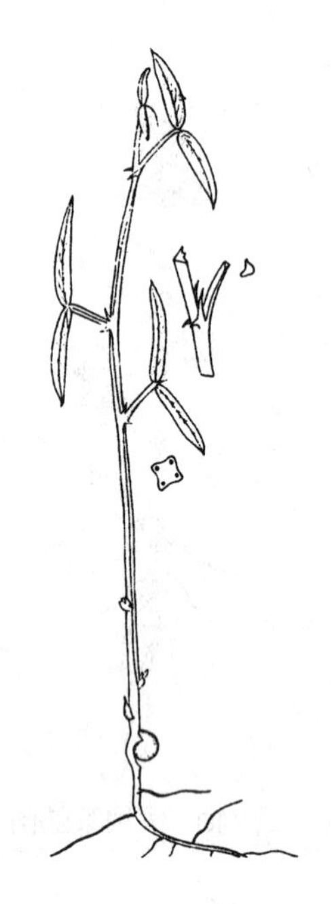

图 75a 窄叶野豌豆幼苗

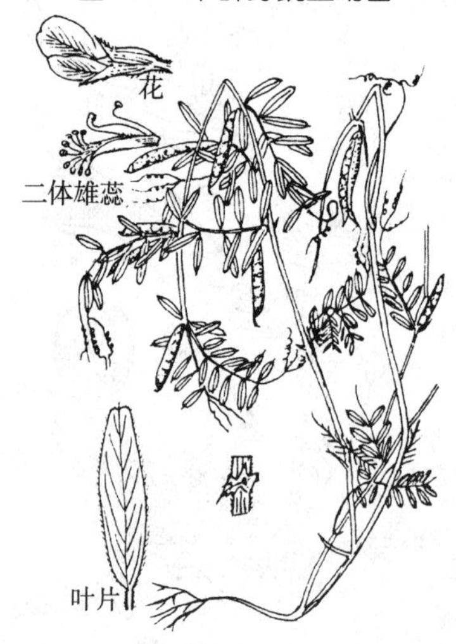

图 75b 窄叶野豌豆成株

75. 窄叶野豌豆

Vicia angustifoia L.

【别　　名】 野绿豆、大巢菜。

【幼苗特征】 种子留土萌发。下胚轴不伸长，上胚轴不发达，带紫红色。鳞片叶 3～4 片，以后出现的叶子均为 1 对小叶所组成的复叶，顶端具 1 小尖头或卷须，小叶带状披针形，托叶呈不对称戟形（图 75a）。

【成株特征】 一年生草本，高 25～50 厘米。茎疏生长柔毛或近无毛。羽状复叶有卷须；小叶 8～12，近对生，狭长圆形或条形，先端截形，有短尖，基部圆形，两面有黄色疏柔毛；托叶斜卵形，有 3～5 齿，有毛。花 1～2 朵生于叶腋，花梗不显著；花萼筒状，萼齿 5，齿狭三角形，有黄色疏柔毛；花冠红色；子房无毛，花柱顶端背部有须毛。荚果呈线形，扁平；种子球形，成熟时黑褐色（图 75b）。

【识别提示】 ①初生叶为不发育的鳞片叶，侧枝的真叶线状长椭圆形。②花1～2 朵生于叶腋，花梗不显著。

【本草概述】 生于农田及荒地。分布于北部及华东各地。是麦田常见杂草。

【防除指南】 敏感除草剂有草甘膦、氯氟吡氧乙酸等。

76. 广布野豌豆
Vicia cracca L.

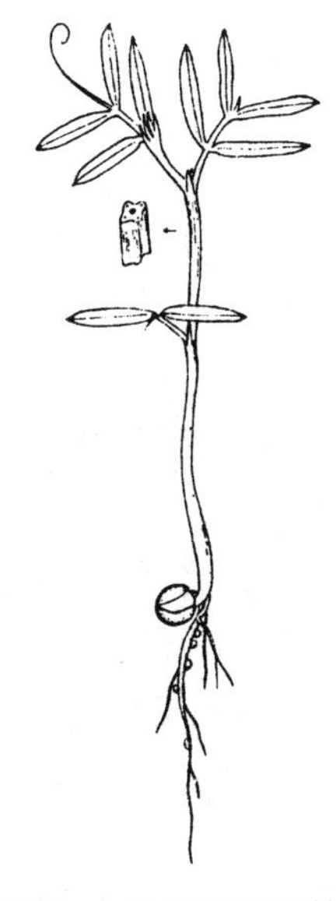
图 76a　广布野豌豆幼苗

【别　　名】 兰花草、苔草、草藤、肥田草。

【幼苗特征】 种子留土萌发。下胚轴不伸长，上胚轴发达，带暗红色。初生叶由1或2对小叶组成羽状复叶，小叶两头尖椭圆形，先端急尖，全缘，叶基近圆形，顶端小叶变成小尖突。第一至第二片叶均由2对小叶所组成偶数羽状复叶，顶端具1小尖突或卷须，小叶与初生叶的小叶相似，托叶披针形。幼苗全株光滑无毛（图76a）。

【成株特征】 越年生或多年生蔓性草本。茎自基部分枝，长50～150厘米，有棱，具微毛。羽状复叶有卷须；小叶8～24，狭椭圆形或狭披针形，先端突尖，基部圆形，表面无毛，背部有短柔毛；托叶披针形或戟形，有毛。总状花序腋生，有花7～15朵；花萼斜钟形，萼齿5，上面2齿较长，有毛；花冠紫红色或蓝色；子房无毛，有长柄，花柱顶端四周被黄色腺毛。荚果长圆形，两端急尖，略肿胀，黑褐色；种子近球形或长圆形，黑色（图76b）。

【识别提示】 ①真叶先端急尖，托叶呈锥状。②花为总状花序，有花7～15朵，有梗。

【本草概述】 生于田边、路旁、草坡、岩石上。分布于全国各地。是农田中较常见的杂草，部分麦田受害较重。

【防除指南】 合理轮作，细致田间管理，早期清除田旁隙地杂草。药剂防除可用利谷隆、草甘膦、2甲4氯等。

图 76b　广布野豌豆成株

77. 四籽野豌豆

Vicia tetrasperma Moench.

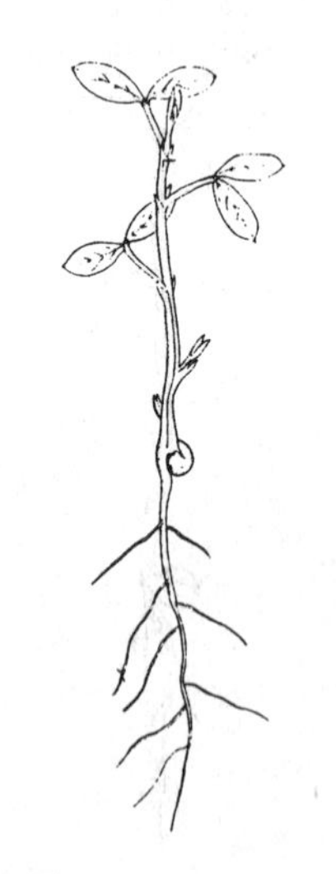

图 77a 四籽野豌豆幼苗

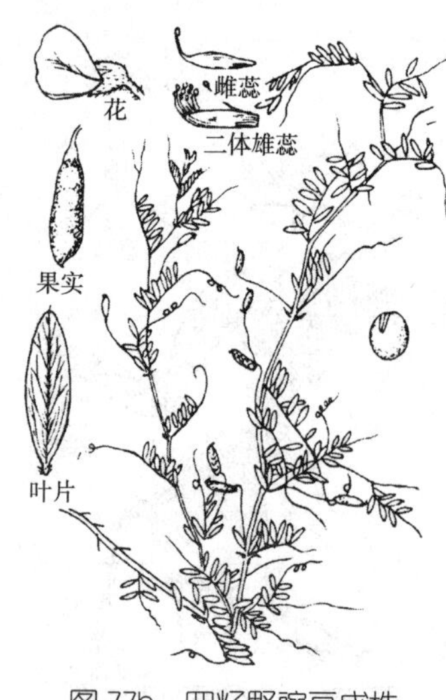

图 77b 四籽野豌豆成株

【别　　名】 鸟喙豆。

【幼苗特征】 种子留土萌发。下胚轴不伸长，上胚轴不发达。鳞片叶 2 片不育，发育的第一片真叶为 2 小叶复叶，小叶呈两头尖的阔椭圆形，全缘，叶脉明显，具长柄，托叶披针形。第二第三真叶与第一真叶相似。幼苗全株光滑无毛（图 77a）。

【成株特征】 一年生草本。茎纤细，有棱，多分枝，全株有疏柔毛。羽状复叶有卷须。小叶6～12，条状长圆形，先端钝或有小尖突；托叶半戟形。总状花序腋生，有花1～2朵，总花梗细弱，与叶近等长；花小，紫色或带蓝色；子房无毛，有短柄，花柱上部周围被柔毛。荚果长圆形，无毛；种子3～6粒，通常4粒(图77b)。

【识别提示】 ①第一片真叶为 2 小叶的复叶，小叶呈两头尖的阔椭圆形。②花序有花 1～2 朵生于叶腋。③荚果无毛，有种子3～6 粒，通常 4 粒。

【本草概述】 生于农田、河边、田埂等处。分布于河南、湖北、湖南、江西、江苏、安徽、浙江、陕西、四川、云南、贵州、台湾等地。是麦田常见杂草，常与大巢菜、小巢菜等混生。

【防除指南】 敏感除草剂有草甘膦等。

78. 白车轴草
Trifolium repens L.

【别　　名】 白三叶、三瓣叶、菽草、翘摇。

【幼苗特征】 种子出土萌发。子叶阔椭圆形，长3.5毫米，宽2.5毫米，先端钝圆，全缘，叶基近圆形，具叶柄。下胚轴明显，上胚轴不发育，初生叶为单叶状复叶，互生，叶片近圆形，先端微凹，叶缘稍粗圆齿状，叶基平截具长柄。后生叶为三出掌状复叶，小叶倒卵形，先端微凹，全缘，叶基楔形。叶片基部有白色斑纹。幼苗光滑无毛（图78a）。

图 78a　白车轴草幼苗

【成株特征】 多年生草本。茎匍匐，无毛，三出复叶，具长柄；小叶倒卵形或倒心形，顶端圆或凹陷，基部楔形，边缘具细锯齿，表面无毛，背面微有毛；几乎无小叶柄；托叶椭圆形，顶端尖，抱茎。花序头状，有长总花梗，高出子叶；萼筒状，萼齿三角形，较萼筒短，均有茸毛，花冠白色或稍带红色。荚果倒卵状椭圆形，包于膨大、膜质的萼内，含种子 2～4 粒，种子褐色，近圆形（图78b）。

【识别提示】 ①子叶阔椭圆形，初生叶圆形，叶缘无睫毛。②叶为 3 小叶掌状复叶。③花序头状，有长总花梗，高于叶，花冠白色或淡红色。

【本草概述】 生于山下湿草地、岸边草地、耕地、田边、路旁、村落或房屋周围隙地。分布我国东北、河北、华东、西南等省区。原产欧洲，我国曾引种栽培，后逸为野生。是水边或农田中常见的杂草，对蔬菜幼龄林木等危害较重。

【防除指南】 合理轮作换茬，加强田间管理，适时中耕除草，并及早清理田旁隙地。可用 2 甲 4 氯、2，4-D 等药剂防除。

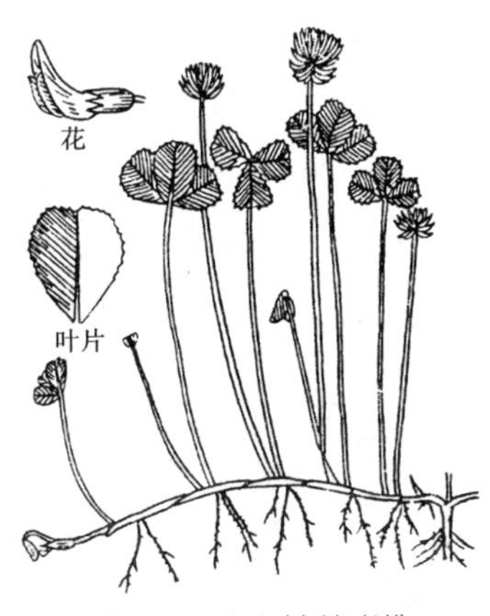

图 78b　白车轴草成株

（二十）酢浆草科杂草

草本或亚灌木，稀为乔木。叶互生，叶掌状复叶，很少羽状复叶，有时单叶，通常夜间闭合；花两性，整齐，单生或排成伞形、叉状或聚伞花序，萼片5，下位，覆瓦状排列；花瓣5，白、淡红或黄色，分离或于基部合生，在芽内扭转状排列，雄蕊通常10，常有5枚退化，排列为2轮；花丝基部合生；雌蕊1，子房上位，5室，由5心皮连合而成，中轴胎座，每室有1至多个倒生胚珠，花柱5，分离或合生；柱头头状或浅裂。蒴果，很少为浆果；种子有肉质胚乳。

79. 酢浆草
Oxalis corniculata L.

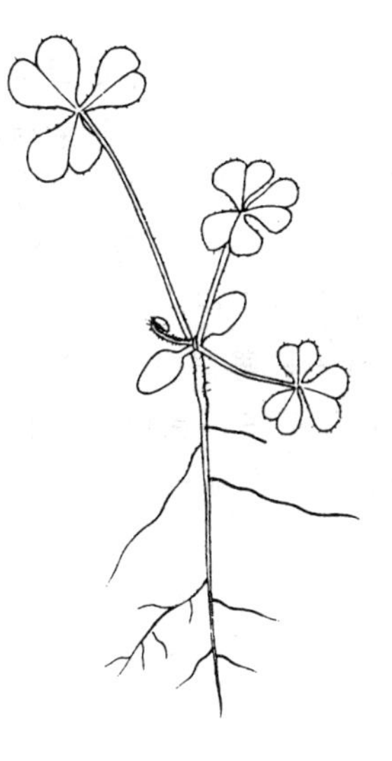
图 79a 酢浆草幼苗

【别　　名】 酸咪咪、酸梅草、酸味草。

【幼苗特征】 种子出土萌发。子叶阔卵形或阔椭圆形，长4毫米，宽3毫米，先端钝圆，全缘，叶基圆形，无毛，具短柄，柄上密生柔毛。下胚轴颇发达，红色，并密生白色横出直生长柔毛，上胚轴不发育，初生叶1片，互生，为三出掌状复叶，小叶倒心脏形，全缘，具睫毛，先端凹缺，叶基渐窄，有1条明显中脉，具长柄。后生叶与初生叶相似（图79a）。

【成株特征】 多年生草本，全体通常被柔毛。茎柔弱，匍匐或斜伸，高 10～30 厘米，节上生根。三出复叶互生，叶柄细长；小叶倒心形，无柄，被柔毛。伞形花序腋生，有花 1 至数朵，总花序梗与叶柄近等长；萼片 5，长圆形，顶端急尖，被柔毛；花瓣 5，黄色，倒卵形，雄蕊 10，5 长 5 短，花丝基部合生成筒；子房 5 室，柱头 5 裂。蒴果近圆柱形，有 5 棱，具短柔毛，成熟开裂时将种子弹出；种子小，扁卵形，红褐色，有横沟槽（图 79b）。

图 79b 酢浆草成株

【识别提示】 ①初生叶为三出掌状复叶，小叶倒心脏形，无柄。②蒴果近圆柱形，有 5 棱，具短柔毛。③种子表面具有深而宽的波浪状横向棱和微细纵棱。

【本草概述】 生于较湿润的荒地、田边、路旁或农田中。几乎遍布全国。耐寒、抗旱，是旱田常见杂草，部分花生、大豆、甘蔗等作物受害较重。

【防除指南】 合理进行轮作，精细田间管理，及时中耕除草。敏感除草剂有甲羧除草醚、乳氟禾草灵、三氟羧草醚、西玛津、嗪草酮、灭草松、恶草酮等。

（二十一）牻牛儿苗科杂草

一年生或多年生草本或亚灌木。叶互生或对生，分裂或复叶，有托叶。花两性，辐射对称或稍两侧对生，单生或为伞形花序；花萼4～5，宿存，分离或合生至中部，在背面有时与花梗合成矩形；花瓣5，很少4，通常覆瓦状排列；雄蕊5，或为花瓣的2～3倍，有时部分无药，花丝基部略合生；雌蕊1，子房上位，3～5裂或3～5室；每室有1～2个倒生胚珠，花柱和子房室同数，果实为蒴果，浅裂，每果瓣有1种子，成熟时果瓣由基部向上卷曲，常与花柱合生，形成喙。

80. 牻牛儿苗
Erodium stephanianum Willd.

【别　　名】 太阳花、老鹳嘴、老鸦嘴。

【幼苗特征】 种子出土萌发。子叶阔卵形，长1.5厘米，宽1.1厘米，先端微凹，全缘，边缘有乳头状腺毛，叶基偏斜心形，有1条明显中脉，腹面密布乳头状腺毛，具长柄。下胚轴非常粗壮，淡橘红色，上胚轴不发育。初生叶1片，互生，阔卵形，羽状深裂，裂片具不规则粗齿，叶缘亦生乳头状腺毛，两面几乎无毛，但叶脉明显，具长柄，柄上密被乳头状腺毛。后生叶与初生叶相似(图80a)。

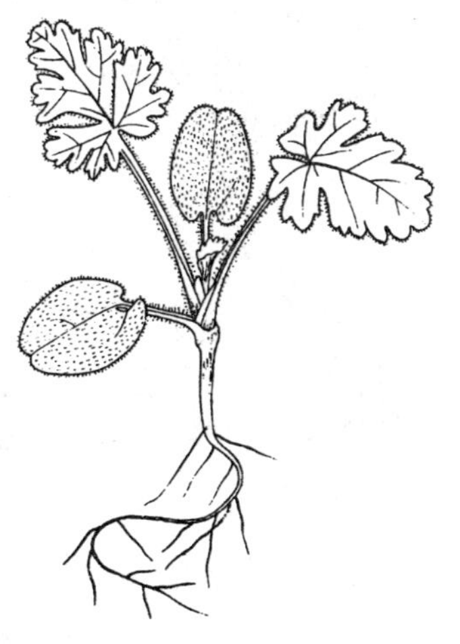

图 80a　牻牛儿苗幼苗

【成株特征】 一年生或越年生草本，高15～45厘米。根直立，细圆柱形，茎自基部分枝，平铺地面或稍斜伸。叶对生，具长柄；叶片二回羽状深裂，羽片5～9对，基部下延，小羽片条形，全缘或有1～3粗齿。伞形花序腋生，总梗细长，通常有2～5朵花；萼片长圆形，先端有长芒；花瓣5，紫蓝色，有深紫色条纹，长不超过萼片。蒴果先端有长喙，成熟时5个果瓣与中轴分离，喙部呈螺旋状卷曲，基部各具种子1粒。种子长卵形，黄褐色（图80b）。

【识别提示】 ①下胚轴和根紫红色，子叶阔卵形，叶面密被乳头状腺毛。②叶片二回羽状深裂至全裂。③蒴果成熟时5果瓣与中轴分离，由下向上呈螺旋状卷曲。

【本草概述】 生于高隙地、荒地、路旁或农田中。分布于东北、华北、西北、西南（云南西部）和长江流域各省区。是旱地较为常见的杂草，对大豆、马铃薯、小麦、瓜类等危害较重。

【防除指南】 合理轮作换茬，加强田间管理，适时中耕除草，并早期清理田旁隙地、果园、林园。药剂防除可用莠去津、西玛津、2甲4氯等。

图 80b　牻牛儿苗成株

图 81a　野老鹳草幼苗

图 81b　野老鹳草成株

81. 野老鹳草

Geranium carolianum L.

【别　　名】 鹭嘴草。

【幼苗特征】 种子出土萌发。子叶肾形，长 6 毫米，宽 7 毫米，先端微凹，并具突尖，全缘，边带红色，有睫毛，叶基心形，具叶柄。下胚轴很发达，红色，上胚轴不发育。初生叶 1 片，互生，单叶，为 5～6 深裂掌状叶，有明显的掌状叶脉，有睫毛，具长柄。后生叶与初生叶相似。幼苗除下胚轴外，全株密被短柔毛（图 81a）。

【成株特征】 一年生草本，高20～50厘米。茎直立或斜伸，有倒向下的密柔毛，分枝。叶圆肾形，下部叶互生，上部叶对生，5～7深裂，每裂又3～5裂，小裂片条形，锐尖突，两面有柔毛；下部茎叶有长柄，可达10厘米，上部叶柄短，等于或短于叶片。花成对集生于茎端或叶腋，花序柄短或几乎无柄；萼片宽卵形，有长白毛，在果期增大；花瓣淡红色，与萼片等长或略长。蒴果顶端有长喙，成熟时裂开，5果瓣向上卷曲（图81b）。

【识别提示】 ①子叶肾形，叶面密被短柔毛。初生叶为掌状裂叶。②叶圆肾形，5～7深裂，每裂又 3～5 裂。③蒴果顶端有长喙，成熟时裂开，5 果瓣向上卷曲。

【本草概述】 生于荒地、路边或农田中。分布于江苏、浙江、江西、河南、云南、四川等省。

【防除指南】 合理轮作，加强田间管理，多次中耕除草。敏感除草剂有绿麦隆，2 甲 4 氯等。

（二十二）蒺藜科杂草

草本或矮小灌木，小枝常有关节。叶对生或互生，通常为偶数羽状复叶，很少是奇数羽状复叶或单叶，托叶对生，不脱落，常成刺状。花两性，整齐或不整齐，白、红或黄色，很少蓝色，单生于叶腋或顶生的总状花序或两歧聚伞花序；萼片5，很少4，分离或基部连合；花瓣4～5，很少缺，花盘隆起或平压状；雄蕊与花瓣同数或为其2～3倍，长短不等，花丝分离，基部或中部有1腺体；子房上位，无柄或稍有柄，4～5室，很少2～12室，每室有2个或较多胚珠生于中轴上。果实为蒴果或核果，但不是浆果，种子通常有少量胚乳，胚直或弯曲。

82. 蒺　　藜

Tribulus terrestris L.

图 82a　蒺藜幼苗

【别　　名】蒺骨子、蒺藜狗子、拦路虎。

【幼苗特征】种子出土萌发。子叶矩圆形或矩椭圆形，长8毫米，宽5毫米，先端微凹，全缘，叶基近圆形，三出脉，无毛，具叶柄。下胚轴非常发达，上胚轴不发育。初生叶1片，为3～8对小叶的偶数羽状复叶，小叶椭圆形，先端钝尖，全缘，具睫毛，叶基偏斜，叶背及叶柄均有白色柔毛，后生叶与初生叶相似（图82a）。

【成株特征】一年生草本。茎由基部分枝，平卧，淡褐色，长可达1米左右，全体被绢丝状柔毛。偶数羽状复叶，互生，小叶10～14，长圆形，先端锐尖或钝，基部稍斜，近圆形，全缘；托叶披针形，小而尖。花单生于叶腋；萼片5，宿存，花瓣5，黄色，雄蕊10，生花盘基部，基部有鳞片状腺体，雌蕊1，子房1室。果实由5个果瓣组成，成熟后分离，每个果瓣有长短刺各1对，并有硬毛及瘤状突起，内含2～3粒种子（图82b）。

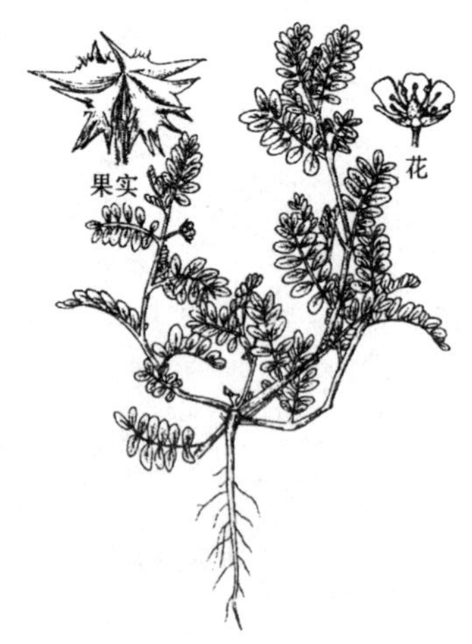

图 82b　蒺藜成株

【识别提示】①初生叶为偶数羽状复叶，全缘，具睫毛。②花单生于叶腋，黄色，花瓣长不超过花萼。③小核果坚硬，各有2长刺和数短刺。

【本草概述】生于耕地、田边、路旁、村落或房屋周围隙地。全国各地均有分布，以长江以北地区更为普遍。喜生于多肥的沙质土壤，在开旷地常成片生长，可出现优势或单一群丛。对花生、棉花、豆类、薯类、蔬菜等作物危害较重。

【防除指南】种子成熟前彻底清理田旁隙地和房屋周围。敏感除草剂有2,4-D、2甲4氯、麦草畏、氟乐灵、百草敌、嗪草酮等。

(二十三)大戟科杂草

草本,灌木或乔木，多数含有乳液。单叶或复叶，互生，少对生，通常有托叶。花单性，雌雄同株或异株，同序或异序，同序时，雌花生在雄花的上部或下部，花序各式，通常为聚伞花序，穗状、总状或圆锥花序，顶生或腋生；萼片3～5或无，在芽中呈镊合状或覆瓦状排列；通常无花瓣，雄花的雄蕊与萼片同数，有时1至多数，花丝分离或合生，花药2室，雌花的雌蕊有3，很少2、4或多数心皮结合而成，子房上位，通常3室，各室有1～2倒生胚珠，花柱分离或合生，与子房室同数，花环状或分裂为腺体。果通常为蒴果，少数为浆果或核果状；种子常有种阜，卵圆状，表面光滑或有突起皱纹。

83. 地　　锦

Euphorbia humifusa Willd.

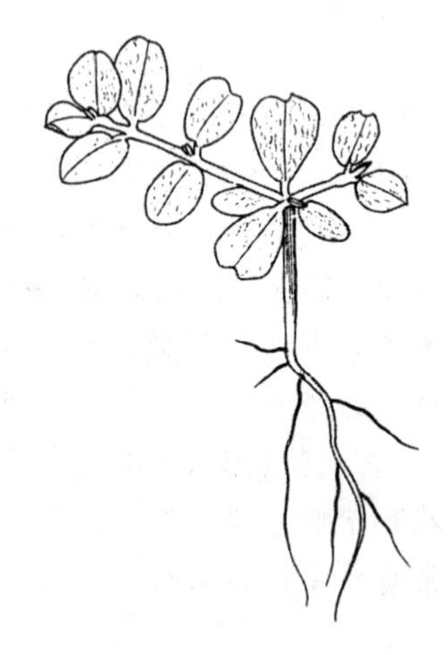

图 83a　地锦幼苗

图 83b　地锦成株

【别　　名】 红丝草、奶疳草、抓地锦、花被单、血见愁。

【幼苗特征】 种子出土萌发。子叶矩椭圆形，长3毫米，宽1.5毫米，先端钝圆，全缘，叶基近圆形，有明显短波纹状叶脉，具短柄，下胚轴明显带红色，上胚轴不发育。初生叶 2 片，对生单叶，倒卵形，先端平截，具深凹，全缘，叶基楔形亦有明显短波纹状叶脉，腹面灰绿色，背面红色。具短柄。随着幼苗生长，子叶腋里长出分枝，枝上叶对生，叶片呈阔椭圆形或倒卵形，先端微凹或急尖，全缘，叶基近圆形，具短柄。幼苗全株无毛，呈暗绿色或紫红色，折断茎、叶有白色乳汁溢出（图 83a）。

【成株特征】 一年生草本，含乳汁。茎纤细，匍匐，长 10～30 厘米，叉状分枝，带紫红色，无毛，叶对生，近无柄；叶片长圆形，先端钝圆，基部偏斜，边缘有细锯齿或近全缘，绿色或带紫红色，两面无毛或疏生柔毛。杯状花序单生于叶腋；总苞倒圆锥形，浅红色，顶端 4 裂，裂片三角形，花单性，雌雄同序，无花被。子房 3 室，花柱 3，2 裂。蒴果三棱状球形，无毛；种子卵形，黑褐色，外被白色蜡粉（图 83b）。

【识别提示】 ①子叶矩椭圆形，初生叶倒卵形，先端具凹缺，单叶，对生。②匍匐草本，枝和果无毛。茎叶掐断后有白色乳汁溢出。③种子卵形，外被白色蜡粉。

【本草概述】 生于农田、荒地、路旁，几乎遍及全国，以北部地区更普遍。常混生在果园、林园及各种作物播种地，主要危害棉花、豆类、薯类、蔬菜等作物。

【防除指南】 合理轮作，细致中耕除草。药剂防除可用莠去津、西玛津、乙氧氟草醚等。

84. 斑地锦
Euphorbia supina Raf.

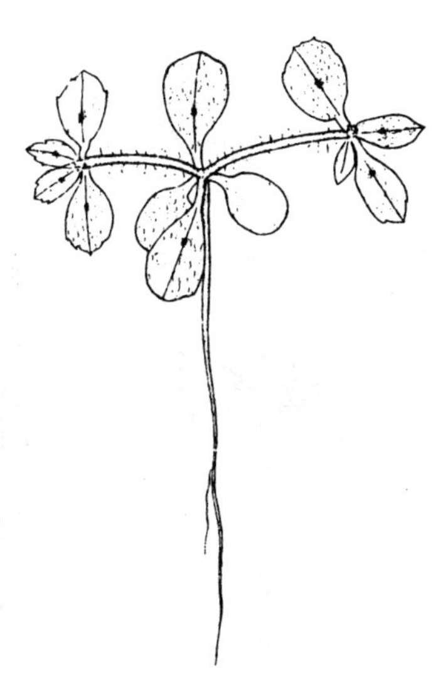
图 84a　斑地锦幼苗

【幼苗特征】 种子出土萌发。子叶矩圆形，长2.5毫米，宽2毫米，全缘，红色，具短柄。下胚轴明显，上胚轴不发育，初生叶2片，对生，单叶，倒阔卵形，先端钝圆，或具疏细齿，全缘，叶基阔楔形，无明显叶脉，但叶片中央有明显紫红色斑点，具短柄。后生叶与初生叶相似，叶顶部有明显的锯齿。幼苗体内含有白色乳状液，全株光滑无毛(图84a)。

【成株特征】 一年生匍匐草本，分枝较多，带淡紫色，表面有白色细柔毛。叶对生，椭圆形，先端尖，边缘中部以上有细锯齿，基部偏斜，上面中央有紫斑。杯状花序单生叶腋，总苞倒圆锥形，4裂，腺体4，长圆形，有白色花瓣状附属物，花柱3，2裂，蒴果三棱状球形，表面密生白色细柔毛。种子卵形，有角棱(图84b)。

图 84b　斑地锦成株

【识别提示】 ①初生叶及后生叶表面有1块紫红色斑点。②枝和果有白色细柔毛，茎叶掐断后有白色乳汁溢出。③种子卵形，有角棱。

【本草概述】 生农田、荒野或路边草地。主要分布在华东地区，是水旱轮作田常见杂草。

【防除指南】 合理轮作，细致中耕除草。药剂防除可用莠去津、西玛津、利谷隆等。

85. 铁苋菜

Acalypha australis L.

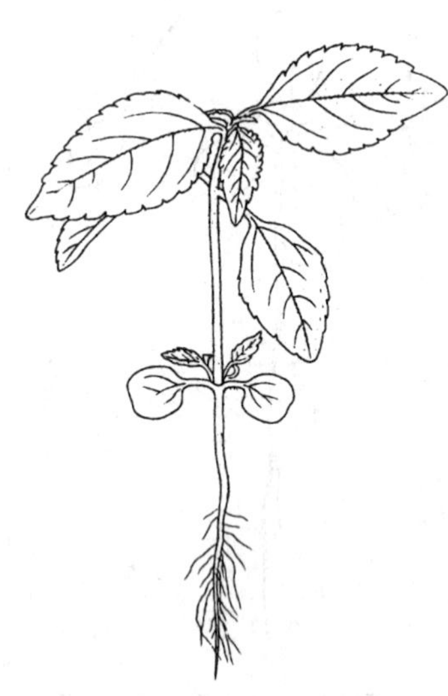
图 85a　铁苋菜幼苗

图 85b　铁苋菜成株

【别　　名】 海蚌含珠、小耳朵草、木夏草。

【幼苗特征】 种子出土萌发。子叶矩圆形，长 6 毫米，宽 6 毫米，先端平截，全缘，叶基近圆形，三出脉，无毛，具长柄。下胚轴及上胚轴均很发达，前者密被斜垂直生毛，后者密被斜垂弯生毛。初生叶 2 片，对生，卵形，先端钝尖，叶缘钝锯齿状，叶基近圆形，叶面密生短柔毛，具长柄。后生叶与初生叶相似（图 85a）。

【成株特征】 一年生草本，高 30～50 厘米。茎直立，有分枝，叶互生，具长柄；叶片椭圆形、椭圆状披针形或卵状菱形，边缘有钝齿，基部有三出脉，两面无毛或被疏柔毛，花单性，雌雄同序，无花瓣；雄花序生于花序的上部，穗状；雌花萼片 3，子房 3 室，被疏毛，生于花序下端的叶状苞片内，苞片开展时肾形，合时如蚌，边缘有锯齿；雄蕊 8，花药长圆筒形，弯曲。蒴果钝三角状，有毛；种子倒卵形，常有白膜质状蜡层（图 85b）。

【识别提示】 ①子叶矩圆形，先端微凹，初生叶卵形，叶缘锯齿状。②雄花多数生于花序上端，穗状，雌花生于叶状苞片内，苞片开展时如肾形，闭合时如蚌。③蒴果钝三角状，有毛。

【本草概述】 铁苋菜生于耕地、田边、路旁、沟边、村落或房屋周围隙地，分布于长江及黄河流域中下游、沿海及西南、华南各省区。是旱作物的常见杂草，对棉花、豆类、玉米、瓜类、薯类、蔬菜等作物危害较重。也是朱砂叶螨、棉铃虫的寄主。

【防除指南】 敏感除草剂有 2 甲 4 氯、麦草畏、灭草畏、敌稗、氯乐灵、绿麦隆、利谷隆、西玛津、灭草松、恶草酮、草甘膦、百草敌、溴苯腈、都阿混剂、哒草特、乳氟禾草灵等。

86. 泽　　漆

Euphorbia helioscopia L.

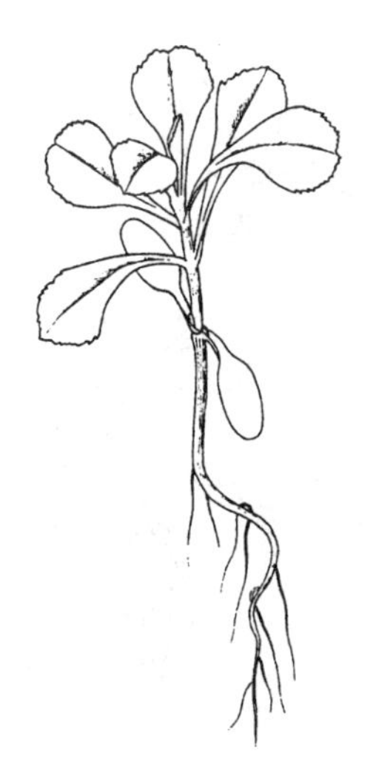
图 86a　泽漆幼苗

【别　　名】五点草、五灯头草、乳腺草、五朵云。

【幼苗特征】种子出土萌发。子叶椭圆形，长6毫米，宽3毫米，先端钝圆，全缘，叶基近圆形，具短柄，下胚轴非常发达，上胚轴亦很明显，绿色。初生叶2片，对生，单叶，倒卵形，先端钝圆，具小突尖，叶缘上半部有小锯齿，下半部为全缘，叶基楔形，无明显叶脉，仅有1条中脉，具长柄，后生叶与初生叶相似，但叶先端具微凹。幼苗全株光滑无毛，体内含有白色乳状液(图86a)。

【成株特征】一年或二年生草本，高10～30厘米。茎自基部分枝，直立或斜伸，茎无毛或仅分枝略具疏毛，基部紫红色，上部淡绿色。叶互生，近无柄；叶片倒卵形或匙形，叶缘中部以上有细锯齿，下部全缘。茎顶端具5片轮生叶状苞片，较叶稍大。多歧聚伞花序顶生，有5伞梗，每伞梗又生出3小伞梗，每小伞梗又第三回分为二叉；花小，无花被，单性，雌雄同序，总苞先端4浅裂，腺体4，肾形，子房3室，花柱3。蒴果无毛；种子卵形，灰褐色，表面有凸起的网纹（图86b）。

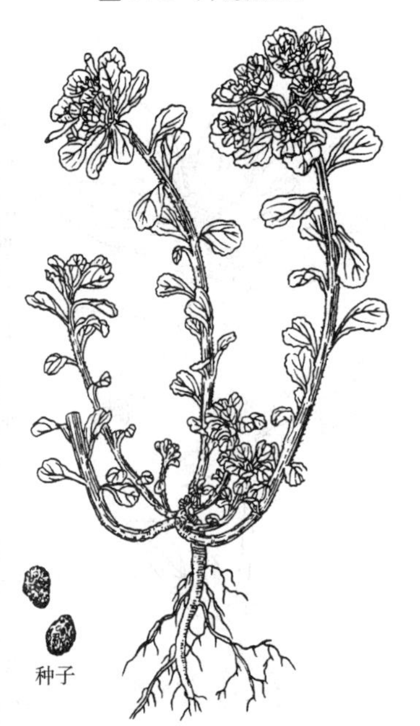

图 86b　泽漆成株

【识别提示】①初生叶单叶，对生，叶顶端边缘有细齿。②叶片倒卵形或匙形，茎、叶折断后有白色汁液流出。③种子卵形，表面有凸起的网纹。

【本草概述】生于山沟、路旁、荒野及湿地。除新疆、西藏外，全国各省区均有分布，是农田中的常见杂草。主要危害小麦、棉花、蔬菜、果树等作物，也是花生蚜的寄主。

【防除指南】合理轮作，细致田间管理，适时中耕除草。药剂防除可用麦草畏、2甲4氯等。

87. 飞 扬 草

Euphorbia hirta L.

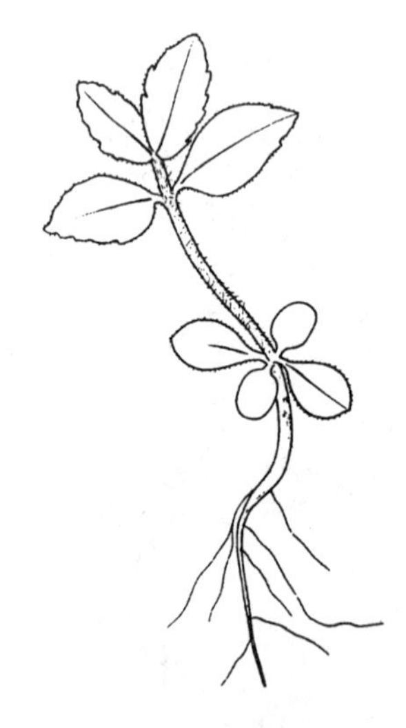

图 87a 飞扬草幼苗

【别 名】大飞扬草、大乳汁草。

【幼苗特征】 种子出土萌发。子叶近矩圆形，长2.5毫米，宽2毫米，先端钝圆或微凹，全缘，叶基圆形，具短柄。下胚轴不发达，橘红色，上胚轴不发育。初生叶 2 片，对生，单叶，倒阔卵形，先端钝尖，全缘，有细睫毛，叶基楔形，具叶柄。后生叶与初生叶相似，区别在于叶尖急尖，叶缘疏锯齿状，并有睫毛，叶基偏斜，具短柄。幼苗除子叶和下胚轴外，全株均密被柔毛，体内含有白色乳状液（图 87a）。

【成株特征】 一年生草本，全体被硬毛，有乳汁。茎自基部分枝、匍匐或扩展，长 15～40 厘米，分常红色或淡紫色。叶对生，具短柄；叶片披针状长圆形或卵状披针形，边缘有细锯齿，顶端锐尖，基部圆而偏斜，中央常有紫色斑。杯状花序多数密集成腋生头状花序；花单性，雌雄同序，无花被，总苞宽钟形，先端 4 裂，外面密生短柔毛；腺体 4，漏斗状，有短柄及花瓣状附属物。蒴果卵状三棱形，被短柔毛；种子卵状四棱形（图 87b）。

图 87b 飞扬草成株

【识别提示】 ①初生叶 2 片，对生，倒阔卵形，有细睫毛。②叶片中央常有紫色斑，茎、叶折断后有白色汁液溢出。③蒴果卵状三棱形，有短毛。

【本草概述】 生于向阳山坡、山谷、路旁或灌丛中。分布于广东、广西、云南、江西、福建和台湾，是旱田常见杂草，危害果树、橡胶、蔬菜等作物。

【防除指南】 及时中耕除草。敏感除草剂有恶草酮、乙氧氟草醚等。

(二十四)水马齿科杂草

一年生草本,常生长在潮湿地区或沉入水中。茎细弱，叶对生，多集于茎顶，线形或倒卵状匙形，全缘。花细小，无花被，单性，腋生，雄雌同株或1叶腋内有雌雄花各1朵；每花有2苞片，膜质，早落；雄花、雌花各有1雄蕊或雌蕊；花柱2，有毛，柱头头状；子房4室，每室1胚珠；果熟后常4裂。

88. 水马齿

Callitriche stagnalis Scop.

图 88a　水马齿幼苗

【别　　名】 水毛草。

【幼苗特征】 种子出土萌发。子叶带状或棒状，长4～5毫米，宽0.6毫米，先端急尖或钝尖，全缘，无柄。下胚轴非常发达，上胚轴亦很明显。初生叶 2 片，对生，单叶，带状，先端截形，并具缺刻，全缘，仅有 1 条中脉，无叶柄。后生叶与初生叶相似，并以交互对生方式排列。幼苗全株光滑无毛，呈粉绿色（图 88a）。

【成株特征】 水生一年生草本植物。茎纤细，长 10～20 厘米，叶 2 型，沉入水中的叶条状披针形，具 1 主脉，浮在水面或露出水面的叶倒卵状匙形，具 3 脉，顶端圆钝，基部渐狭成柄。花单性，雌雄同株，雌雄花各 1，同生在 1 个叶腋内；苞片白色，膜质，早落，花小，无花被；雄花具 1 雄蕊，雌花具 1 雌蕊，子房 4 室，花柱 2，有毛。果实圆形至椭圆形，顶端略凹入，有 2 个宿存花柱，果实 4 瓣分明，每瓣边缘有窄翅，两瓣相接处凹下成槽（图 88b）。

图 88b　水马齿成株

【识别提示】 ①初生叶呈带状，先端截平，有凹缺。②水生草本，叶对生，2 型，沉入水中的条状披针形，露出水面的叶倒卵状匙形。③花单性同株，雌雄花各 1 朵，同生在 1 个叶腋内。

【本草概述】 生沼泽地、江湖、沟渠及稻田边。分布于江苏、安徽、浙江、福建及台湾。是稻田常见杂草，部分水稻受害严重。

【防除指南】 实行水旱轮作，及时中耕除草，早期清理渠道。药剂防除可用扑草净、禾草丹、2,4-D。

（二十五）葡萄科杂草

木质或草质藤本,很少灌木，通常以卷须攀缘他物上伸，卷须多与叶对生，叶互生或与下部叶对生，单叶或复叶；托叶小，早落。花两性或单性，型小，整齐，通常绿色，呈与叶对生的聚伞、圆锥或伞房花序；花萼4～5裂或不分裂；花瓣4～5，分离或基部合生，或顶端连合成帽状脱落；雌蕊4～5，与花瓣对生，生于花盘基部；花盘环形或分裂；子房上位，2室，很少3～6室，每室有1～2胚珠；花柱单一，很短或缺乏；柱头头状或盘状，很少4裂。果为浆果，有2～4粒种子；种子有丰富胚乳。

89. 乌 蔹 莓

Cayratia japonica (Thunb.) Gagn.

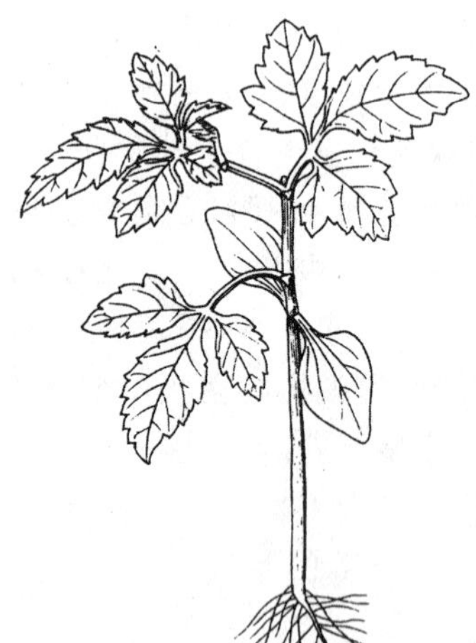

图 89a　乌蔹莓幼苗

【别　　名】五爪龙、过江龙、野葡萄藤。

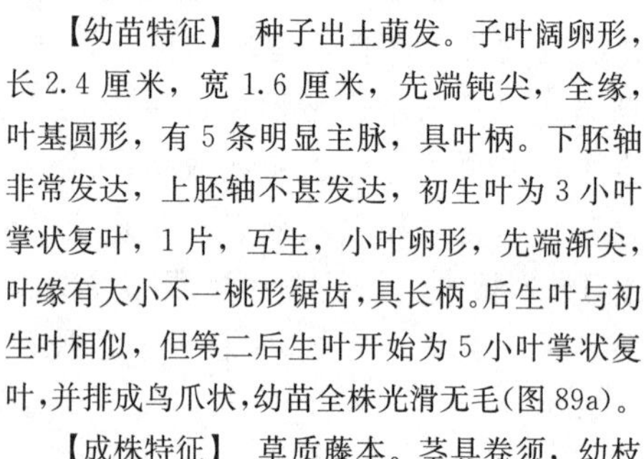

【幼苗特征】种子出土萌发。子叶阔卵形，长 2.4 厘米，宽 1.6 厘米，先端钝尖，全缘，叶基圆形，有 5 条明显主脉，具叶柄。下胚轴非常发达，上胚轴不甚发达，初生叶为 3 小叶掌状复叶，1 片，互生，小叶卵形，先端渐尖，叶缘有大小不一桃形锯齿，具长柄。后生叶与初生叶相似，但第二后生叶开始为 5 小叶掌状复叶，并排成鸟爪状，幼苗全株光滑无毛(图 89a)。

【成株特征】草质藤本。茎具卷须，幼枝有柔毛，后变无毛，叶为鸟足状复叶，小叶 5，椭圆形至狭卵形，顶端急尖或短渐尖，边缘有疏锯齿，两面中脉具毛，中间小叶较大，侧生小叶较小，成对着生于同一叶柄上，各小叶有小叶柄。伞房状聚伞花序腋生或假顶生；花黄绿色，有短柄；花瓣 4，顶端无小角或有极轻微小角；雄蕊4，与花瓣对生，花盘橘红色，4 裂。浆果倒卵圆形，成熟时黑色（图 89b）。

图 89b　乌蔹莓成株

【识别提示】①子叶阔卵形，含种子2～4粒，有明显 5 条主脉，初生叶为 3 小叶掌状复叶，下胚轴非常发达。②蔓生草本，茎有卷须，卷须与叶对生。③花瓣、雄蕊各 4，浆果熟时黑色倒卵圆形。

【本草概述】生于山坡、路边草丛或灌丛中，分布于华东、中南等省区，是农田、果园较为常见的杂草，部分旱田、果园受害较重，也是小地老虎、朱砂叶螨的寄主。

【防除指南】合理轮作，加强农田、果园管理，连根铲除田间杂草。敏感除草剂有氟磺胺草醚、乙氧氟草醚等。

（二十六）锦葵科杂草

草本、灌木或乔木。茎有强韧的内皮，常有星状毛。单叶互生，掌状分裂或为掌状脉；有托叶。花两性，整齐，单生或复生聚伞花序；小苞片3至多数，分离或连合成总苞状，有时缺；萼片5，分离或合生；花瓣5；雄蕊多数，花丝合生成柱，多与花瓣基部合生；心皮合生或分离而绕中轴成轮状排列，子房上位，2至多室，每室有1至多数胚珠，花柱与心皮同数或为其2倍，果实为蒴果或裂为多数分果爿；种子肾形或卵形，无毛或有绵毛。

90. 苘　　麻

Abutilon theophrasti Medic.

【别　　名】 青麻、空麻子、白麻。

【幼苗特征】 种子出土萌发。子叶心脏形，长 1.4 厘米，宽 1.3 厘米，先端钝状，全缘，有睫毛，叶基心形，三出脉，具长柄，柄上密被混杂毛，下胚轴非常发达，密被混杂毛。上胚轴不甚发达，亦被混杂毛，初生叶 1 片，互生，单叶，阔卵形，掌状叶脉，叶两面密布单毛和二叉毛或星状毛，先端钝尖，叶缘粗齿状，并有睫毛，叶基心形，具长柄，柄上密生混杂毛；后生叶与初生叶相似。幼苗全株呈灰绿色，密被单毛，二叉毛或星状毛和乳头状腺毛（图 90a）。

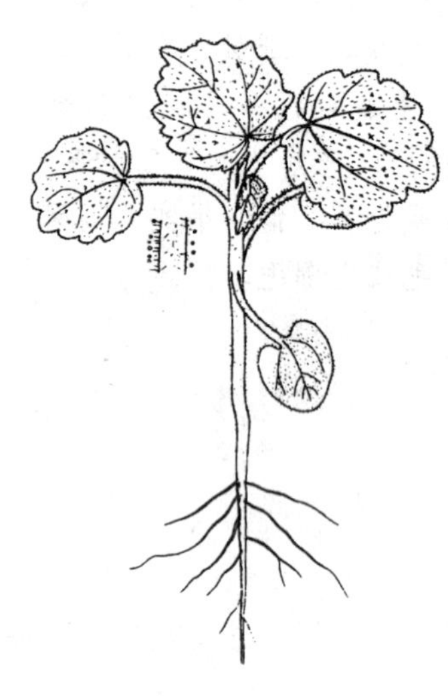
图 90a　苘麻幼苗

【成株特征】 一年生草本，高30～150 厘米。茎直立，有柔毛。叶互生，具长柄；叶片圆心形，先端尖，基部心形，边缘有粗细不等锯齿，两面均有毛。花单生于叶腋，有细长梗，近端处有节，花萼杯状，5 深裂，花瓣 5，倒卵形，鲜黄色；雄蕊多数，上部花丝白色；雌蕊 1，由 15～20 个心皮合生，排列成轮状，柱头圆形。蒴果半球形，分果爿15～20，有粗毛，先端有 2 长芒；种子肾形，黑色，具长毛（图90b）。

图 90b　苘麻成株

【识别提示】 ①子叶心脏形，初生叶呈阔卵形，叶缘有睫毛。②花单生叶腋，花瓣黄色；心皮 15～20，轮状排列。③分果爿 15～20，有粗长毛，顶端具 2 长芒。

【本草概述】 生于耕地、田边、路旁、荒地。全国各地均有分布。

【防除指南】 合理轮作换茬，精细田间管理，种子成熟前及时拔除。敏感除草剂有 2,4-D、2 甲 4 氯、麦草畏、异丙甲草胺、利谷隆、灭草敌、氟磺胺草醚、乳氟禾草灵、莠去津、西玛津、嗪草酮、哒草特、灭草松、异恶草松、溴苯腈、都阿混剂等。

91. 肖梵天花
Urena lobata L.

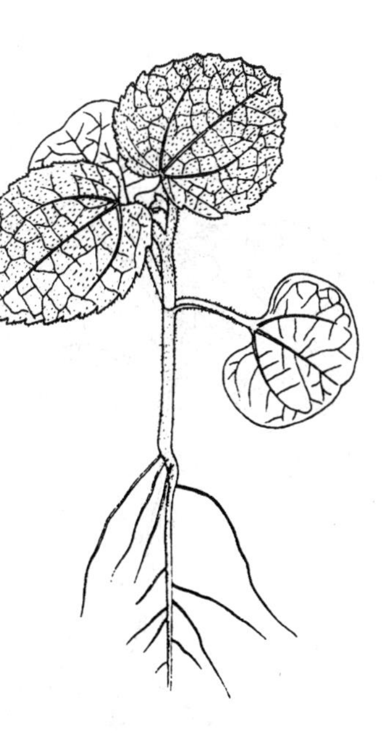
图 91a　肖梵天花幼苗

【别　　名】野棉花、地桃花、刺头婆。

【幼苗特征】 种子出土萌发。子叶肾形，长 1.3 厘米，宽 1.8 厘米，先端钝圆，具微凹，全缘，叶基心形，掌状叶脉，具叶柄，下胚轴很发达，上胚轴较明显。初生叶 1 片，互生，单叶，阔卵形，叶缘有细锯齿，叶基心形，掌状叶脉，叶脉在叶的腹面下陷，而在背面隆起，具叶柄；后生叶卵圆形，其他与初生叶相似。幼苗全株密被短柔毛，粉绿色（图 91a）。

【成株特征】 直立半灌木，高达1米。叶互生，具长柄；下部叶近圆形，中部叶卵形，上部叶长圆形至披针形，基部心形，边缘3～5浅裂或不裂，常有小锯齿，叶背有星状毛。花单生叶腋或稍丛生；小苞片5，近基部合生；花萼杯状，5裂；花瓣5，倒卵形，淡红色外面有毛；雄蕊柱无毛，子房5室，花柱分枝10。果实扁球形，分果爿具钩状刺毛，成熟时与中轴分离（图 91b）。

图 91b　肖梵天花成株

【识别提示】 ①子叶肾形，初生叶阔卵形，叶缘有细锯齿，掌状叶脉。②花单生叶腋，花瓣淡红色。③果实扁球形，分果爿有钩状刺毛。

【本草概述】 生于农田、路旁或树林下。分布于长江以南各省区，是旱地常见杂草，对幼龄橡胶、茶树、果树等作物危害较重。

【防除指南】 敏感除草剂有 2,4-D、草甘膦。

92. 野西瓜苗

Hibiscus trionom L.

图 92a　野西瓜苗幼苗

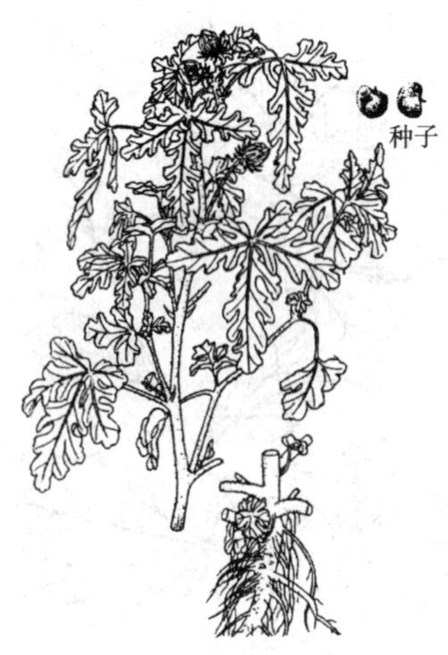

图 92b　野西瓜苗成株

【别　　名】 香铃草、灯笼泡、打瓜花。

【幼苗特征】 种子出土萌发。子叶近圆形，长 1.1 厘米，宽 1.1 厘米，先端钝圆，全缘，具睫毛，叶基圆形，三出脉，具长柄，柄上有短柔毛，下胚轴很发达，密被短柔毛，上胚轴不发达。初生叶 1 片，互生，单叶，近圆形，其顶部有粗圆齿，下部为全缘，并疏生睫毛，具长柄，柄上有柔毛。第一后生叶卵形，先端钝，叶缘有粗圆锯齿和睫毛，叶基心脏形，第二后生叶为 3 深裂叶，每裂片 3 浅裂，叶缘亦有睫毛。幼苗全株灰绿色（图 92a）。

【成株特征】 一年生草本，高 30～60 厘米。茎直立，柔弱，多分枝，基部分枝常铺散，有白色星状粗毛。叶互生，具长柄；下部叶圆形，不分裂，上部叶片掌状 3～5 全裂或深裂；裂片倒卵形，通常羽状分裂，两面有星状粗毛。花单生于叶腋；小苞片 12，条形，花萼钟状，裂片 5，膜质，三角形，淡绿色，有紫色条纹，花瓣 5，白色或淡黄色，内面基部紫色。蒴果长圆状球形，有粗毛，果瓣 5；种子肾形，表面覆稀疏瘤状突起（图 92b）。

【识别提示】 ①子叶近圆形，三出脉，有长柄，茎基部叶圆形，不分裂，中部和上部叶 3～5 全深或深裂。②花瓣淡黄色有紫心。③蒴果熟时裂成 5 果瓣，有粗毛，种子表面有瘤状突起。

【本草概述】 生于耕地、田边、路旁、菜园或房屋周围隙地，全国各地均有分布，是农田的常见杂草，混生在各种作物中，对棉花、瓜类、豆类等作物危害较重，部分果园、林园也会受害。

【防除指南】 合理轮作和秋翻地，精选种子，及时中耕除草。敏感除草剂有 2,4-D、麦草畏、三氟羧草醚、乳氟禾草灵、甜菜宁、西玛津、氰草津、嗪草酮、哒草特等。

(二十七)金丝桃科杂草

草本或灌木,很少小乔木。单叶对生,有时轮生,通常全缘,常有腺点或黑点;无托叶。花辐射对称,单生或成聚伞花序,顶生,很少腋生;萼片和花瓣各5,很少4;芽时花瓣覆瓦状或旋转状排列;雄蕊多数,常合生成束;子房1室或3～5室;花柱与子房同数,分离或合生;胚珠几个或多数,侧生在中轴胎座或侧膜胎座上。果实为蒴果,很少浆果;种子无胚乳,胚直或曲。

93. 地 耳 草

Hypericum japonicum Thunb.

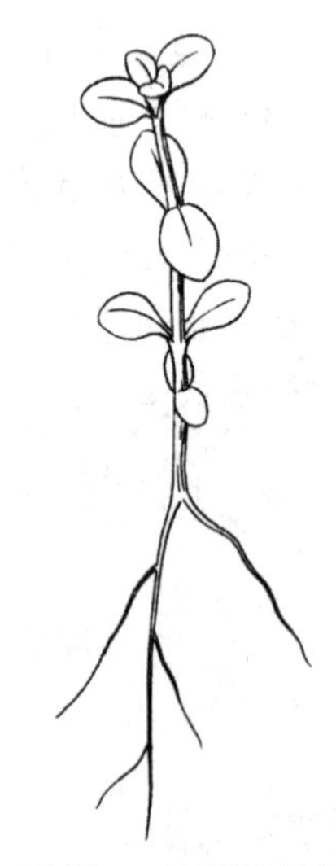
图 93a　地耳草幼苗

图 93b　地耳草成株

【别　　名】 田基黄。

【幼苗特征】 种子出土萌发。子叶阔卵形，长1厘米，宽0.7毫米，先端钝尖，全缘，叶基近圆形，无叶脉，无叶柄。下胚轴与上胚轴均不发达。初生叶2片，对生，抱轴，叶片阔卵形，先端钝圆，具突尖，全缘，叶基阔卵形，先端钝圆，具突尖，全缘，叶基阔楔形，有1条明显中脉。后生叶与初生叶相似，幼苗全株光滑无毛（图 93a）。

【成株特征】 一年生草本，披散或直立，高 3～40 厘米，根多须状。茎纤细，具四棱，基部近节处生细根，无毛。叶对生，无柄，基部抱茎；叶片卵形，全缘，聚伞花序顶生；花瓣 5，鲜黄色，与萼片近等长；雄蕊多数，基部合生；花柱 3，分离，长约子房的 1/3。蒴果长圆形，与宿存的萼片近等长；种子长圆形，略显棱，淡黄色（图 93b）。

【识别提示】 ①子叶阔卵形，初生叶 2 片，对生，抱轴，有突尖，具 1 条明显主脉。②花小，黄色，花瓣宿存，5 萼片几乎等长。③种子淡黄色，长圆形，略显棱。

【本草概述】 生于田边、沟边或路旁湿地。分布于长江流域以南各省区，是水稻田边、旱地常见杂草，果园、苗圃也会受害。

【防除指南】 敏感除草剂有扑草净、敌草隆等。

（二十八）堇菜科杂草

草本或灌木，也有小乔木，少有乔木。叶互生，全缘或羽状分裂；有托叶。花两侧对称或辐射对称，两性，很少杂性或单性，单生或为总状花序；花柄有2小苞片；萼片5，分离或稍合生，宿存；花瓣5，基部囊状或距状；雄蕊5枚，与花瓣互生，花药分离或合生，药隔延伸于药室外；子房上位，1室；胚珠多数生于侧膜胎座上。果实为蒴果或浆果；种子有肉质胚乳，胚直生。

94. 紫花地丁

Viola philippica subsp. *munda* W. Beck.

图 94a 紫花地丁幼苗

【别 名】花瓣堇菜、地丁草。

【幼苗特征】种子出土萌发。子叶阔椭圆形，长 5 毫米，宽 4.5 毫米，先端微凹，全缘，具叶柄。下胚轴粗短，上胚轴不发育。初生叶 1 片，互生，单叶，三角形，先端钝尖，叶缘具截头圆齿，叶基心形，具长柄，并略带紫红色，柄顶部两侧有明显的翼，基部有鞘，鞘顶部有尖齿。后生叶与初生叶相似。幼苗光滑无毛(图 94a)。

【成株特征】多年生矮小草本，高6～8厘米，全株有短白毛。地下茎很短，主根较粗。叶基生，叶片狭披针形或卵状披针形，顶端圆或钝，基部截形或稍呈心形，稍下延于柄，边缘有浅圆齿，两面具疏柔毛，托叶膜质，离生部分钻状三角形，有睫毛，花期后，叶通常增大成三角状披针形。花两侧对称，具长梗，萼片 5，卵状披针形，基部附属物长圆形或半圆形，顶端截形、圆形或有小齿；花瓣碧紫色，有紫条纹，5 裂，裂片唇形；雄蕊 5，雌蕊 1，子房卵圆形，花柱细小，矩细管状，直或稍上弯。蒴果长椭圆形，无毛，干时三瓣裂；种子圆形或椭圆形，黄色，光亮（图 94b）。

图 94b 紫花地丁成株

【识别提示】①子叶阔椭圆形，初生叶和后生叶的叶柄两侧有明显的翼。②矮小草本，全株有白色短毛，叶狭披针形或卵状披针形。③花瓣碧紫色，花矩细管状（长囊形）。

【本草概述】生于田埂、路旁、宅旁。分布于东北、华北、华东、中南、西南以及陕西、甘肃等省区，是果园、苗圃常见杂草，对蔬菜、大豆、幼龄林木等危害较重，也是多种蚜虫、金龟甲、椿象等害虫的寄主。

【防除指南】精细田间管理，彻底清理田旁隙地。药剂防除可用 2,4-D、2 甲 4 氯、利谷隆、敌草隆、扑草净等。

95. 犁头草

Viola japonica Langsd.

图 95a　犁头草幼苗

【幼苗特征】 种子出土萌发。子叶阔椭圆形，长 6 毫米，宽 5 毫米，先端微凹，全缘，叶基圆形，有 3～4 条弧形叶脉，具短柄，下胚轴粗短，上胚轴不发育。初生叶 1 片，互生，单叶，三角形，先端钝尖，叶缘有截头圆齿，叶基心形，具长柄，微紫红色，柄顶部两侧无翼，基部无鞘；后生叶与初生叶相似。幼苗全株光滑无毛（图 95a）。

【成株特征】 多年生矮小草本。主根短，白色。叶基生，叶片三角状卵形或卵形，顶端钝，基部宽心形，边缘有锯齿，叶柄上部有狭翅，背面稍带紫色；托叶白色，具长尖，有稀疏线状齿，花梗中上部有 2 个条形苞片；萼片 5，披针形，附属物上有钝齿；花瓣倒卵形，淡紫色，有深色条纹，矩圆筒形。蒴果长圆形，裂瓣有棱沟；种子椭圆形或倒卵形，淡褐色（图 95b）。

图 95b　犁头草成株

【识别提示】 ①子叶阔椭圆形，初生叶和后生叶的叶柄顶部两侧无明显翼。②矮小草本，全株光滑无毛，叶片三角状卵形或卵形。③花瓣淡紫色，花矩圆筒形，长约 7 厘米。

【本草概述】 生较湿润的耕地、田边、路旁。分布于河北、江苏、湖南、江西、辽宁、陕西等省，是旱地常见杂草。

【防除指南】 敏感除草剂有扑草净、敌草隆、2甲4氯、莠灭净、氰草津等。

（二十九）千屈菜科杂草

草本、灌木或乔木；枝通常4棱形。叶对生，少轮生或互生全缘。花两性，整齐，单生或簇生，或顶生、腋生穗状、总状、圆锥状、聚伞花序；花萼管状，与子房分离或包围，子房3～6裂，裂片间常有附属物，花瓣与萼片同数或无花瓣，花瓣着生于萼管边缘；雄蕊少数至多数，着生于萼管上；子房上位，3～6室，有多数胚珠，花柱单一，长短不一，柱头头状，很少2裂。蒴果，成各式开裂，很少不裂；种子有翅或无翅，无胚乳。

96. 水苋菜
Ammannia baccifera L.

【别　　名】 细叶水苋。

【幼苗特征】 种子出土萌发。子叶梨形，长6毫米，宽2.5毫米，叶尖圆形，全缘，叶基楔形，具叶柄。下胚轴较发达，上胚轴很发达，并呈四棱形。初生叶2片，对生，单叶，卵状披针形，先端渐尖，全缘，叶基阔楔形，具叶柄。后生叶与初生叶相似。幼苗全株光滑无毛(图96a)。

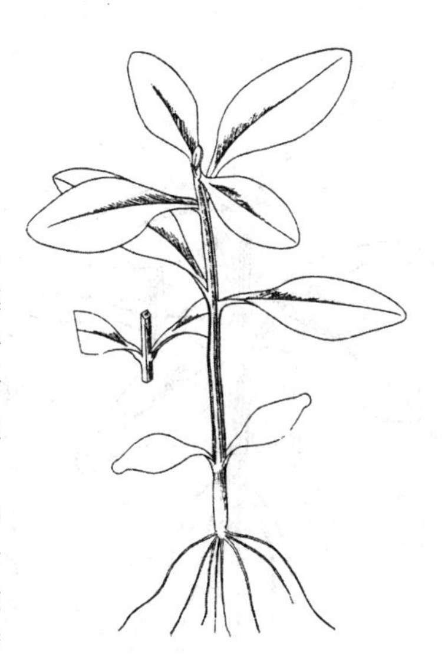

图 96a　水苋菜幼苗

【成株特征】 一年生草本，高 15～45 厘米，无毛，常赤色。茎四棱，多分枝。叶对生，披针形至线状披针形，先端尖或钝尖，基部渐尖成短柄或无柄，绿色，入秋带赤紫色，全缘。花密集成腋生小聚伞花序，具短硬；苞片小，条状钻形，花瓣钟形，萼齿 4（稀 5），裂片正三角形，无花瓣；雄蕊 4，对生于萼片基部之下面短于萼，花药赤红色，2 室，直裂。子房球形，花柱短直。蒴果球形，赤红色；种子细小，外皮肉质，红亮，近三角形（图 96b）。

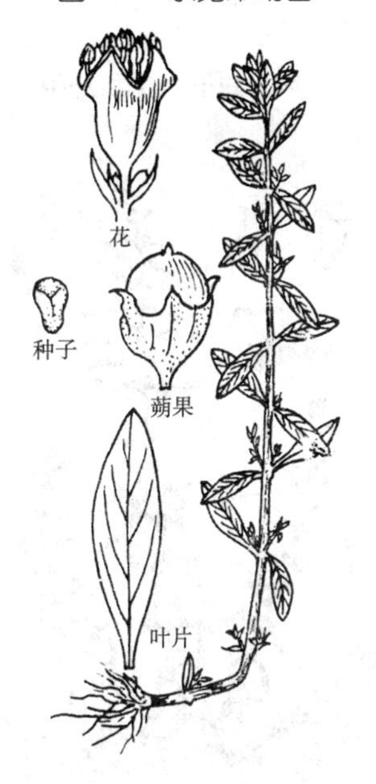

图 96b　水苋菜成株

【识别提示】 ①子叶梨形，上胚轴剖面呈四棱形，初生叶及后生叶的叶基楔形。②叶对生，披针形，基部渐窄成短柄或无柄。③花密集成腋生小聚伞花序，有短花序柄，无花瓣。

【本草概述】 喜生浅水或湿地。分布于秦岭以南各省区。是水稻田、浅水池塘、水边、排水沟等处常见杂草，部分水稻受害较重。

【防除指南】 合理轮作换茬，加强水稻田管理，适时中耕除草。敏感除草剂有丁草胺、丙草胺、恶草酮、苄嘧磺隆、吡嘧磺隆、异戊乙净、禾草特等。

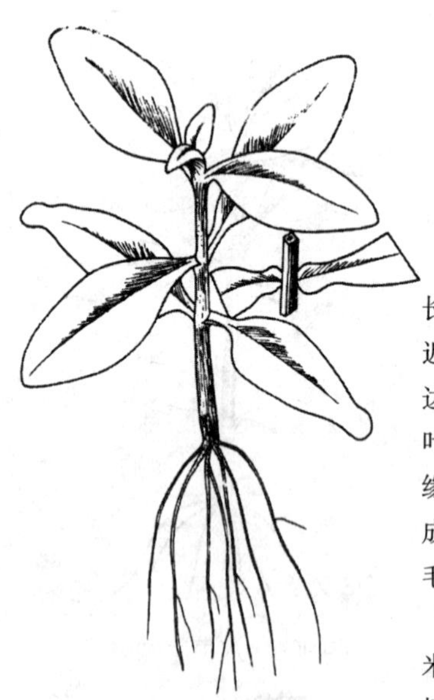

图 97a　耳叶水苋菜幼苗

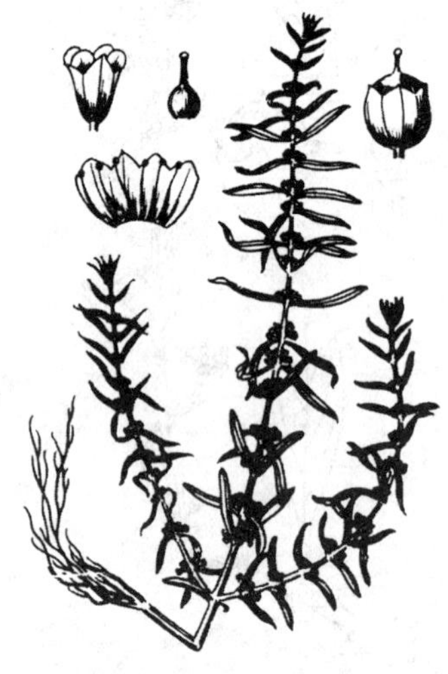

图 97b　耳叶水苋菜成株

97. 耳叶水苋菜

Ammannia aurenaria H. B. K.

【别　　名】 耳水苋、耳基水苋。

【幼苗特征】 种子出土萌发。子叶梨形，长5.5毫米，宽1.5毫米，叶尖圆形，全缘，叶基近圆形，有1米明显中脉，具叶柄。下胚轴较发达，带淡红色，上胚轴较发达，亦带红色。初生叶2片，对生，单叶，卵状椭圆形，先端钝尖，全缘，叶基圆形，具叶柄。后生叶与初生叶相似。成株的后生叶叶基呈耳廓形。幼苗全株光滑无毛。(图97a)。

【成株特征】 一年生草本，高15～40厘米，无毛。茎直立，多分枝，四棱形。叶对生，无柄，叶片条状披针形或狭披针形，基部戟状耳形。聚伞花序腋生，有细总花梗；苞片、小苞片均极小，钻形，花萼筒状钟形，裂齿 4；花瓣 4，淡紫色或紫红色；雄蕊 4～6，子房球形，花柱比子房长，稍伸出萼筒之外。蒴果球形，不规划开裂。种子极小，三角形，褐色（图 97b）。

【识别提示】 ①子叶梨形，上胚轴横剖面呈四棱形，初生叶及后生叶的叶基呈圆形。②叶对生，披针形或条形，基部戟状耳形。③花密集成腋生小聚伞花序，花瓣4，淡红色。

【本草概述】 生湿地或稻田中。分布于浙江、江苏、河南、河北南部、陕西、甘肃南部，部分水稻受害严重。

【防除指南】 合理轮作换茬，加强水稻田管理，适时中耕除草。敏感除草剂有丁草胺、丙草胺、恶草酮、苄嘧磺隆、吡嘧磺隆、异戊乙净、禾草特等。

98. 节 节 菜
Rotala indica（Willd.）Koehne.

【幼苗特征】 种子出土萌发。子叶匙状椭圆形，长1.5毫米，宽0.5毫米。下胚轴及上胚轴均不甚发达，紫红色。初生叶2片，对生，单叶，叶片匙状长椭圆形，先端钝状，全缘，具1条明显中脉，无叶柄。第一对后生叶与初生叶相似。第二对后生叶阔椭圆形，并开始出现明显的羽状叶脉，幼苗全株光滑无毛（图98a）。

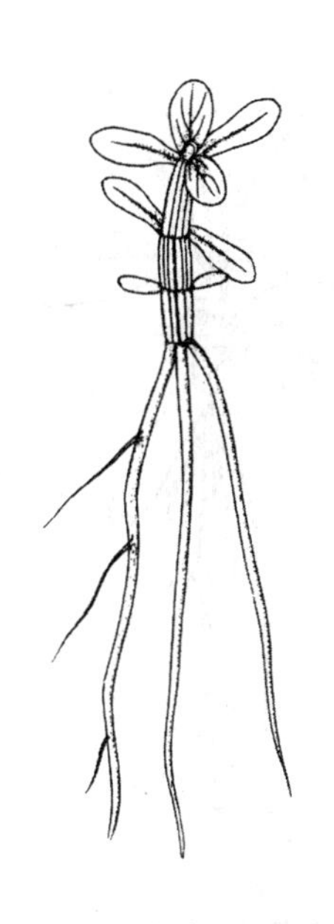

图 98a 节节菜幼苗

【成株特征】 一年生小草本，披散或近直立，高10～15厘米。茎略显四棱形，无毛，有分枝。叶对生，近无柄；叶片倒卵形或椭圆形，有1圈无色软骨质狭边，全缘，背脉突出，无毛。花小，通常排成6～12毫米腋生穗状花序，较少单生；苞片叶状而小，小苞片2枚，线状披针形，白色；花萼钟形，膜质，透明，顶端有4齿，裂齿三角形，紫色；花瓣4，倒卵形，淡红色，极微小，着生萼管口内侧面，和萼之裂片互生，短于萼齿；雄蕊4，与萼筒等长；子房上位，柱头头状。蒴果椭圆形，表面有横条纹；种子狭长卵形或棒状，极小，无翅（图98b）。

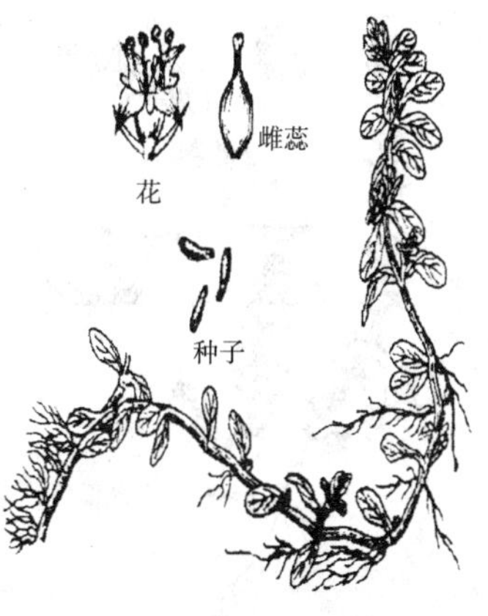

图 98b 节节菜成株

【识别提示】 ①子叶呈匙状椭圆形，上胚轴横剖面呈圆形。②叶对生，叶片倒卵形或椭圆形，边缘有1圈软骨质狭边。③花小，排成腋生穗状花序，花瓣淡红色。

【本草概述】 生水田或湿地。分布于秦岭以南各省区，是水稻田中极常见的杂草，部分水稻受害较重。

【防除指南】 实行水旱轮作，早期清理田旁隙地和渠道内外。敏感除草剂有丁草胺、丙草胺、杀草丹、苄嘧磺隆、嗪草酮、吡嘧磺隆、灭草松、异戊乙净等。

99. 轮叶节节菜
Rotala mexicana
Cham. et Schltdl.

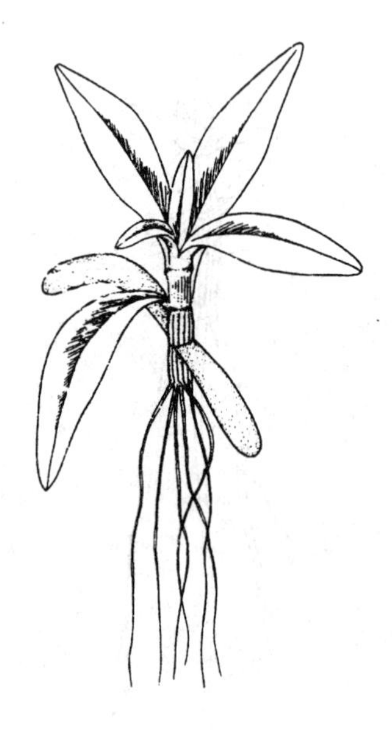
图 99a 轮叶节节菜幼苗

【别　　名】 墨西哥水松叶、水松叶。

【幼苗特征】 种子出土萌发。子叶带状或棒状，长 2 毫米，宽 0.5 毫米，先端钝圆，全缘，无叶柄。下胚轴及上胚轴均较明显，上胚轴具明显的棱纹。初生叶 2 片，对生，单叶，带状，先端钝尖，全缘，叶基楔形，仅有 1 条中脉，具短柄。后生叶长椭圆形，其他与初生叶相似。幼苗全株光滑无毛（图 99a）。

【成株特征】 一年生小草本，高3～10 厘米，无毛。茎下部生水中，无叶，节上生根；茎上部露出水面，生叶。叶 3～4 片轮生，条形或条状披针形，顶端截形或凸尖，无毛，无柄，基部狭。花小，单生叶腋，略带红色；苞片 2，钻形，与花萼近等长，花萼钟形，上部有 4 或 5 齿；无花瓣，雄蕊 2 或 3；子房球形，花柱极短或无。蒴果小，球形，2 或 3 瓣裂（图 99b）。

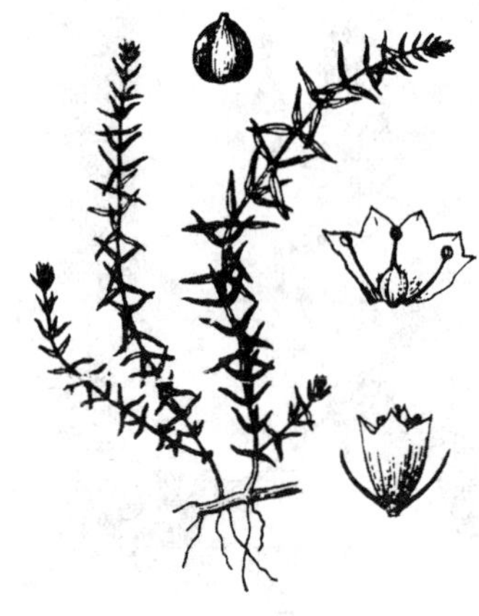
图 99b 轮叶节节菜成株

【识别提示】 ①子叶呈带状或棒状，初生叶 2 片，对生，仅 1 条中脉。②一年生矮小草本，叶 3～4 片轮生，线形或线状披针形。③花小，单生叶腋，无花瓣。

【本草概述】 生于溪边浅水中或潮湿处。分布于浙江、江苏、河南、陕西等省，是水田中常见杂草。

【防除指南】 实行水旱轮作，加强稻田管理，适时中耕除草。

（三十）柳叶菜科杂草

一年生或多年生草本，很少灌木或小乔木，陆生或水生。单叶对生或互生，全缘或有齿，不分裂；托叶小，脱落或无。花两性，整齐或近不整齐，单生于叶腋或呈穗状、总状花序生于枝顶；花萼筒状，与子房合生且延伸于外，有2～5镊合状排列的裂片，通常4裂片，稀为3、6片；花瓣4，着生子房上，与萼片互生，少数2或无瓣，雄蕊与花瓣同数或成倍数，生于花瓣上；子房下位，稀为半下位，1～6室，大多数为4室，花柱1，柱头头状或近2裂片，或4裂成线状裂片；每室胚珠1或多数，排列成1行或2行，倒悬或半向上，中轴胎座。果实开裂或不开裂，蒴果膜质或骨质，1至数室；种子小，多数，无胚乳。

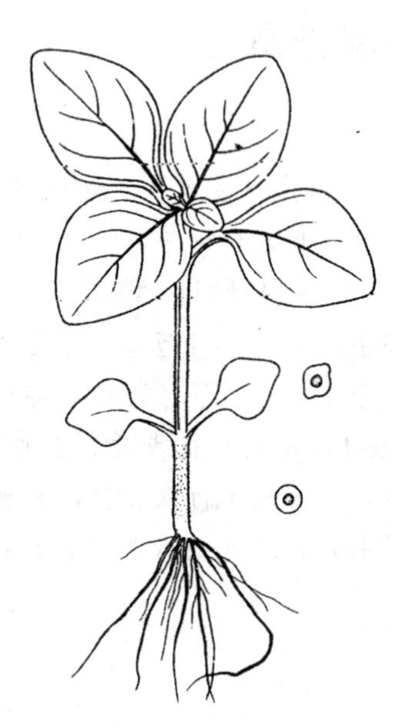

图 100a　草龙幼苗

图 100b　草龙成株

100. 草　　龙
Jussiaea linifolia Vahl.

【别　　名】 田石榴

【幼苗特征】 种子出土萌发。子叶三角状，阔卵形，长 4 毫米，宽 4 毫米，先端急尖，全缘，叶基近圆形，具短柄。下胚轴较发达，被短茸毛，上胚轴很发达，近方形，被短茸毛。初生叶 2 片，对生，单叶，阔卵形，先端急尖，全缘，背面紫红色具短柄。后生叶与初生叶相似。幼苗全株呈暗绿色（图 100a）。

【成株特征】 一年生草本，高 20～60 厘米。茎直立，有分枝，枝扩展，三至四棱形，绿色或淡紫色，棱上有毛。叶互生具短柄或近无柄，叶片长圆状披针形或狭条状披针形，先端短尖，基部楔形，全缘。花单生于叶腋内，无柄；花萼管纤细，裂片 4 披针形，渐尖，花瓣 4，黄色，狭长圆状披针形，短于萼片；雄蕊 8，子房下位。蒴果长圆柱形，绿色或淡紫色；种子卵形，淡黄色（图 100b）。

【识别提示】 ①子叶三角状阔卵形，初生叶阔卵形，有明显羽状脉。②直立草本，通常分枝，叶披针形。③花 4 数，花瓣黄色。

【本草概述】 生于湿地。分布于长江以南各省区，是田埂、稻田、菜地的常见杂草，部分农作物受害较重。

【防除指南】 合理轮作，细致田间管理，早期清理田旁隙地。敏感除草剂有丙草胺、乙氧氟草醚等。

101. 水　　龙
Jussiaea repens L.

【别　　名】过江藤、过塘蛇。

【幼苗特征】 种子出土萌发。子叶阔卵形，长4毫米，宽3毫米，先端钝，具微凹，全缘，叶基阔楔形，具叶柄。下胚轴不发达，上胚轴非常发达，均带绿色。初生叶2片，对生，单叶，倒卵形，先端钝圆，具微凹，全缘，叶基楔形，具叶柄。后生叶与初生叶相似，但先端不微凹，并有明显叶脉。幼苗全株光滑无毛(图101a)。

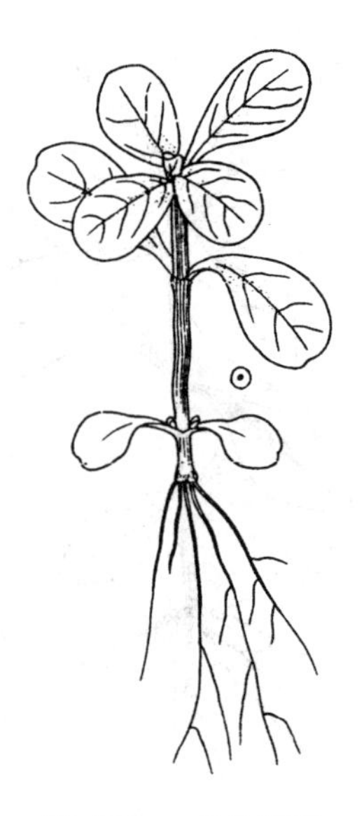

图 101a　水龙幼苗

【成株特征】 多年生草本，全体无毛。根茎浮生水面或匍匐于泥中，长可达2～3米，节处生根，浮水茎节上常有圆柱状白色囊状浮器；上伸茎高约30厘米。叶互生，具短柄；叶片长圆状倒披针形至倒卵形，顶端钝或圆，基部渐狭成柄。花两性，单生于叶腋，白色或淡黄色，有长柄；在花柄与子房相接处常有2鳞片状小苞片；萼筒与子房贴生；裂片5，披针形，外面疏被长柔毛；花瓣5，白色，基部黄色，倒卵形，雄蕊10；子房下位，外面疏被长柔毛，柱头头状，膨大，5浅裂。蒴果条状圆形，具多数种子；种子倒卵形，黄褐色(图101b)。

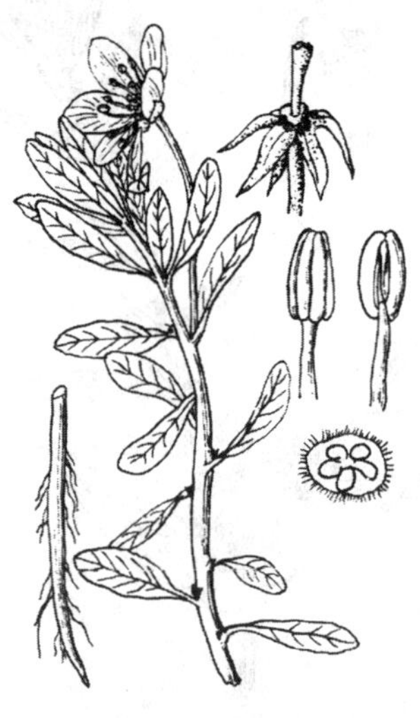

图 101b　水龙成株

【识别提示】 ①子叶先端微凹，初生叶倒卵形。②匍匐草本，具白色呼吸根，叶倒卵形。③花瓣白色，基部淡黄色。

【本草概述】 生于浅水池塘、沟渠或湿地。分布于长江以南各省区。是水稻田边及稻田中常见杂草，部分水稻受害较重。

【防除指南】 敏感除草剂有苄嘧磺隆、吡嘧磺隆、灭草松、异戊乙净等。

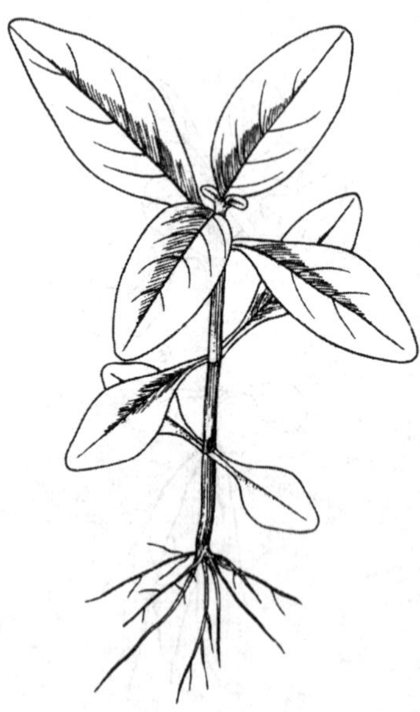

图 102a　丁香蓼幼苗

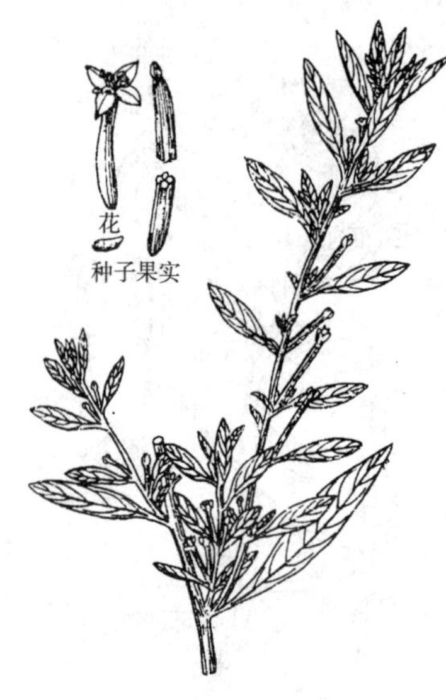

图 102b　丁香蓼成株

102. 丁 香 蓼

Ludwiqia prostrata Roxb.

【别　　名】 小菱草。

【幼苗特征】 种子出土萌发。子叶近菱形或阔卵形，长5毫米，宽3毫米，先端钝尖，全缘，叶基楔形，有1条明显中脉，具叶柄。下胚轴颇为发达，上胚轴亦很明显，绿色。初生叶2片对生，单叶，卵形，先端钝尖，全缘，叶基楔形，有1条明显中脉，具叶柄。第一对后生叶与初生叶相似，但具有明显羽状脉，第二对后生叶卵形，叶基圆形，其他与第一对后生叶相似。幼苗全株光滑无毛。主根末端带紫色（图102a）。

【成株特征】 一年生草本，高 30～100 厘米。茎近直立，具较多分枝，有纵棱，淡红紫色或淡绿色，无毛或疏生短毛。叶互生，具柄；叶片披针形或长圆状披针形，近无毛，全缘。花两性，单生于叶腋，无柄，基部有 2 个小苞片；萼筒与子房合生，裂片 4，卵状披针形，外面略被短柔毛；花瓣 4，倒卵形，黄色，稍短于花萼裂片；雄蕊 4，子房下位，花柱甚短，柱头头状。蒴果圆柱形，略具 4 棱，成熟后果皮不规则开裂，内有多数细小的种子；种子近椭圆形，褐色（图 102b）。

【识别提示】 ①子叶先端钝尖，初生叶卵形。②茎有棱角，多分枝，枝近方形，略带红紫色，单叶互生，披针形。③花瓣与萼裂同数，黄色，蒴果圆柱状四方形。

【本草概述】 生水田、渠边及沼泽地。分布于秦岭及其以南各省区，是水稻田、藕田常见杂草，部分水稻受害较重。

【防除指南】 实行水旱轮作，加强田间管理，并早期清理田埂渠边。敏感除草剂有丙草胺、嗪草酮、灭草松、异戊乙净。

（三十一）小二仙草科杂草

水生或陆生草本。叶互生、对生或轮生，生于水中的叶常为篦状深裂，无托叶。花小，两性或单性，单生或组成腋生或顶生的穗状、总状、伞房或圆锥花序，无梗或有短梗；萼管和子房合生，裂片2～4或无；花瓣2～4或无；雄蕊2～8，子房下位，1～4室，每室有1胚珠。果实为小坚果或核果。

103. 狐尾藻

Myriophylllum verticillatum L.

图 103a　狐尾藻幼苗

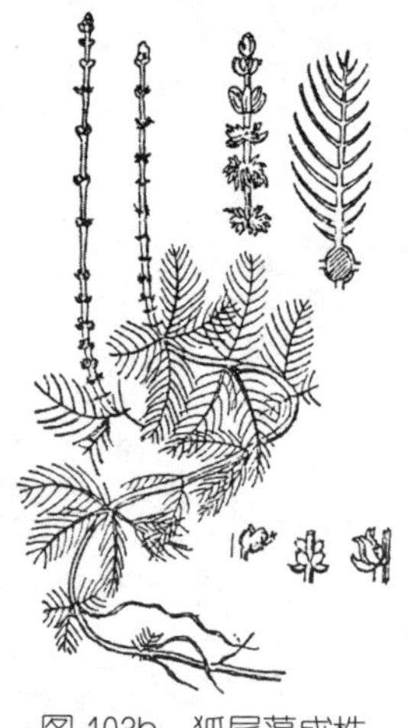
图 103b　狐尾藻成株

【别　　名】 苯、榨草、泥茜、水札草。

【幼苗特征】 种子出土萌发。子叶带状，长8毫米，宽0.6毫米，先端急尖，全缘，两叶基部相连合，无柄，下胚轴很发达，上胚轴不甚发达。初生叶2片，对生，单叶，叶片为羽状裂叶。裂片呈细线状，先端急尖，全缘，无明显叶脉。后生叶与初生叶相似。幼苗全株光滑无毛（图103a）。

【成株特征】 水生草本。茎圆柱形，多分枝，长达1～2米。叶通常4～6片轮生，羽状深裂，裂片细丝状。穗状花序生枝顶，伸出水面，苞片长圆形或卵形，全缘，小苞片卵圆形，边缘细锯齿，花两性或单性，常4朵轮生于花序轴上；若为单性花，雄花生于花序上部，雌蕊生于花序下部；花萼很小，4深裂，萼筒极短；花瓣4，近匙形；雄蕊8，雌花无花瓣；子房下位，4室，无花柱，柱头4裂。蒴果近球形，有4条狭而深的槽（图103b）。

【识别提示】 ①子叶带状，初生叶2片，对生，单叶，叶片为羽状裂叶，裂片细线状。②水生草本，叶通常轮生，羽状分裂，裂片细丝状。③蒴果近球形，有4条狭而深的槽（4条凹缝）。

【本草概述】 生于池沼、湖泊、沟渠、溪流或稻田中。全国各地均有分布。是稻田中较为常见的杂草，部分水稻受害较重。

【防除指南】 实行水旱轮作，适时排水晒田，细致中耕除草，早期清理渠道。药剂防除可用扑草净、敌草隆等。

（三十二）伞形科杂草

一年生至多年生草本。根多为粗大的圆锥形，少数是须根。茎通常矮小或高大，或基部木质化，极少灌木状；茎中空或有髓，表面有棱和沟，光滑或有柔毛，叶互生或基生，通常是分裂或多裂的复叶，很少是单叶；茎生叶基生叶同时存在，同形或异形，复叶片一至多回羽状分裂或一至多回3裂；单叶片3裂或掌状5裂；基生叶有叶柄，柄基部有宽大或狭小叶鞘；茎生叶有柄或无柄，叶鞘扩大，全转或半抱茎。单伞形或复伞形花序，顶生或腋生，复伞形花序由2至多数小伞形花序构成，基部有总苞（由1至多数的总苞片组成）；小伞形花序基部通常有小总苞（由1至多数的小总苞片组成）；花小，两性或杂性，花萼管与子房贴生，裂齿5或无；花瓣5，着生在子房上，在花蕾时呈覆瓦状或镊合状排列，倒卵形，基部狭窄，顶端常凹陷，有1小舌片（花瓣内折部分，形如舌状）向内弯曲，有些种类小伞形花序外缘有辐射花瓣，其形状较中心和内缘的花瓣为大，顶端凹陷也较深刻；雄蕊5，生在子房上；子房下位，2室，顶端有盘状或短圆锥形花柱基；花柱2，直立或外曲；柱头头状；胚珠1室1个，倒悬。果实双悬果，卵形、圆心形、长圆形至椭圆形，表面平滑或有毛，皮刺以至瘤状突起，由2个侧面扁平的心皮合成，成熟时由结合处（合生面）分离，每个心皮有1纤细心皮柄和果柄相连，心皮外面有5个主棱，有时在主棱间有次棱，主棱之间成槽（棱槽），外果皮层内，棱槽间和合生面有油管1至多数。种子每心皮内1个；胚乳软骨质，胚小。

104. 积 雪 草

Centella asiatica（L.）Urban.

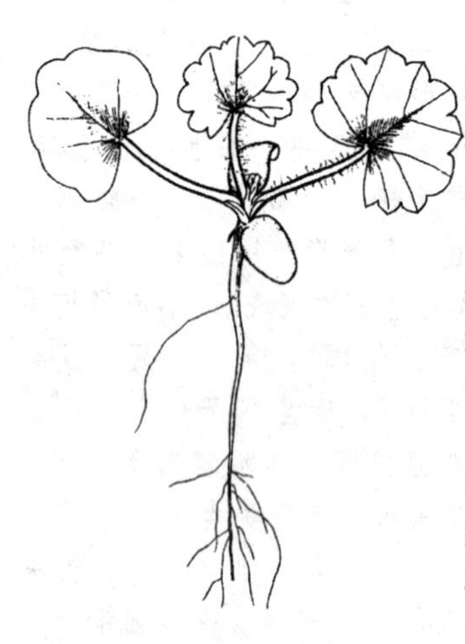
图 104a 积雪草幼苗

【别　　名】 崩大碗、偷鸡落得打、铜钱草。

【幼苗特征】 种子出土萌发，子叶阔卵形，长 5 毫米，宽 3.5 毫米，先端钝圆，全缘，叶基圆形，无毛，具短柄。下胚轴很明显，上胚轴不发育。初生叶 1 片，互生，单叶，肾形，叶缘微波状或微浅裂，有明显的掌状叶脉，无毛，具长柄。第一后生叶亦呈肾形，叶缘有宽钝齿，具长柄，柄上密生长柔毛，第二后生叶与前者相似（图 104a）。

【成株特征】 多年生草本，茎匍匐，长30～80厘米，无毛或稍有毛。叶互生，具长柄，基部成鞘状；叶片肾形或近圆形，基部深心形，边缘有宽钝齿，无毛或疏生柔毛，有掌状脉。单伞形花序单生或2～3个腋生，花序梗较长，每个花序有花3～6朵，外有2片卵形的苞片，花梗极短；花萼截形，无齿，暗紫色；花瓣5，紫红色；雄蕊5。双悬果扁圆形，主棱和次棱极明显，棱与棱之间有隆起的脉纹（图104b）。

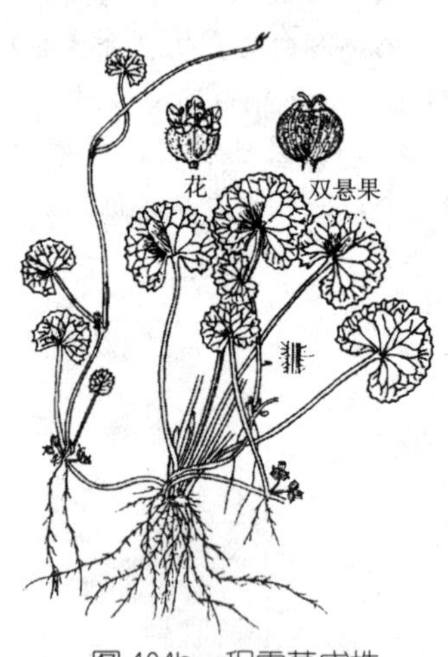

图 104b 积雪草成株

【识别提示】 ①子叶阔卵形，初生叶肾形。②茎匍匐，有匍匐枝，节上生根。叶片圆形或近肾形。③单伞形花序或 2～3 个腋生，果实扁圆形，棱与棱之间有网状纹相连。

【本草概述】 生于湿润环境。分布于江苏、浙江、江西、福建、广东、广西、云南、四川等省区。是稻田边、旱作物地常见杂草，对花生，甘蔗、果树危害较重。

【防除指南】 合理轮作换茬，加强果园、甘蔗地管理，早期清理田埂，及时中耕除草。

105. 破 铜 钱

Hydrocotyle sibthorpioides Lam. var. *batrachium* Hand. -Mazz.

【别　　名】 白毛天胡荽、梅花藻叶天胡荽。

【幼苗特征】 种子出土萌发。子叶阔卵形，长 2.5 毫米，宽 2 毫米，先端钝圆，全缘，叶基圆形，有明显叶脉，具短柄。下胚轴很明显，上胚轴不发育。初生叶 1 片，互生，单叶，为 5 浅裂掌状裂叶，有明显掌状叶脉，具长柄。第一后生叶与初生叶相似，第二和三后生叶开始变为深裂掌状叶，每裂片有较多浅裂。幼苗全株光滑无毛（图 105a）。

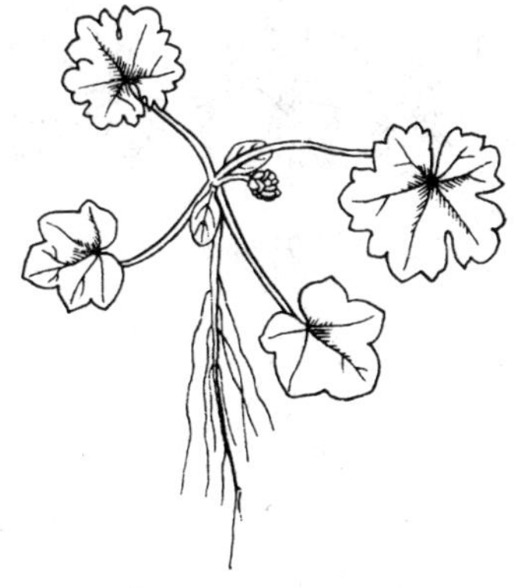

图 105a　破铜钱幼苗

【成株特征】 多年生草本。茎细长而匍匐，茎节处生根生叶，叶互生，有长柄；叶片肾圆形或倒三角形，边缘有钝齿，上面无毛，下面及叶柄顶端具白色茸毛；托叶2，小圆形或卵圆形，边缘有齿，具茸毛。伞形花序腋生；有花5～7朵，总花梗细长，有长茸毛，花细小而密，花柄短，花瓣5，白绿色，有淡红紫晕；雄蕊5，子房下位。双悬果近圆形，心皮每侧有1背棱，表面具瘤状突起（图 105b）。

图 105b　破铜钱成株

【识别提示】 ①子叶阔卵形，初生叶为5浅裂掌状裂叶。②茎细长而匍匐，茎节处生根，叶5深裂几乎达基部。③花序有花5～7朵。

【本草概述】 生于潮湿的草地、田间、地头。分布于华东、华中、华南和西南，是天鹅绒草坪的常见杂草，部分草坪受害严重。

【防除指南】 敏感除草剂有氯氟吡氧乙酸、绿麦隆、苯磺隆、2 甲 4 氯等，以氯氟吡氧乙酸与 2 甲 4 氯混用效果最好。

106. 天 胡 荽

Hydrocotyle sibthorpioides Lam.

【别　　名】落得打、满天星。

【幼苗特征】种子出土萌发。子叶阔卵形，长 2.5 毫米，宽 2 毫米，先端钝圆，全缘，叶基圆形，有明显羽状脉，具短柄。下胚轴发达，上胚轴不发育。初生叶 1 片，互生，单叶，为 7～8 浅裂掌状裂叶，有明显掌状叶脉，具长柄，第一后生叶与初生叶相似，区别在于小裂片数增多。幼苗全株光滑无毛，呈鲜绿色（图 106a）。

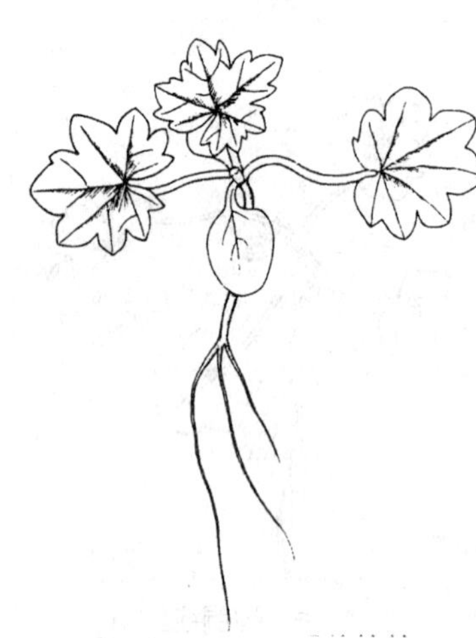

图 106a　天胡荽幼苗

【成株特征】多年生草本。茎匍匐，平铺地上成片。叶互生，有长柄；叶片圆形或肾形，不裂或掌状 5～7 浅裂，裂片宽倒卵形，边缘有钝齿，上面无毛或两面有疏柔毛。单伞形花序腋生，有花 10～15 朵；总苞片 4～10，倒披针形；花瓣卵形，绿白色，双悬果侧面扁平，光滑或有斑点，中棱略锐（图 106b）。

图 106b　天胡荽成株

【识别提示】①子叶阔卵形，初生叶为 7～8 浅裂掌状裂叶。②茎细长而匍匐，叶圆形或肾形，不分裂或 5～7 浅裂。③单伞形花序腋生，有花 10～15 朵。

【本草概述】生于潮湿的草地、林下、房屋附近。分布于华东、华中及西南。是天鹅绒草坪、田边的常见杂草。

【防除指南】敏感除草剂有氯氟吡氧乙酸、绿麦隆、苯磺隆、2甲4氯等，以氯氟吡氧乙酸与 2 甲 4 氯混用效果最好。

107. 蛇　　床
Cnidium monnieri（L.）Cusson.

【别　　名】 野茴香、癞头花子。

【幼苗特征】 种子出土萌发。子叶卵形，长8毫米，宽3毫米，先端急尖，全缘，叶基阔楔形，有1条明显叶脉，具长柄。下胚轴发达，上胚轴不发育。初生叶1片，互生，单叶，二回掌状裂叶，第一回3深裂，第二回1～3浅裂，有明显掌状脉，具长柄，后生叶3全裂，每裂片3深裂，其他与初生叶相似。幼苗全株光滑无毛（图107a）。

图 107a　蛇床幼苗

【成株特征】 一年生草本，高30～80厘米。茎直立，有棱，具分枝，疏生细柔毛。根生叶有柄，基部阔而呈叶鞘状，叶片卵形，二回或三回羽状复叶，最终裂片狭条形或条状披针形，尖锐；茎上部叶和根生叶相似。复伞形花序顶生；总苞片8～10，条形，边缘白色，有短柔毛；伞辐10～30，不等长；小总苞片2～3，条形；花白色。双悬果宽椭圆形，背部略扁平，果棱翅状，木栓化（图 107b）。

【识别提示】 ①子叶卵形，初生叶 5 深裂。②叶片卵形，二回或三回羽状复叶，最终裂片线状披针形。③花白色，双悬果果棱翅状，木栓化。

【木草概述】 生路边、沟边、农田等湿地。分布几乎遍及全国，是田边、路旁湿地常见杂草。

【防除指南】 加强田间管理，早期清理田旁隙地。敏感除草剂有甲嘧磺隆等。

图 107b　蛇床成株

108. 野胡萝卜

Daucus carota L.

图 108a　野胡萝卜幼苗

图 108b　野胡萝卜成株

【幼苗特征】 种子出土萌发，子叶披针形，长 1 厘米，宽 2.5 毫米，先端急尖，全缘，叶基楔形，无毛，具叶柄。下胚轴很发达，紫红色，上胚轴不发育。初生叶 1 片，互生，单叶，二回掌状裂叶，第一回 3 全裂，第二回 3 深裂或 2 浅裂，有明显羽状脉，具长柄，裂片边缘及叶柄均有刺状毛。后生叶三回掌状裂叶，第一回 3 全裂，第二回 2～3 深裂，第三回2～3 浅裂（图 108a）。

【成株特征】 二年生草本，高 20～120 厘米，全体有粗硬毛。根肉质，粗壮，白色或淡红色，有胡萝卜气味。茎直立，有分枝，具条棱。叶互生，具长柄，基部扩展为鞘状；叶片二回或三回羽状全裂，最终裂片条形至披针形。复伞形花序顶生；总苞片多数，叶状，羽状分裂，裂片条形，反折，伞辐多数，小总苞片 5～7，条形，不裂或羽状分裂；花梗多数；花白色或淡红色。双悬果长圆形，4 次棱有翅，翅上有短钩刺（图 108b）。

【识别提示】 ①子叶披针形，初生叶 3 全裂，顶生小叶一回羽状裂叶，叶表面无毛。②叶薄膜质，长圆形，二回或三回羽状全裂，总苞片多数，叶状，羽状分裂，反折。③双悬果 4 次棱有翅，翅上有短钩刺。

【本草概述】 生于荒地、农田。分布于安徽、江苏、浙江、江西、湖北、四川、云南、陕西、新疆，是农田中常见杂草，部分果园、草地、麦田受害较重。

【防除指南】 合理轮作换茬，精细田间管理，及时中耕除草。敏感除草剂有嗪草酮等。

109. 水　　芹
Oenanthe javanica（Bl.）DC.

【别　　名】 水芹菜、野芹菜、小叶芹。

【幼苗特征】 种子出土萌发。子叶卵形，长6毫米，宽2毫米，先端钝尖，全缘，叶基阔楔形，具长柄。下胚轴发达，上胚轴不发育。初生叶1片，互生，单叶，肾形，3浅裂，具长柄。后生叶三出掌状裂叶，其顶小叶倒卵形，先端3浅裂，叶基楔形，两侧小叶斜阔卵形，先端微3浅裂，叶基偏斜，具长柄。幼苗全株光滑无毛（图109a）。

图 109a　水芹幼苗

【成株特征】 多年生草本，高 15～80 厘米，全体光滑，无毛。茎基部匍匐，上部稍直立，有细棱。根生叶有柄，长达 10 厘米，有鞘，叶片一回或二回羽状分裂，最终裂片卵形至菱状，披针形，边缘有不整齐的尖齿或圆锯齿；茎上部叶无柄，其他与根生叶相似。复伞形花序顶生；无总苞，伞幅 6～20；小总苞 2～13，条形，花白色；萼齿线状披针形。双悬果椭圆形或近圆锥形，果棱显著隆起（图 109b）。

【识别提示】 ①子叶卵形，初生叶不规则 5 浅裂。②湿地或水生匍匐草本，叶片一回或二回羽状分裂，最终裂片卵形至菱状披针形。③双悬果果棱显著，侧棱较其他 3 棱隆起。

【本草概述】 生于低湿地或浅水中。全国各地均有分布。是稻田边、低湿旱田中常见杂草。

【防除指南】 加强田间管理，早期清理田旁隙地和渠堤。敏感除草剂有苄嘧磺隆、吡嘧磺隆、二氯喹啉酸、恶草酮等。

图 109b　水芹成株

110. 窃　衣
Torills scabra（Thnub. ）DC.

图 110a　窃衣幼苗

图 110b　窃衣成株

【幼苗特征】 种子出土萌发。子叶披针形，长 1.5 厘米，宽 3.5 毫米，先端锐尖，叶缘稍增厚，全缘，叶基楔形，有 1 条明显主脉，无毛，具长柄。下胚轴发达，淡褐色，上胚轴不发育。初生叶 1 片，互生，单叶，三回掌状裂叶，第一回全裂，第二回 3 深裂，顶端裂片 3 浅裂，两侧裂片1～3 浅裂，裂片均有睫毛，具长柄，柄上有毛，基部成鞘，后生叶与初生叶基本相似，区别在于裂片及小裂片数目逐步递增（图 110a）。

【成株特征】 一年生或多年生草本，高 10～70 厘米，全体有贴生短硬毛。茎直立，有分枝，略显条棱。叶片卵形，二回羽状分裂，小叶狭披针形至卵形，顶端渐尖，边缘有整齐的缺刻或分裂。复伞形花序顶生或腋生，无总苞片或仅有 1～2 片，条形，伞辐 2～4，近等长；小总苞多数，钻形；花小，白色。双悬果长圆形，有棱，密生刺毛（图 110b）。

【识别提示】 ①子叶披针形，初生叶 3 深裂，两侧小裂片 1～3 浅裂。②无总苞片或仅有 1～2 片，伞辐 2～4。

【本草概述】 生于山坡、路旁或荒地。分布于西北、华东、中南、西南，是果园、苗圃或农田中的常见杂草，以近地边处较多，危害不重。

【防除指南】 精细田间管理，早期清理田旁隙地。敏感除草剂有草甘膦等。

111. 破子草

Torilis japonica (Houtt.) DC.

图 111a 破子草幼苗

【别　　名】 小窍衣。

【幼苗特征】 种子出土萌发，子叶披针形，长1.4厘米，宽2毫米，先端钝尖，常带有种壳出土，全缘，叶基楔形，无毛，具叶柄。下胚轴很发达，紫红色，上胚轴不发育。初生叶1片，互生，单叶，三回掌状裂叶，第一回全裂，第二回3深裂，顶端裂片3浅裂，两侧裂片2～5浅裂，裂片均有睫毛，具长柄，柄上亦被短柔毛，其基部具鞘，后生叶与初生叶基本相似(图111a)。

【成株特征】 一年生或二年生草本，高30～75厘米，全体有贴生短硬毛。茎直立单生，有细直纹和刺毛。叶卵形，两面有稀疏紧贴粗毛，一回或二回羽状分裂，最后的裂片披针形至长圆形，边缘有条裂状粗齿、缺刻或分裂。复伞形花序顶生或腋生，总苞片4～10，条形；伞辐4～10，近等长；小总苞片多数，钻形；花小，白色。双悬果卵形，有向上内弯，具钩皮刺(图111b)。

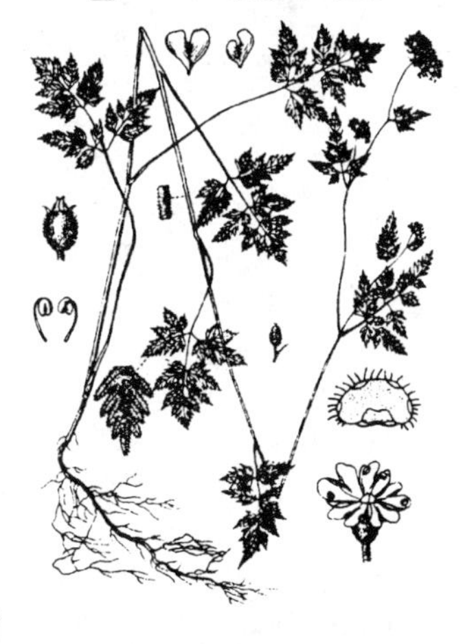

图 111b 破子草成株

【识别提示】 ①子叶披针形，初生叶3深裂，两侧小裂片2～5浅裂。②总苞片4～10，伞辐4～10。

【本草概述】 生于山坡、路旁或荒地。全国各地均有分布，是果园、苗圃常见杂草。

【防除指南】 精细田间管理，早期清理田旁隙地。敏感除草剂有草甘膦等。

（三十三）报春花科杂草

一年生或多年生草本，少为灌木。单叶，互生、对生或轮生，有时全部基生，无托叶。花两性，辐射对称，单生或排列成各种花序；花萼通常5裂，有时4～9裂，宿存；花冠合瓣，有时分裂几达基部，裂片通常5，有时4～9；雄蕊着生在花冠管上，与花冠裂片同数而对生，花丝分离或基部连合，有时有退化雄蕊；子房上位，极少半下位，1室。特立中央胎座，胚珠多数，花柱1，蒴果瓣裂，稀盖裂，通常有多数种子；种子小，有棱角及丰富的胚乳。

112. 泽星宿菜
Lysimachia candida Lindl.

【别　　名】 星宿菜、泽珍珠菜。

【幼苗特征】 种子出土萌发。子叶阔卵形，长2毫米，宽1.5毫米，先端钝尖，全缘，叶基圆形，具长柄。下胚轴不发达，上胚轴不发育。初生叶1片，互生，单叶，阔卵形，先端钝尖，全缘，叶基阔楔形，有1条明显中脉，具长柄。第一后生叶阔卵形，先端钝圆，全缘，叶基圆形，其他与初生叶相似。第二后生叶椭圆形，幼苗全株光滑无毛（图112a）。

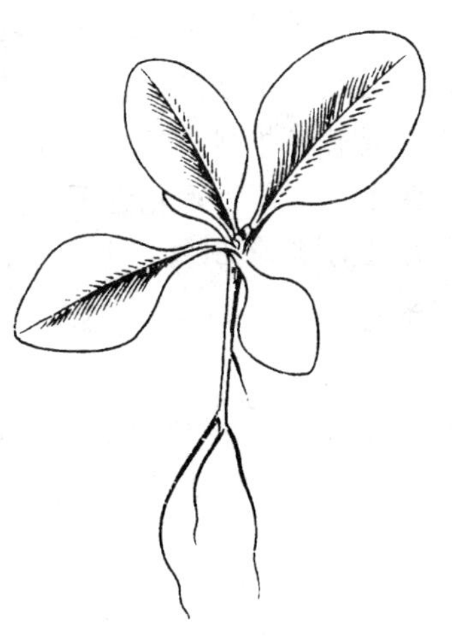

图 112a　泽星宿菜幼苗

【成株特征】 一年生或越年生草本，高15～30厘米。茎直立，单生或丛生，上部有分枝，茎基部紫红色向上逐渐变淡。基生叶匙形，有带狭翅长柄；茎生叶互生，叶片倒卵形，倒披针形或条形，基部下延成狭翅。叶、苞片、花萼顶端均带红色，两面均有紫色腺点。总状花序顶生，幼时较短，呈宽圆锥状或伞房状，果实长达10～20厘米；有苞片、花柄长于苞片；花萼5裂至基部，裂片披针形，顶端渐尖，边缘膜质；花冠白色，钟状；雄蕊不超出花冠；花柱在花蕾时伸出花冠外，待开放后仍略短于花冠，柱头膨大。蒴果球形，瓣裂（图112b）。

【识别提示】 ①初生叶阔卵形，叶基圆形，后生叶叶缘全缘。②叶、苞片、花萼顶端均带红色，两面均有紫色腺点。③总状花序顶生，幼时较短，果时长达 10～20 厘米。

【本草概述】 生水边或湿地草丛。分布于长江流域以南各省区。是低湿地、稻田中常见杂草，部分草坪也可受害。

【防除指南】 加强田间管理，及时中耕除草。

图 112b　泽星宿菜成株

（三十四）龙胆科杂草

一年生或多年生草本，很少灌木。叶对生，全缘，无托叶，基部有抱茎横线相连或合生成抱茎的鞘。花辐射对称，两性，单生或顶生、腋生聚伞花序；花萼管状，4～12裂，花冠合瓣，4～12裂，裂片旋转状排列，极少覆瓦状排列；雄蕊与花冠裂片同数而互生，着生于花冠管上；花盘不明显或缺；子房上位通常1室，有2个侧膜胎座，有时2室，具贴生于中隔的胎座；胚珠多数。果实为蒴果。

113. 莕　　菜

Nymphoides peltatum (Gmel) Kuntze.

图 113a　莕菜幼苗

【别　　名】 荇菜、莲叶莕菜、黄莲花。

【幼苗特征】 种子出土萌发。子叶矩椭圆形,先端钝尖,全缘,叶基阔楔形,具叶柄。下胚轴粗壮,带绿色,上胚轴不发育。初生叶1片,互生,单叶,心脏形,先端钝状,全缘,叶基心形,无明显叶脉,具长柄。其基部有鞘,后生叶与初生叶相似,幼苗全株光滑无毛(图113a)。

【成株特征】 多年生水生草本。茎圆柱形,多分枝,沉水中,具不定根,水底泥中常有匍匐状地下茎。叶互生,具长柄,柄基部变宽,抱茎;叶片圆形,基部心形,上面亮绿色,下部带紫色,全缘或边缘波状,有不明显掌状脉,漂浮于水面。花1～6朵,簇生于叶腋,花梗稍长于叶柄;花萼 5 深裂,裂片披针形,顶端钝;花冠黄色,直径达 2 厘米,喉部有长毛,分裂几乎达基部,裂片 5,倒卵形,顶端微凹,边缘有齿毛;雄蕊 5,着生于花冠喉部,花丝扁、短,花药箭头形;子房基部有 5 蜜腺,柱头膨大,2 瓣裂。蒴果长椭圆形,不开裂。种子长卵形,边缘有纤毛(图 113b)。

图 113b　莕菜成株

【识别提示】 ①子叶矩椭圆形,初生叶及后生叶的叶柄基部有鞘。②水生草本,叶互生或只在上部对生,圆形,基部心形。③花冠黄色,直径达 2 厘米。

【本草概述】 生于池塘、湖泊、静水沟渠。全国各地均有分布,是稻田中常见的杂草,部分水稻受害较重。

【防除指南】 实行水旱轮作,及时中耕除草,并早期清理渠道。药剂防除可用 2,4-D,2 甲 4 氯等。

(三十五)萝藦科杂草

多年生直立或缠绕草本或小灌木,常有乳汁。叶对生或轮生,全缘。聚伞花序成伞状,伞房状或总状,腋生或顶生;花两性,整齐,5数;花萼5深裂;花冠合瓣,辐射状或坛状;很少高脚碟状,顶端5裂;裂片旋转状或镊合状;副花冠由5个离生或基部合生的裂片或鳞片组成,有时2轮,着生于合蕊冠或花冠筒上;(雄蕊与雌蕊合生,称合蕊柱,花丝合生成筒状称合蕊冠),花药合生于柱头基部膨大处;花粉在原始的类群为颗粒状承载于匙形的载粉器上,每花药有1个载粉器,而在较进化的类群,花粉联合包在一层薄膜内成为花粉块,通过花粉块柄连于着粉腺上,每花药有花粉块2～4个;子房上位,心皮2,离生,胚珠多数。果双生或1个不发育;种子多数,顶端有白绢质种毛。

114. 萝　　藦

Metaplexis japonica (Thunb.) Makino.

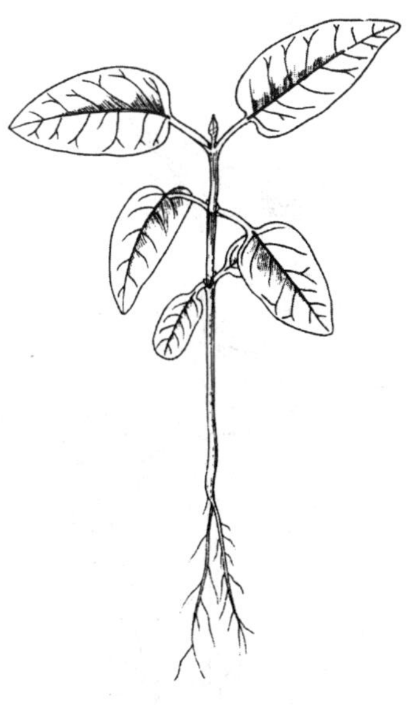

图 114a　萝藦幼苗

【别　　名】 飞来鹤、鹤瓢棵、洋瓢瓢。

【幼苗特征】 种子出土萌发。子叶矩椭圆形，长 1.5 厘米，宽 0.7 厘米，先端钝圆，全缘，叶基圆形，有明显羽状脉，具叶柄，下胚轴特别发达，上胚轴亦很发达，绿色。初生叶 2 片，对生，单叶，卵形，先端急尖，全缘，叶基圆形，有明显羽状脉，后生叶与初生叶相似。折断幼苗茎、叶，有白色浮汁溢出(图 114a)。

【成株特征】 多年生草质藤本，具乳汁。茎圆柱形，有条纹。叶对生，卵状心形，顶端渐尖，背面粉绿色，无毛；叶柄长，顶端丛生腺体。总状聚伞花序腋生，有长的总花梗，花蕾圆锥状，顶端尖，花萼5深裂，外面被柔毛；花冠白色，有淡红色斑纹，裂片5，先端反折，基部向左覆盖，内被柔毛；副花冠环状5短裂，生于合蕊管上，花粉块每室1个，下垂；花柱延伸成长喙，柱头先端2裂。蓇葖果角状，叉生，平滑。种子倒卵状长圆形，扁平，一端具种缨(图114b)。

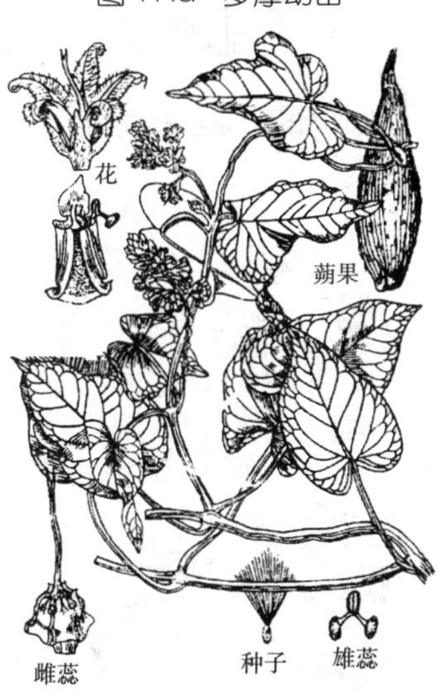

图 114b　萝藦成株

【识别提示】 ①子叶矩椭圆形，初生叶呈卵形。②缠绕草本，叶卵状心形，掐断茎、叶有白色乳汁溢出。③花柱延伸成长喙，长于花冠，蓇葖果角状，叉生。

【本草概述】 生于较湿润农田、荒地或路旁灌丛中。分布于西南、西北、华北、东北和东南部。部分果园苗圃、旱作物受害较重。

【防除指南】 合理轮作换茬，精细田间管理，及时中耕除草。敏感除草剂有草甘膦+乙氧氟草醚、麦草畏+2 甲 4 氯等。

图 115a 鹅绒藤幼苗

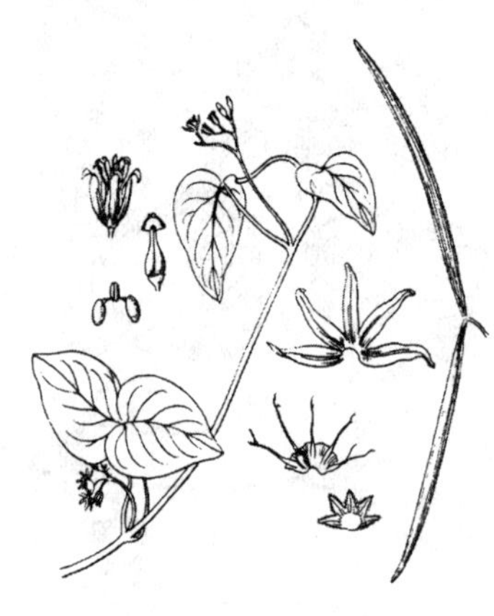
图 115b 鹅绒藤成株

115. 鹅 绒 藤

Cynanchum chinense R. Br.

【别　　名】 天鹅绒藤、毛萝菜、河瓢棵子。

【幼苗特征】 种子出土萌发。子叶矩长椭圆形，长 1.8 厘米，宽 0.6 厘米，先端钝圆，全缘，叶基近圆形，有明显羽状脉，具叶柄。下胚轴特别发达，紫红色，上胚轴亦很发达，紫红色。初生叶 2 片，对生，单叶，卵状披针形，先端急尖，全缘叶基略呈心形，有明显羽状脉，具叶柄。后生叶与初生叶相似。幼苗全株光滑无毛（图 115a）。

【成株特征】 多年生缠绕草本，全株被短柔毛。主根圆柱状，干后灰黄色。叶对生，具长柄；叶片宽三角状心形，叶面深绿色，叶背苞白色；侧脉每边约 10 条。伞形聚伞花序腋生，2 歧，有花约 20 朵；花萼外被柔毛；花冠白色，裂片 5，长圆状披针形，副花冠二型，杯状，先端裂成 10 个丝状体，分为两轮，外轮约与花冠裂片等长，内轮略短；花粉块每室 1 个，下垂，柱头略为突起，先端 2 裂。蓇葖果双生或仅 1 个发育，细圆柱形；种子卵状长圆形，一端具白绢质种缨（图 115b）。

【识别提示】 ①子叶矩长椭圆形，初生叶呈三角形。②缠绕草本，叶宽三角状心形，茎、叶掐断后有白色乳汁溢出。③花柱不延伸，副花冠杯状，先端裂片成 10 个丝状体，分为 2 轮。

【本草概述】 生路旁、农田或灌丛中。分布于辽宁、河北、陕西、甘肃、河南、山东、江苏、浙江等地。是旱地常见杂草，部分麦地、果园、苗圃受害较重。

【防除指南】 合理轮作，加强田间管理，适时中耕除草。

（三十六）旋花科杂草

一年生或多年生草本，多数缠绕性草本；少数灌木或乔木；汁液有时呈乳状；叶互生，不具托叶，单叶，少有复叶。花两性，辐射对称；萼5深裂，宿存，雄蕊5个，着生花冠管部，与花冠裂片互生，上位子房，心皮2枚，2～4室，每室具胚珠2枚。蒴果，2～4室瓣裂或周裂，也有肉果而不开裂。

116. 田旋花

Convolvulus arvensis L.

图 116a 田旋花幼苗

图 116b 田旋花成株

【别　　名】 箭叶旋花、中国旋花、小喇叭花。

【幼苗特征】 种子出土萌发。子叶方形，长1.2厘米，宽1.2厘米，先端凹缺，全缘，叶基近截形，有明显叶脉，具长柄。下胚轴非常发达，上胚轴亦很发达，六棱形。初生叶1片，互生，单叶，长椭圆形，先端钝状，叶基戟形或耳形，有明显羽状叶脉，具长柄。后生叶与初生叶相似。幼苗全株光滑无毛（图116a）。

【成株特征】 多年生草本。根状茎横走。茎蔓性或缠绕，具棱角或条纹，上部有疏柔毛。叶互生，有柄；叶片戟形，全缘或三裂，侧裂片展开，微尖，中裂片卵状椭圆形，狭三角形或披针状长椭圆形，微尖或近圆。花1～3朵腋生；花梗细弱，有2个线形苞片，远离花萼；萼片5，光滑或疏被毛，卵圆形，边缘膜质；花冠漏斗状，粉红色，顶端5浅裂；雄蕊5，基部具鳞毛，子房2室，柱头2裂。蒴果球形或圆锥状；种子三棱状卵球形，黑褐色（图116b）。

【识别提示】 ①子叶近方形，先端凹陷不居中，初生叶椭圆状戟形。②蔓性草本，根状茎横走，叶形多变，但基部均为戟形或箭形。③花梗上有2个狭小苞片，远离花萼，花冠漏斗状粉红色。

【本草概述】 生于荒地、耕地、田边、路旁、沟边、林丛间村落或房屋周围附近。分布于东北、华北、西北及河南、山东、江苏、四川、西藏等省、自治区。是新耕地、果园、林园常见杂草，常与狗尾草、刺儿菜混生，部分棉花、豆类、小麦、玉米、蔬菜、果树、幼龄林木受害较重。是小地老虎、盲椿象寄主。

【防除指南】 敏感除草剂有2,4-D、麦草畏、异丙甲草胺、灭草敌、氟磺胺草醚、莠去津、灭草松、恶草酮、溴苯腈、都莠混剂、都阿混剂等。

117. 打 碗 花

Calysteyia hederacea wall

【别　　名】小旋花、常春藤天剑、鸭胡苗、兔耳草。

【幼苗特征】种子出土萌发。子叶方形，长9毫米，宽8.5毫米，先端凹缺，全缘，叶基近截形，有3条明显叶脉，具长柄。下胚轴发达肥壮，上胚轴不发达，红色。初生叶1片，互生，单叶，卵状戟形，有明显叶脉，具叶柄。后生叶与初生叶相似。幼苗全株光滑无毛(图117a)。

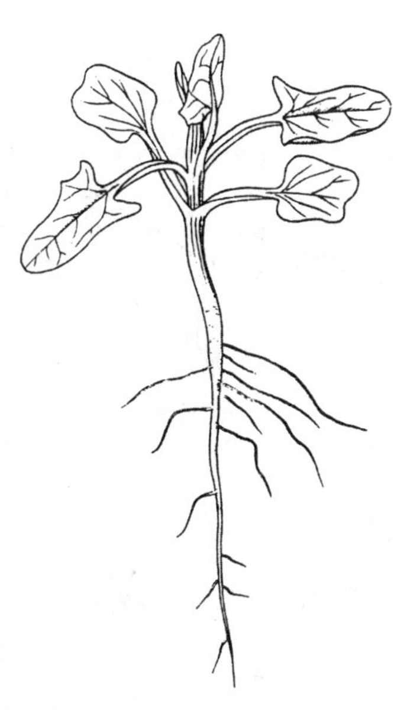

图 117a　打碗花幼苗

【成株特征】一年生草本，光滑。嫩根白色，质脆易断。茎蔓性，缠绕或匍匐分枝。叶互生，具长柄；基部叶片长圆柱心形，全缘，上部叶三角状戟形，侧裂片开展，通常 2 裂，中裂片卵状三角形或披针形，基部心形，两面无毛。花单生于叶腋；花梗有棱角，苞片 2，宽卵形，包住花萼，萼片 5，长圆形，稍短于苞片，具小尖凸；花冠漏斗状，粉红色，直径 2～3.5 厘米，雄蕊 5，基部扩大，有细鳞毛；子房 2 室，柱头 2 裂。蒴果卵圆形，光滑；种子卵圆形，黑褐色（图 117b）。

图 117b　打碗花成株

【识别提示】①子叶方形，先端凹陷，全缘，初生叶卵状戟形。②蔓性草本，根白色，叶三角形或戟形，基部两侧有分裂。③苞片紧贴花萼，花冠漏斗状，粉红色，直径2～3.5厘米。

【本草概述】生于农田、路旁或荒地。全国各地均有分布，是农田常见杂草，对大豆、小麦、棉花、玉米、高粱、谷子、蔬菜等作物危害较重，也是小地老虎、棉大桥虫、甘薯麦蛾、甘薯叶甲的寄主。

【防除指南】敏感除草剂有 2,4-D、麦草畏、乳氟禾草灵、灭草松、氯氟吡氧乙酸、都阿混剂、西玛津、莠去津等。

118. 篱打碗花

Calystegia sepium (L.)R. Br.

【别　　名】 旋花、篱天剑。

【幼苗特征】 种子出土萌发。子叶方形，长2厘米，宽2厘米，先端凹缺，全缘，叶基心形，有明显叶脉，具长柄。下胚轴发达，上胚轴不发达，均带淡紫红色。初生叶1片，互生，单叶，三角形，先端渐尖，叶基戟形，具长柄。后生叶与初生叶相似，幼苗全株光滑无毛(图118a)。

图 118a　篱打碗花幼苗

【成株特征】 多年生草本，全株光滑。横根白色，粗壮。茎缠绕或匍匐，有棱角，分枝。叶互生，具长柄；叶形多变，通常为正三角状卵形，先端急尖，基部箭形或戟形，两侧具浅裂片或全缘。花单生叶腋，花梗稍长于叶柄，有细棱或有时具狭翅；苞片 2，宽卵形，包住萼片；萼片 5，卵圆状披针形；花冠漏斗状，粉红色，直径 4～6 厘米，5 浅裂；雄蕊 5，花丝基部有细鳞毛；子房 2 室，柱头 2 裂。蒴果球形，种子宽倒卵形或椭圆形，暗褐色或灰褐色（图 118b)。

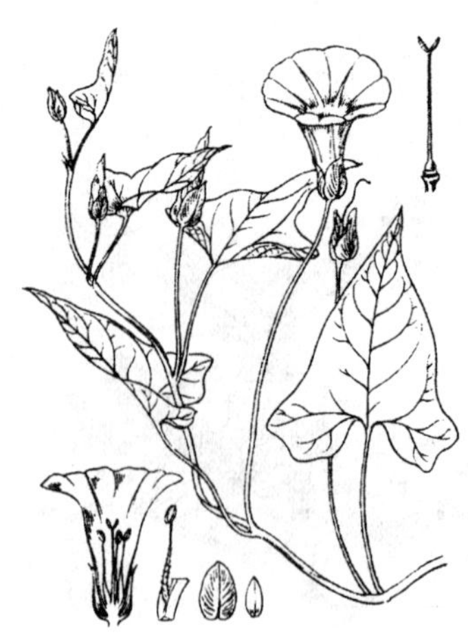

图 118b　篱打碗花成株

【识别提示】 ①子叶方形，先端凹缺，初生叶三角状戟形。②蔓性草本，叶正三角状卵形，基部箭形或戟形，两侧具浅裂或全缘。③苞片2，包住萼片，花冠漏斗状，粉红色，直径4～6厘米。

【本草概述】 生于农田、荒地或路旁。几乎遍及全国，是农田常见杂草，对小麦、棉花、蔬菜、豆类、薯类、瓜类、幼林危害较重，部分小麦受害严重。

【防除指南】 敏感除草剂有 2,4-D、麦草畏、乳氟禾草灵、灭草松、氯氟吡氧乙酸、都阿混剂、西玛津、莠去津等。

119. 圆叶牵牛
Pharbitis purpurea (L.) Voigt.

【别　　名】 紫牵牛、毛牵牛。

【幼苗特征】 种子出土萌发。先端深凹,全缘,叶基心形,具长柄,下胚轴粗壮,紫红色,上胚轴很发达,并有斜垂直柔毛。初生叶1片,互生,单叶,心脏形,后生叶与初生叶相似,幼苗除下胚轴和子叶外,全株密被白色长柔毛(图119a)。

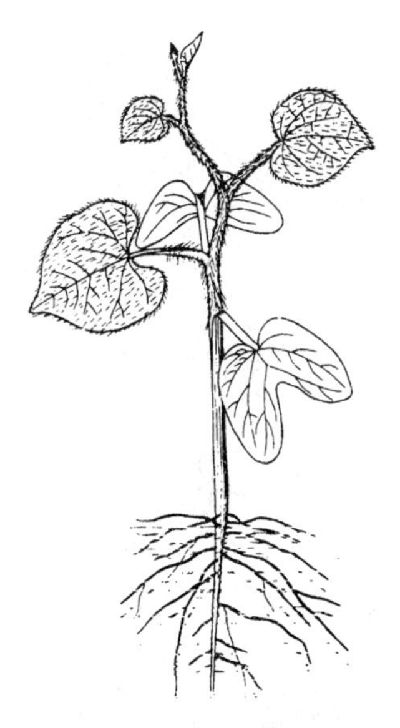

图 119a　圆叶牵牛幼苗

【成株特征】 一年生草本,全体被粗硬毛。茎缠绕,多分枝。叶互生,具长柄;叶片心形,全缘,先端尖或钝,基部心形。花序有花1～5朵,总花梗与叶柄近等长;萼片5,卵状披针形,先端钝尖,基部有粗硬毛;花冠漏斗状,蓝紫色,红色或近白色,直径4～5厘米,顶端5浅裂;雄蕊5,不等长,花丝基部有毛;子房3室,柱头头状,3裂。蒴果球形;种子倒卵形,黑色或暗褐色,表面粗糙(图119b)。

图 119b　圆叶牵牛成株

【识别提示】 ①子叶方形,先端深凹,初生叶心脏形,全缘。②缠绕草本,叶片心形,全缘。③花冠漏斗状,蓝紫色,红色或近白色,直径 4～5 厘米。

【本草概述】 生于田边、荒地或篱笆处。全国各地均有分布,也有的地方栽培。部分果园、菜园、苗圃受害较重。

【防除指南】 敏感除草剂有三氟羧草醚、氟磺胺草醚、乳氟禾草灵、灭草松、乙草胺、都阿混剂等。

120. 裂叶牵牛

Pharbitis nil（L.）Choisy

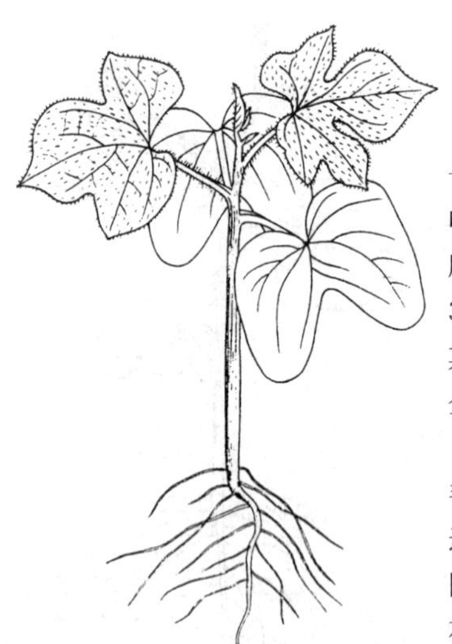
图 120a　裂叶牵牛幼苗

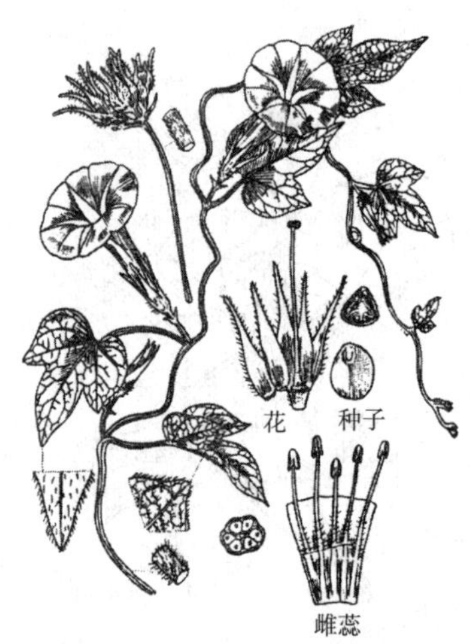

图 120b　裂叶牵牛成株

【别　　名】 牵牛花、牵牛子。

【幼苗特征】 种子出土萌发。子叶方形，长 1.5 厘米，宽 1.8 厘米，先端深凹，全缘，叶基心形，具长柄。下胚轴粗壮，紫红色，上胚轴不发达，并有斜垂直柔毛。初生叶 1 片，3 深裂掌状裂叶，互生，后生叶 5 裂掌状裂叶，其他与初生叶相似，幼苗除下胚轴和子叶外，全株密被白色长柔毛（图 120a）。

【成株特征】 一年生草本，全株被粗硬毛。茎缠绕，多分枝。叶互生，具长柄；叶片近卵状心形，通常 3 裂至中部，中间裂片长卵圆形而渐尖，两侧裂片底部宽圆，掌状叶脉。花序有花 1～3 朵，总花梗稍短于叶柄；萼片 5，基部密被开展粗硬毛，裂片条状披针形，顶端尾尖，花冠漏斗状，白色、蓝紫色或紫红色，直径 5～8 厘米，顶端 5 浅裂，雄蕊 5，子房 3 室，柱头头状。蒴果球形。种子倒卵形，黑褐色（图 120b）。

【识别提示】 ①子叶方形，先端深凹，初生叶 3 深裂。②缠绕草本，叶片近卵状心形，通常 3 裂至中部。③花冠漏斗状，白色、蓝紫色或紫红色，直径 5～8 厘米。

【本草概述】 栽培或野生于田边、路旁或荒地。分布于江苏、山东、河北、浙江、福建、广东、湖南、四川、云南等省。部分果园、苗圃、茶园受害较重。也是甘薯麦蛾、甘薯叶甲的寄主。

【防除指南】 敏感除草剂有三氟羧草醚、氟磺胺草醚、乳氟禾草灵、灭草松、乙草胺、都阿混剂等。

（三十七）菟丝子科杂草

无叶缠绕寄生植物，黄色或带红色，花小、白色或淡红色，簇生，无梗或具有短梗。苞细小或无苞，萼片5或4，离生或基部稍结合，花冠卵圆形或钟形，有5～4裂片，在芽内为覆瓦状排列，雄蕊4～5，着生于花冠裂片之间，花丝短，花药长圆形，鳞片5，着生雄蕊下部及花冠基部，边缘带状或齿形；子房完全或不完全2室，合4胚珠；花柱1～2，柱头2。蒴果球形或卵形，干燥或肉质，周裂或不规则开裂。种子2～4粒，光滑，胚乳肉质，胚弯曲。多寄生于豆科、菊科、蓼科、藜科等植物。

121. 菟 丝 子

Cuscuta chinensis L.

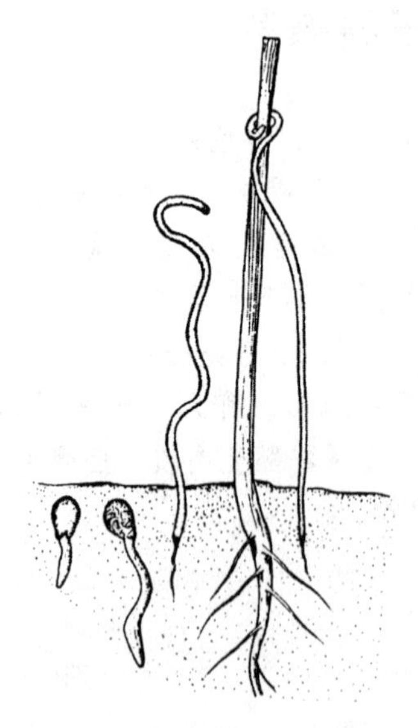
图 121a 菟丝子幼苗

【别　　名】 金丝藤、豆寄生、无根草、中国菟丝子。

【幼苗特征】 幼苗线状，橘黄色，无叶，出土后，蔓可伸长达 6～13 厘米，绕寄主一圈，两天后，就在与寄主接触的部分产生吸器，伸入寄主体内，吸取水分与养料，营寄生生活。此时，其接近地面约 2 厘米处开始枯萎，约 1 周之后，蔓开始产生分枝，并向四周迅速蔓延，缠绕到其他寄主上（图 121a）。

【成株特征】 一年生寄生草本。茎缠绕，细弱，黄色或浅黄色，无叶。花多数，簇生，有时 2 个并生，花萼杯状，5 裂，裂片卵圆形或长圆形；花冠白色，壶状或钟状；裂片 5，向外反曲，果熟时将果实全部包住，雄蕊 5，花丝短，鳞片 5，近长圆形，花柱 2，直立，柱头头状。蒴果近球形，稍扁。种子椭圆形，淡黄褐色或褐色，表面较粗糙，有白霜状突起（图 121b）。

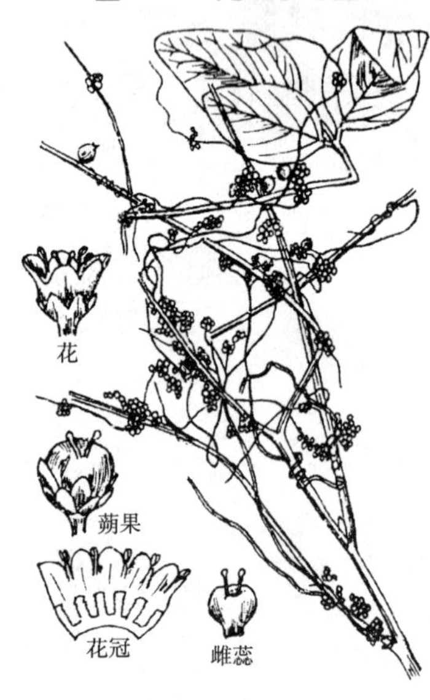

图 121b 菟丝子成株

【识别提示】 ①蔓较纤细，橘黄色，无紫红色斑点，蔓顶端无小鳞片。②寄生植物，无叶。③花柱 2 个，柱头头状，果熟时花冠全部包住蒴果。

【本草概述】 一年生寄生杂草。分布于我国南北大部分省区，以山东、河南、宁夏、黑龙江、江苏最多。常寄生于豆科、藜科等作物或杂草上，对豆类作物危害严重，花生、马铃薯也可受害。

【防除指南】 注意早期发现，及时摘除毁掉。敏感除草剂有鲁保一号、甲草胺、异丙甲草胺、乙草胺、毒草胺、仲丁胺、五氯酚钠等。

122. 日本菟丝子
Cuscuta japonica Choisy.

【别　　名】 金灯藤、大菟丝子、无根草。

【幼苗特征】 幼苗蔓较粗壮，淡黄色，带紫红色斑点，或全部呈紫红色，蔓顶端有肉眼可见的小鳞片（图122a）。

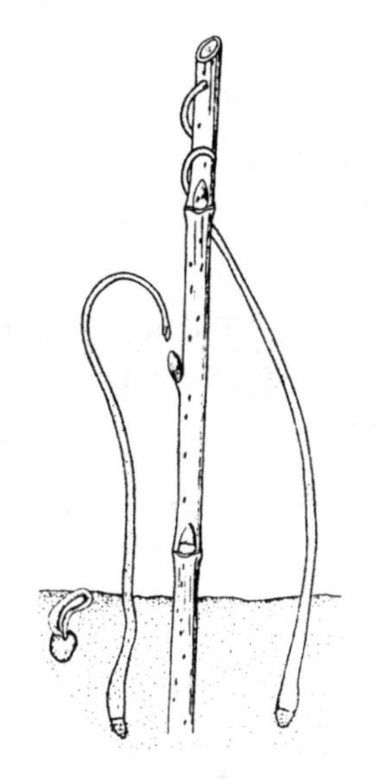
图 122a　日本菟丝子幼苗

【成株特征】 一年生寄生草本，茎缠绕，较粗壮，黄色，常带紫红色瘤状斑点，多分枝，无叶。花序穗状，基部常多分枝，苞片及小苞片鳞片状，卵圆形，先端尖；花萼碗状，裂片5，卵圆形，等大或不等大，常有紫红色瘤状突起，花冠钟状，绿白色或白色，先端5浅裂，裂片卵状三角形，雄蕊5，几乎无花丝，鳞片5，长圆形，边缘流苏状，子房2室，花柱长，合生为一，柱头2裂。蒴果卵圆形，近基部盖裂。种子一侧边缘下延成鼻状，光滑，褐色（图122b）。

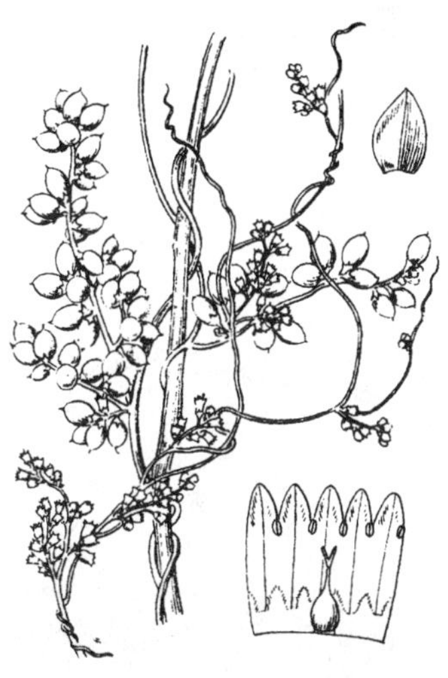
图 122b　日本菟丝子成株

【识别提示】 ①蔓较粗壮，淡黄色，具紫红色斑点，蔓顶端有小鳞片。②寄生于植物，无叶。③花柱1个，柱头2裂，果熟时花冠全部包住蒴果。

【本草概述】 一年生寄生杂草，分布于我国南北各省区。寄生于多种树木和杂草上。对幼龄果树如苹果、葡萄危害较重，一些幼龄林木也可受害。

【防除指南】 果园和林园要早期、彻底地清除杂草和树下幼枝，注意早期发现，及时除掉。敏感除草剂有鲁保一号、毒草胺、甲草胺、异丙甲草胺、乙草胺等。

（三十八）紫草科杂草

乔木、灌木或草本。单叶互生，有时茎下部的对生，多数有粗糙毛；无托叶。花两性，辐射对称，通常顶生、2歧分枝、蝎尾状聚伞花序，有时穗状花序、伞房花序或圆锥花序，很少单生；花萼近全缘或5齿裂，很少6～8裂；花冠管状，4～8裂，通常5裂，裂片在花蕾中覆瓦状排列；雄蕊与花冠裂片同数而互生；子房上位，不分裂或深4裂，2室，每室有胚珠2颗，或4室而每室有胚珠；花柱顶生或生于子房裂瓣之间；柱头头状或2裂。果实为小核果或分裂成2～4个小坚果。

123. 鹤　　虱
Lappula echinata Gilib.

【别　　名】 东北鹤虱、赖毛子、欧洲拉菩拉、粘巴沾。

【幼苗特征】 种子出土萌发。子叶阔卵形,长9毫米,宽6毫米,先端钝,具小突尖,全缘,有短睫毛,叶基近圆形,腹面密生白色短茸毛,具短柄。下胚轴较发达,上胚轴不发育。初生叶2片,对生,单叶,阔椭圆形,先端钝状,全缘,有长睫毛,叶基阔楔形,有1条明显中脉,腹面密生长柔毛,具短柄。后生叶长椭圆形,其他与初生叶相似。幼苗除下胚轴外,均密被白色长柔毛(图123a)。

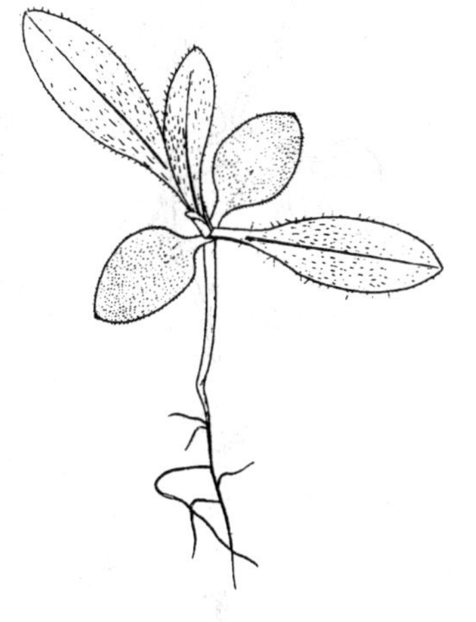

图123a　鹤虱幼苗

【成株特征】 一年生或越年生草本,株高30~50厘米,全体密生灰色硬毛,茎直立,上部分枝,基生叶簇生,有长柄,叶片长卵形或长卵状披针形,茎生叶互生,基生叶簇生,有长柄,叶片长卵形或长卵状披针形;茎生叶互生,无柄,叶片长线状披针形,往往褶合,常外卷呈镰刀状,总状单歧聚伞花序,多顶生,花萼钟状,5裂;花冠淡蓝色,裂片5,雄蕊5,子房4裂。小坚果4,全体呈卵状圆锥形,分离的小坚果为卵状三棱形,表面密布瘤状突起,边缘有2列钩刺,形似虱,背面中央有刺或无(图123b)。

【识别提示】 ①子叶阔卵形,先端具小突尖。②全株密生灰白色硬毛,茎生叶长线状披针形,多褶合,常外卷呈镰刀状。③小坚果表面密布瘤状突起,边缘有2列钩刺,形似虱。

【本草概述】 生于沙地、路旁、草地。分布于甘肃、陕西、河南、华北、东北、内蒙古等省区,是田边、路旁常见杂草,有时大量进入农田,对大豆、小麦、马铃薯危害较重,部分果园、林园也可受害。

【防除指南】 合理轮作,彻底清理田旁隙地。药剂防除可用2,4-D、2甲4氯等。

图123b　鹤虱成株

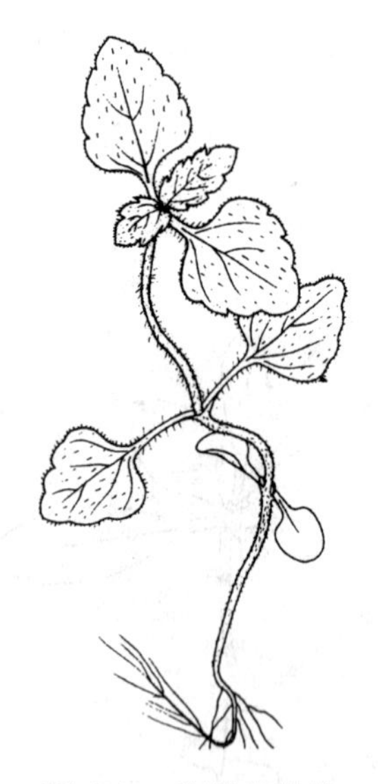
图 124a　附地菜幼苗

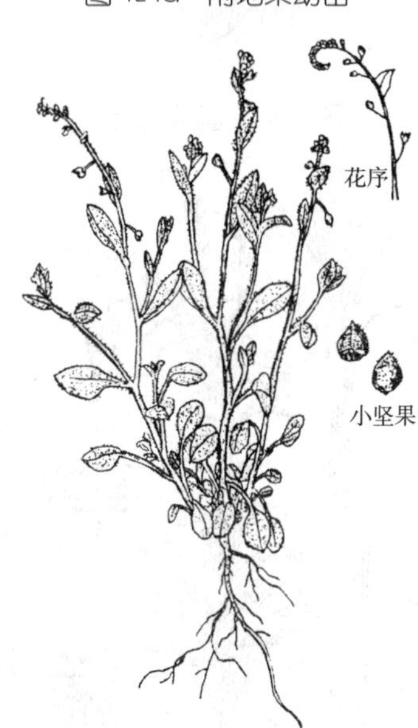

图 124b　附地菜成株

124. 附 地 菜

Trigonotis peduncularis （Trev.）Benth.

【别　　名】 鸡肠草、地铺粒草、地胡椒。

【幼苗特征】 种子出土萌发。子叶矩圆形，长 4.5 毫米，宽 4.5 毫米，先端微凹，全缘，叶基圆形，被毛，具短柄。下胚轴发达，上胚轴不发育，密被斜垂直细毛。初生叶 1 片，互生，单叶，卵圆形，先端钝尖，叶缘全缘，有睫毛，叶基近圆形，有 1 条明显中脉，具长柄，幼苗全株密被细毛（图 124a）。

【成株特征】 一年生或越年生草本，高10～40厘米。茎直立或斜伸，常分枝，有短糙伏毛。基生叶有长柄；叶片椭圆状卵形、椭圆形或匙形，两面有短糙伏毛。茎下部叶似基生叶，中部以上的叶有短柄或无柄。花序顶生，先端常呈尾卷伏，长达20厘米，基部有2～3个苞片，有短糙伏毛；花有细梗；花萼5深裂，裂片长圆形或披针形，先端尖；花冠淡蓝色。喉部黄色，5裂，喉部附属物5，花冠筒与花冠裂片等长，雄蕊5，内藏；子房4裂。小坚果4，三角状四面形，棱坚锐，黑色，有稀疏短毛或无毛（图124b）。

【识别提示】 ①子叶矩圆形，幼苗全株密被白色短细毛。②花序顶生，先端呈尾卷状，花冠淡蓝色，5 裂。③小坚果三角状四面体形，黑色，有光泽。

【本草概述】 生于耕地、田边、路旁、沟边、灌丛间、村落或房屋周围隙地。全国各地均有分布。是农田常见杂草，对大豆、玉米、高粱、谷子等危害较重，部分果园、幼龄林木也可受害。

【防除指南】 合理轮作，加强冬播作物播种地、果园或林园管理，及时中耕除草，并在杂草种子成熟前清除。药剂防除可用 2,4-D、2 甲 4 氯等。

125. 麦家公
Lithospermum arvense L.

【别　　名】 田紫草、大紫草。

【幼苗特征】 种子出土萌发。子叶阔卵形,长1厘米,宽7.5毫米,先端微凹,全缘,叶基圆形,有1条中脉,具叶柄。下胚轴特别发达,并密被硬毛,上胚轴极短。初生叶2片,对生,单叶,椭圆形,先端钝尖或微凹,全缘,叶基楔形,具长柄。后生叶与初生叶相似。幼苗根系发达,先端带紫色。幼苗全株密被硬毛(图125a)。

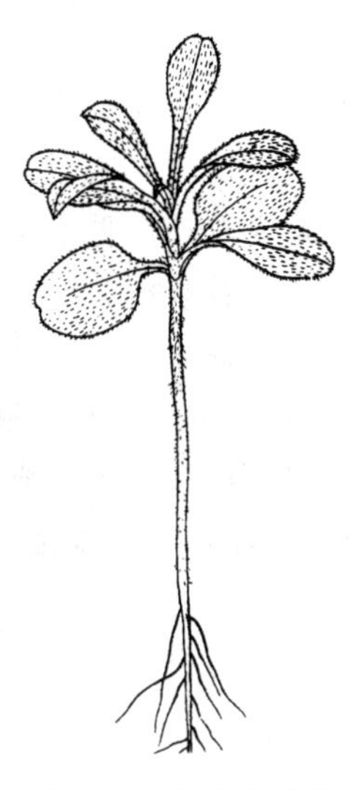

图125a　麦家公幼苗

【成株特征】 一年生或越年生草本,高20～35厘米。茎直立或斜伸,自基部或上部分枝,有糙伏毛。叶互生,无柄或近无柄;叶片倒披针形、条状倒披针形或条状披针形,全缘,两面均有短糙伏毛。花序长达10厘米,有密糙伏毛;苞片条状披针形,花生于苞腋或外侧,有短梗;花萼5深裂,裂片披针状条形,有毛;花冠白色,筒状,裂片5;雄蕊5,生于花冠筒中部,子房4裂,柱头近球形,先端不明显2裂。小坚果4,略成三棱状卵形,表面粗糙,密生瘤状突起(图125b)。

图125b　麦家公成株

【识别提示】 ①子叶阔卵形,幼苗全部真叶密被硬毛。②花冠白色,筒状,裂片5。③小坚果4,表面有瘤状突起。

【本草概述】 生于农田、荒地。分布于浙江、江苏、安徽、湖北、甘肃、陕西、河南、山东、山西、河北、辽宁等省,部分小麦受害较重。

【防除指南】 敏感除草剂有苯磺隆、溴苯腈、都阿混剂、麦草畏等。

（三十九）马鞭草科杂草

草本、灌木或乔木。叶对生，很少轮生或互生，单叶或复叶，无托叶。花两性，两侧对称，很少辐射对称，组成腋生或顶生穗状花序或聚伞花序，再由聚伞花序组成圆锥状，头状或伞房状花萼宿存、杯状、钟状或管状，4～5裂，少有2～3齿或6～8齿或无齿；花冠合瓣，通常4～5裂，很少多裂，裂片覆瓦状排列；雄蕊4，少有2或5～6，着生花冠筒上部或基部；花盘小而不显著；子房上位，通常由2心皮组成4室，少有2～10室，全缘或4裂，每室有1～2胚珠，花柱顶生，柱头2裂或不裂。果实为核果或蒴果。

126. 马鞭草

Verbena officinalis L.

【别　　名】　兔子草、蛤蟆棵、铁马鞭、风颈草。

【幼苗特征】　种子出土萌发。子叶卵状披针形，长4毫米，宽2毫米，先端钝尖，全缘，叶基阔楔形，无毛，具长柄。下胚轴明显，上胚轴不发达。初生叶2片，对生，单叶，椭圆形，先端钝尖，叶缘粗锯齿状，并有睫毛，叶基近圆形，有1条中脉，腹面被短柔毛，具长柄。后生叶卵形或椭圆形，其他与初生叶相似（图126a）。

图 126a　马鞭草幼苗

【成株特征】　多年生草本，高 30～80 厘米。茎直立或倾斜，具开展分枝，四棱形。叶对生，有柄或无柄；叶片卵圆形至长圆形，基生叶边缘通常有粗锯齿和缺刻，茎生叶多数 3 深裂或羽状深裂，裂片边缘有不整齐锯齿，两面均有粗毛。穗状花序顶生或腋生，果熟时可伸长至 30 厘米，每朵花有 1 苞片，苞片与花萼近等长，花冠筒状，5 裂，淡紫色或蓝色；苞片和萼片都有粗毛；子房 4 室。蒴果成熟时分裂为 4 个小坚果。小坚果长圆形，有棱（图 126b）。

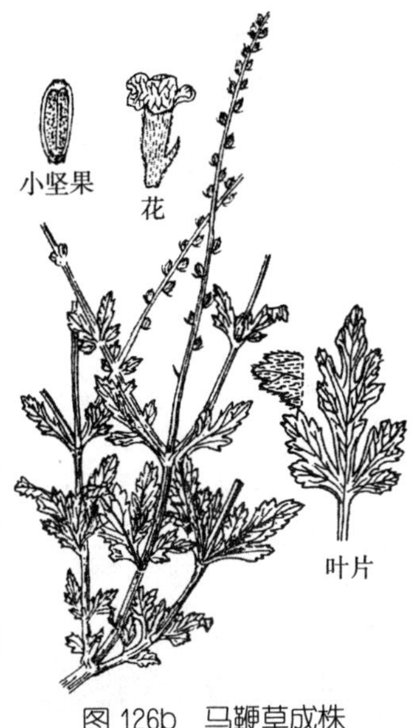

图 126b　马鞭草成株

【识别提示】　①子叶卵状披针形，初生叶2片，对生，叶缘粗锯齿状，并有睫毛。②穗状花序顶生或生于上部叶腋，开花时通常似马鞭，每朵花有1苞片。③蒴果包在萼内，成熟后分裂为4个长圆形小坚果。

【本草概述】　生于溪边、路旁或荒地。几乎遍及全国。是果园、农田常见杂草，但数量不多。也是棉铃虫、朱砂虫螨的寄主。

【防除指南】　加强果园、农田管理，早期清理田旁隙地，适时中耕除草。敏感除草剂有草甘膦等。

（四十）唇形科杂草

草本或灌木，稀为乔木和藤本，常含芳香油。茎和枝条多数四棱形。叶对生，很少轮生，单叶或复叶；无托叶。花两性，两侧对称，二唇形；萼宿存，常5裂，有时唇形；花冠合瓣，顶端5或4裂，通常上唇2裂或无，下唇3裂，花冠筒内常有毛环；雄蕊4，2长2短，或上面2枚不育，着生花冠管上，花药2室；雌蕊由2心皮组成，子房上位，2室，每室有2胚珠，花柱1，柱头2浅裂。果实常由4个小坚果组成。

127. 水 棘 针
Amethystea caerulea L.

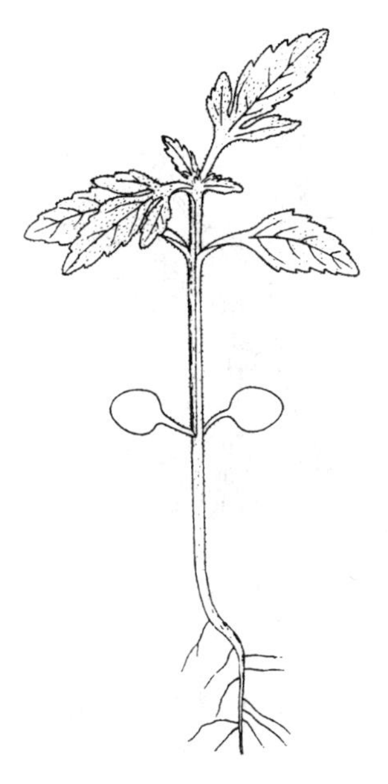
图 127a　水棘针幼苗

【别　　名】　蓝萼草、白草蒿、山苏子、土荆芥。

【幼苗特征】　种子出土萌发。子叶阔卵形，长5.5毫米，宽5毫米，先端钝圆，全缘，叶基圆形，无毛，具短柄。下胚轴非常发达，上胚轴很发达，近方形，被斜垂直短柔毛。初生叶2片，对生，单叶，卵形，先端锐尖，叶缘粗锯齿状，并有短睫毛，叶基阔楔形，羽状叶脉，具短柄。后生叶3全裂，其他与初生叶相似。幼苗稍带灰绿色(图127a)。

【成株特征】　一年生草本，高30～100厘米。茎直立，圆锥状分枝，被疏柔毛或微柔毛。叶对生，具长柄，柄上有狭翅，叶片轮廓三角形或近卵形，3深裂，稀5裂或不裂，裂片披针形，边缘有齿，两面无毛。小聚伞花序排列成疏松的圆锥花序；花萼钟状，10 脉，裂齿 5，披针形，近等长；花冠蓝色或紫蓝色，二唇形，下唇中裂片最大，前对 2 雄蕊能育，伸出，后对退化成假雄蕊；花盘环状，裂片等大。小坚果倒卵状三棱形，具网状皱纹，果脐大（图 127b)。

图 127b　水棘针成株

【识别提示】　①子叶阔卵形，初生叶叶基近圆形，叶缘有长锯齿。②叶通常 3 深裂，裂片披针形，两面近无毛。③小坚果倒卵状三棱形，表面密布网眼状纹，脐着生腹面，心脏形，凹陷，约占 4/5。

【本草概述】　生于耕地、田边、路旁、沟边、村落或房屋周围隙地。分布于东北、华北和陕西、甘肃、新疆、河南、湖北、安徽、四川、云南等省区，是农田常见杂草，混生在各种作物中，对薯类、瓜类、豆类、玉米、谷子等作物的危害较重。

【防除指南】　合理轮作换茬，加强田间管理，及时拔除田间杂草。敏感除草剂有 2,4-D、麦草畏、三氟羧草醚等。

128. 夏 枯 草
Prunella vulgaris L.

图 128a　夏枯草幼苗

【别　　名】　羊胡草、欧夏枯草、浪头草、棒柱头草。

【幼苗特征】　种子出土萌发。子叶肾形，长5～6毫米，宽7毫米，先端微凹，全缘，叶基近截形，两侧略呈戟形，具长柄。下胚轴与上胚轴均不发达，并带紫红色。初生叶2片，对生，单叶，阔卵形，先端钝尖，叶缘微波状，叶基近圆形，具长柄，叶片和叶柄均被短刺状毛。后生叶逐渐变为卵形，其他与初生叶相似（图128a）。

【成株特征】　多年生草本，具匍匐茎，高10～30厘米。茎直立，基部稍斜向上，略显四棱，被稀疏糙毛或近无毛。叶对生具柄，叶片卵状长圆形或卵形，全缘或有不明显波状齿。轮伞花序密集排列成顶生长2～4厘米假穗状花序；苞片心形，具聚尖头；花萼钟状，二唇形，上唇扁平，顶端几乎截平，有3个不明显的短齿，中齿宽大，下唇2裂，裂片披针形，果时花萼由于下唇2齿斜伸而闭合，花冠紫、蓝紫或红紫色，下唇中裂片宽大，边缘具小裂片；雄蕊4，2强，花丝2齿，1齿具药，子房4裂，柱头2裂。小坚果长圆状卵形，棕色（图128b）。

图 128b　夏枯草成株

【识别提示】　①子叶肾形，叶基略呈戟形。②花序圆筒状，花冠紫、蓝紫或红紫色，下唇中间裂片边缘有细条裂。

【本草概述】　生于荒坡、草地和溪边湿地。分布几乎遍及全国，是果园、苗圃中常见杂草，部分果园幼龄林木受害较重。也是棉蚜、棉蓟子、绿盲蝽的寄主。

【防除指南】　适时中耕除草。药剂防除可用2,4-D、2甲4氯等。

129. 益 母 草
Leonurus artemisia Sweet

【别　　名】 茺蔚、甜芝麻棵。

【幼苗特征】 种子出土萌发。子叶阔卵形，长2.5毫米，宽1.5毫米，先端微凹，全缘，叶基心形，具长柄。下胚轴明显，紫红色，上胚轴不发育。初生叶2片，对生，单叶，阔卵形，先端钝圆，叶缘有粗圆锯齿，并有短睫毛，叶基稍为心形，腹面密被白色短柔毛。背面密被长柔毛，具长柄。后生叶与初生叶相似。幼苗除下胚轴和子叶外，几乎密被茸毛(图129a)。

图 129a　益母草幼苗

【成株特征】 一年生或越年生草本，高30～120厘米，茎直立，多在中部以上分枝，钝四棱形，被短柔毛。叶对生，有柄，茎下部叶轮廓卵形，掌状3裂，其上再分裂，中部叶常三裂成长圆形裂片，花序上的叶呈条形或条状披针形，全缘或具稀少牙齿，裂片宽3毫米以上。轮伞花序具8～15花，小苞片刺状，花萼筒状钟形，萼齿5，前2齿较长，后3齿较短；花冠粉红至淡紫红色，花冠筒内有毛环，上唇圆形，下唇略短于上唇，3裂，中裂片倒心形。小坚果长圆状三棱形，褐色(图129b)。

【识别提示】 ①子叶阔卵形，初生叶阔卵形，叶缘具圆锯齿。②茎下部叶卵形，掌状3裂，中裂片有3小裂，两侧裂片有1或2小裂，花序上的叶线状披针形。③花冠淡红色或紫红色，上唇全缘，下唇3裂。

【本草概述】 生耕地、田边、路旁、沟边、荒地。分布于全国各地。是农田的常见杂草，对蔬菜、马铃薯、小麦、幼龄林木危害较重，也是朱砂叶螨、棉铃虫的寄主。

【防除指南】 加强田间管理，早期清理田旁隙地、渠堤等处。药剂防除可用2甲4氯、2,4-D等。

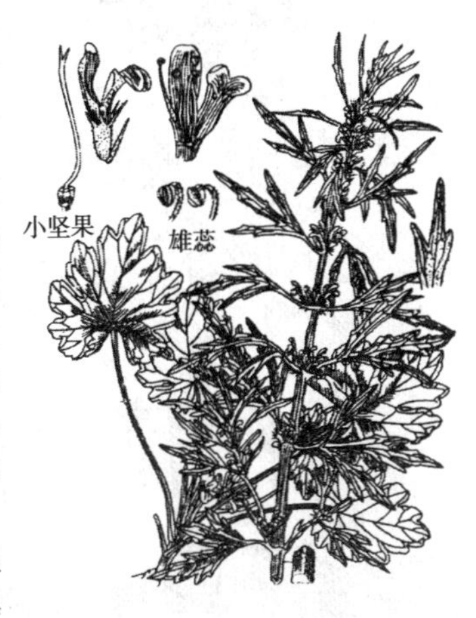

图 129b　益母草成株

130. 雪 见 草

Salvia plebeia R. Br.

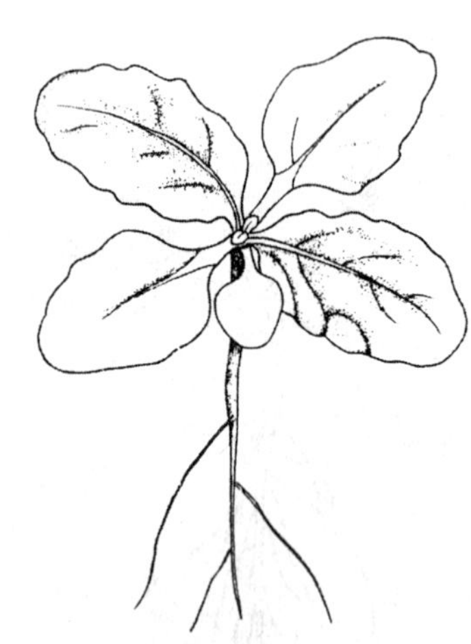

图 130a　雪见草幼苗

【别　　名】　荔枝草、蛤蟆草、野苏麻。

【幼苗特征】　种子出土萌发。子叶阔卵形，长 2 毫米，宽 2 毫米，先端钝圆，全缘，叶基圆形，具叶柄。下胚轴较发达，上胚轴不发育。初生叶 2 片，对生，单叶，阔卵形，先端钝圆，叶缘微波状，叶基楔形，有 1 条明显中脉，具叶柄。后生叶椭圆形，叶缘波状，表面微皱，有明显羽状叶脉。幼苗全株光滑无毛（图 130a）。

【成株特征】　一年生或越年生草本，高 15～90 厘米，茎直立，有分枝，四棱形，有短毛。叶对生，具柄；叶片椭圆状卵形或披针形，边缘有圆锯齿，两面均有毛，常皱缩不平。轮伞花序有 2～6 花，组成顶生假总状或圆锥花序，苞片披针形，细小；花萼钟状，外被长柔毛，分 2 唇，上唇有 3 条较粗的脉，顶端有 3 个不明显的齿，下唇 2 齿，三角形；花冠淡红色至深蓝色，稀白色，筒内有毛环，上唇长圆形，顶端有凹口，下唇 3 裂，中裂片最大，倒心形。小坚果卵圆形，黄褐色或黑褐色（图 130b）。

图 130b　雪见草成株

【识别提示】　①子叶阔卵形，先端钝圆。②叶椭圆状卵形或披针形，表面皱褶，两面有毛。③花冠淡红色至深蓝色，上唇长圆形，顶端有凹口，下唇 3 裂，中裂片最大，倒心形。

【本草概述】　生于荒地、河边、路旁、田埂。除新疆、甘肃、青海、西藏外，分布于全国各地，农田中数量不多，危害不重。

【防除指南】　细致田间管理，及时中耕除草，早期清理田埂、路旁。敏感除草剂有乙氧氟草醚、草甘膦、麦草畏等。

131. 野薄荷

Mentha haplocly x Briq.

【别　　名】　薄荷菜、仁丹草、通之草、土薄荷。

【幼苗特征】　种子出土萌发。子叶倒肾形，长 3 毫米，宽 3.5 毫米，先端微凹，全缘，叶基圆形，具长柄。下胚轴上胚轴发达，并具斜垂直短柔毛。初生叶 2 片，对生，单叶，阔卵形，先端钝尖，全缘，但两侧内凹，叶基阔楔形，有 1 条中脉，具长柄。第一对后生叶叶缘微波状或具微弱粗锯齿，第二对后生叶叶缘成明显粗锯齿状。捏碎幼苗，可闻到薄荷味（图 131a）。

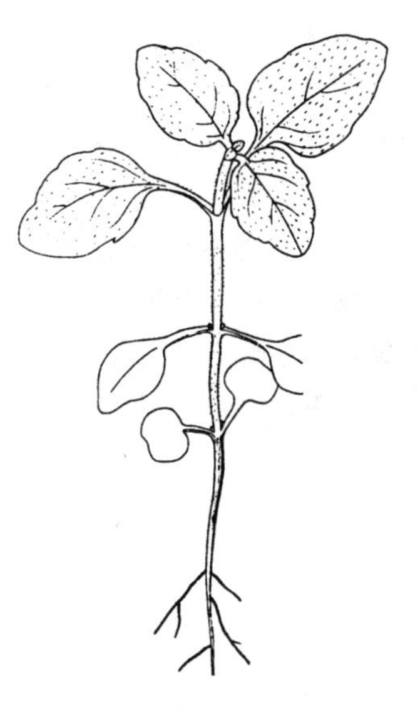
图 131a　野薄荷幼苗

【成株特征】　多年生草本，高30～60厘米。匍匐根茎较粗壮，节处生根。地上茎直立或略倾斜，有分枝，四棱形，有毛，叶对生，具柄或近于无柄；叶片长圆状披针形至披针状椭圆形，边缘具疏齿，两面均有毛。轮伞花序腋生，球形，具梗或无梗；花萼筒状钟形，萼齿5，10脉，狭三角状钻形；花冠淡紫色，淡红色或白色，裂片4，上裂片较大，先端2裂，其余3裂片近等大；雄蕊4，前对较长，均伸出。小坚果卵球形，黄灰色或栗褐色(图131b)。

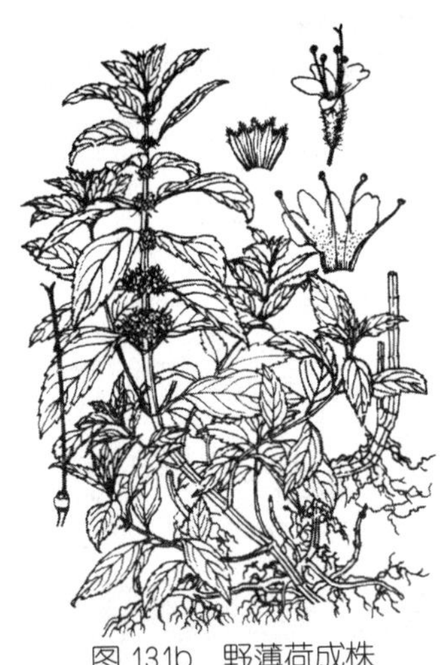
图 131b　野薄荷成株

【识别提示】　①子叶倒肾形，上胚轴具斜垂直短柔毛，初生叶具 1 条中脉，揉碎幼苗，有薄荷香味。②轮伞花序腋生，花冠淡紫色、淡红色或白色，裂片 4。

【本草概述】　生于水田边、沟旁处。分布于全国各地。是稻田、果园、林园的常见杂草，部分水稻、大豆、小麦、玉米受害较重。也是大螟、小地老虎的寄主。

【防除指南】　加强新耕地、果园、林园管理，及时中耕除草。敏感除草剂有 2，4-D、2 甲 4 氯、麦草畏、乙氧氟草醚等。

（四十一）茄科杂草

草本、灌木或小乔木，有时为藤本。叶通常互生，单叶或复叶，全缘，齿裂或羽状分裂；无托叶。花两性，辐射对称，稀两侧对称，顶生、腋生或腋外生聚伞花序或丛生花序，有时单生或簇生，无苞片；花萼合生，常 5 裂或截头状，结果时常扩大而宿存；花冠钟状、漏斗状或辐射状，未开放时褶叠状或镊合状排列，常 5 裂；雄蕊 5，很少 4～6，着生花冠管上，花药常靠合或分离；子房上位，2 室或不完全 3～5 室，胚珠多数。果实为浆果或蒴果，盖裂或瓣裂；种子多数，盘状或肾形，扁平。

132. 龙　　葵

Solanum nigrum L.

【别　　名】 端木棵、黑甜甜、黑星星、野海椒、七粒扣。

【幼苗特征】 种子出土萌发。子叶呈阔卵形，长9毫米，宽5毫米，先端钝尖，全缘，缘生混杂毛，叶基圆形，具长柄。下胚轴很发达，密被混杂毛，上胚轴极短。初生叶1片，互生，单叶，阔卵形，先端钝状，全缘，缘生混杂毛，叶基圆形，有明显羽状脉和密生短柔毛。后生叶与初生叶相似（图 132a）。

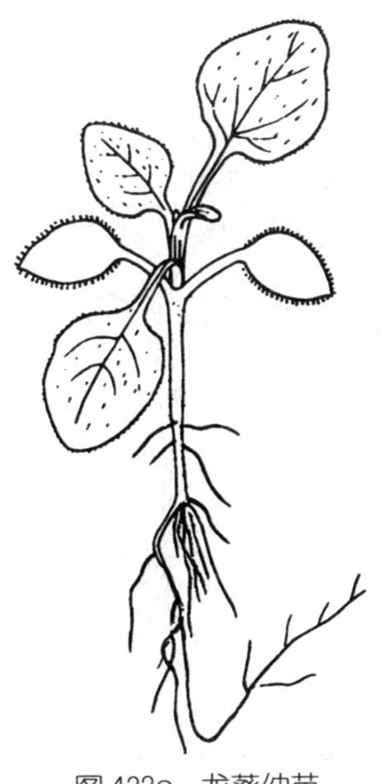
图 132a　龙葵幼苗

【成株特征】 一年生草本，高30～100厘米。茎直立，多分枝，无毛。叶互生，具长柄；叶片卵形，全缘或有不规则波状粗齿，两面光滑或有疏短柔毛。伞形，聚伞花序短蝎尾状，腋外生，有4～10朵花，花梗下垂；花萼杯状，裂片5；花冠白色，辐状，5裂，裂片卵状三角形，雄蕊5，生于花冠管口；子房卵形。浆果球形，成熟时黑色。种子近卵形，压扁状(图132b)。

【识别提示】 初生叶阔卵形，叶缘生混杂毛。花序短蝎尾状或近伞状，有花 4～10 朵，花冠白色 5 裂。浆果球形，成熟时黑色。

【本草概述】 生于耕地、田边、路旁及沟边荒地。全国各地均有分布，是农田常见杂草，对棉花、高粱、谷子、豆类、薯类、瓜类、蔬菜等作物均有危害。也是绿盲蝽、二十八星瓢虫的寄主。

【防除指南】 合理轮作，施用腐熟农家肥料，清选种子。敏感除草剂有 2,4 - D, 2 甲 2 氯、麦草畏、甲草胺、异丙甲草胺、敌草隆、伏草隆、灭草畏、三氟羧草醚、乳氟禾草灵、莠去津、西玛津、扑灭津、乙草胺、灭草松、恶草酮、草甘膦、溴苯腈、都阿混剂、噻吩磺隆等。

图 132b　龙葵成株

133. 苦　　蘵

Physalis pubescens L. (Mast.) Makine

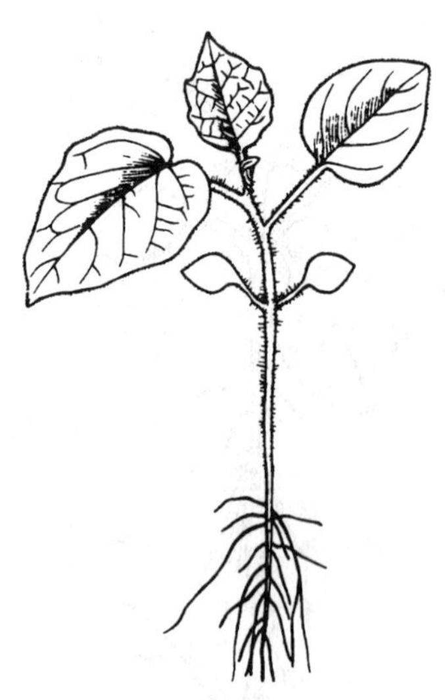
图 133a　苦蘵幼苗

【别　　名】 灯龙探、灯龙草、毛酸浆、天泡草。

【幼苗特征】 种子出土萌发。子叶阔卵形，长 6 毫米，宽 5 毫米，先端急尖，全缘，具睫毛，叶基圆形，具长柄。下胚轴非常发达，上胚轴较发达，均被横出直生柔毛及少数乳头状腺毛。初生叶 1 片，互生，单叶，阔卵形，先端急尖，全缘，具睫毛，叶基圆形，有明显羽状脉，具长柄（图 133a）。

【成株特征】 一年生草本，高30～60厘米，全体密生短柔毛。茎铺散状分枝，斜横扩张。叶互生，具长柄；叶片卵形或卵状心形，顶端渐尖，基部偏斜，边缘有不等大的齿。花单生于叶腋，花梗弯垂；花萼钟状，先端5裂，外面密生柔毛；花冠钟状，淡黄色，5浅裂，裂片基部有紫色斑纹，具缘毛；雄蕊5，着生花冠基部，花药黄色，子房2室，浆果球形。种子宽倒卵形，表面橘红色或灰黄色，有网状纹(图133b)。

图 133b　苦蘵成株

【识别提示】 ①有上胚轴，初生叶阔卵形，叶缘具缘毛，全体密生柔毛。②花冠钟状，淡黄色，5 浅裂。③浆果被膨大的宿萼所包围，宿萼淡绿色。

【本草概述】 生于山坡林下或田边路旁。分布于长江以南各省区，是果园、苗圃的常见杂草。

【防除指南】 适时中耕除草，早期拔除田埂、路旁杂草。敏感除草剂有 2,4 - D、2 甲 4 氯、麦草畏、伏草隆、地乐酚、乳氟禾草灵、莠去津、扑灭津、草甘膦、溴苯腈、甲羧除草醚、利谷隆、三氟羧草醚等。

134. 酸　浆
Phsalis alkekengi L.

【别　名】　灯笼草、红姑娘、锦灯笼、挂金灯。

【幼苗特征】　种子出土萌发。子叶卵形，长1.2厘米，宽0.6厘米，先端急尖，全缘，叶基近圆形，有明显叶脉，具叶柄。下胚轴发达，紫红色，上胚轴极短，亦紫红色。初生叶1片，互生，单叶，阔卵形，先端急尖，全缘，叶基圆形，有明显羽状脉，具叶柄。后生叶与初生叶基本相似，区别在于叶缘开始呈微波状。幼苗全株光滑无毛(图134a)。

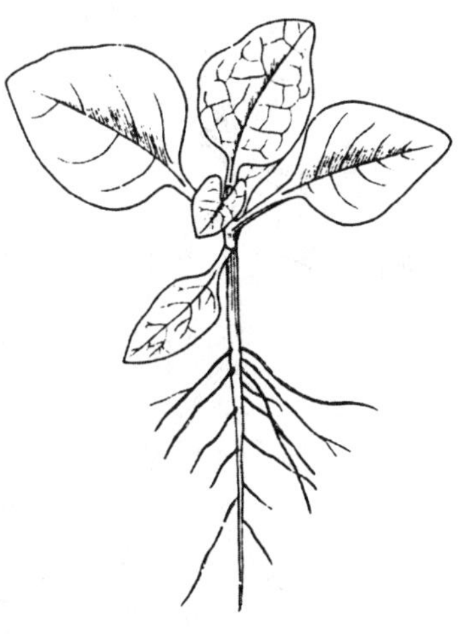

图 134a　酸浆幼苗

【成株特征】　多年生草本，高40～60厘米。根状茎横走，白色。茎直立，节稍膨大，单一或疏具分枝。茎下部叶互生，上部叶假对生；叶片长卵形、宽卵形或菱状卵形，先端尖，基部圆形或广楔形，边缘具粗齿和缘毛。花单生于叶腋，具细长梗；花萼钟状，5 浅裂，裂片先端尖，具短缘毛，花冠辐状，白色，5 裂，雄蕊 5；子房圆形。浆果球形，熟时橙红色，有膨大宿存萼片包围。宿萼卵形，较浆果大，基部稍内凹，橙红色，种子表面黄白色，有网纹状（图 134b）。

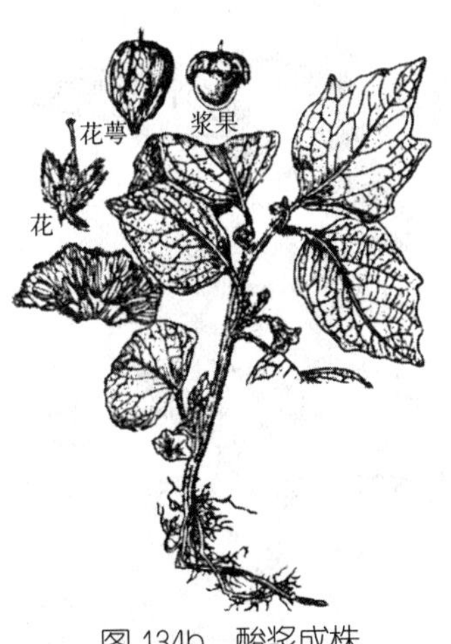

图 134b　酸浆成株

【识别提示】　①子叶卵形，幼苗全株光滑无毛。②花冠辐状，白色，5 裂。③浆果被膨大宿萼包围，宿萼橙红色。

【本草概述】　生于农田或荒地。全国各地均有分布，是农田常见杂草，主要危害大豆、马铃薯、甜菜、谷子等作物。

【防除指南】　合理轮作，施用充分腐熟农家肥料，加强田间管理，适时中耕除草。

135. 白　英

Solanum lyuratum Thumb.

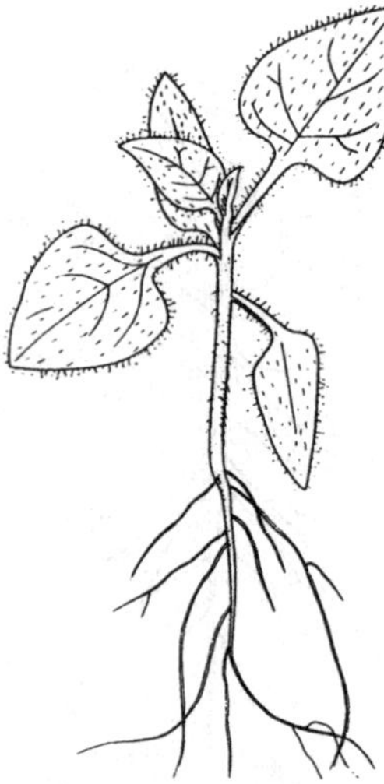

图 135a　白英幼苗

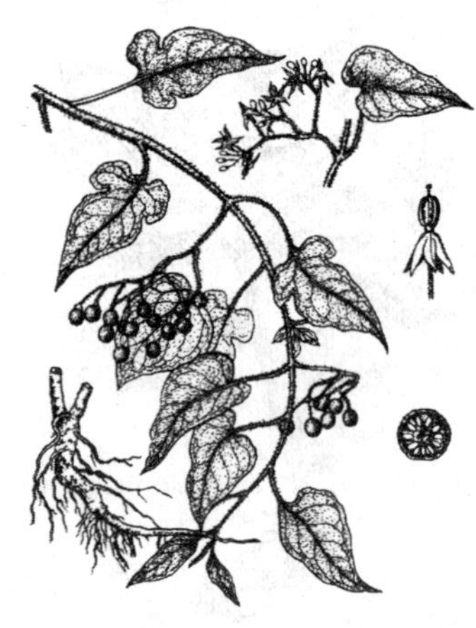

图 135b　白英成株

【别　　名】 蔓茄、山甜菜、水凤藤、苦茄、白毛藤。

【幼苗特征】 种子出土萌发。子叶卵状披针形，长 1.1 厘米，宽 5 毫米，先端渐尖，全缘，缘生混杂毛，叶基圆形，叶面密被柔毛，具长柄。下胚轴发达，被长柔毛，上胚轴不发达。初生叶 1 片，互生，单叶，阔卵形，先端急尖，全缘，叶缘生混杂毛，叶基近圆形，具长柄。后生叶与初生叶相似。幼苗全株密生混杂毛（图 135a）。

【成株特征】 多年生草质藤本，长 0.5～2.5 米。茎及小枝密生具节长柔毛。叶互生，具柄，叶片多为琴形，顶端渐尖，基部常 3～5 深裂或少数全缘，裂片全缘，侧裂片顶端圆钝或短尖，中裂片较大，卵形，两面均有长柔毛。聚伞花序，顶生或腋外生，疏花，花序梗长约 2 厘米，花萼杯状，萼齿 5；花冠蓝紫色或白色，5 深裂，裂片披针形；有柔毛；雄蕊 5，子房卵形，浆果球形，成熟时红色（图 135b）。

【识别提示】 ①子叶卵状披针形，幼苗全株密被乳头状腺毛。②草质藤本，茎、叶有多节长柔毛，叶戟形或琴形，多数 3～5 深裂，少数全缘。③聚伞花序，花冠蓝色或白色，浆果球形，熟后红色。

【本草概述】 生于山坡或路旁。分布于甘肃、陕西、山东及长江以南各省区。是果园、苗圃常见杂草。

【防除指南】 加强果园、苗圃管理，适时中耕除草。

136. 曼陀罗
Datura stramonium L.

【别　　名】 醉心花、野麻子、大麻子、狗核桃。

【幼苗特征】 种子出土萌发。子叶披针形，长3厘米，宽0.8厘米，先端急尖，全缘，具短睫毛，叶基阔楔形，有1条明显中脉，无毛，具叶柄。下胚轴非常发达，上胚轴发达，有柔毛。初生叶1片，互生，单叶，阔卵形，先端急尖，全缘，具短睫毛，叶基圆形，有明显羽状脉，具叶柄。后生叶与初生叶相似（图 136a）。

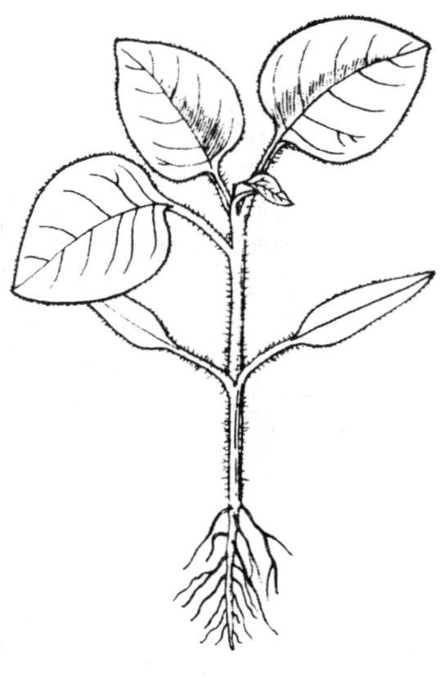

图 136a　曼陀罗幼苗

【成株特征】 一年生草本，高50～150厘米。茎直立，粗壮，圆柱形，光滑无毛或幼时具疏毛，上部多呈二叉状分枝。叶互生，具长柄；叶片宽卵形，顶端渐尖，基部不对称楔形，边缘有不规则波状浅裂或疏齿，裂片三角形，脉上有疏短柔毛。花单生于叶腋或枝的分叉处，直立，花萼筒状，5齿裂，花冠漏斗状，下部淡绿色，上部白色或紫色，雄蕊5，子房卵形，不完全4室(图136b)。

【识别提示】 ①初生叶卵状披针形，有明显羽状脉。②花冠漏斗状，白色。③蒴果直立，卵状，成熟后从顶端 4 瓣裂，表面有坚硬不等长的刺。

【本草概述】 生于农田或荒地。全国各地均有分布。是旱地常见杂草，主要危害棉花、豆类、薯类、蔬菜等作物。也是豆芫菁、棉铃虫的寄主。

【防除指南】 合理轮作，及时中耕除草。敏感除草剂有 2,4 - D、麦草畏、伏草隆、乳氟禾草灵、莠去津、氰草津、乙草胺、灭草松、异恶草松、溴苯腈、都阿混剂等。

图 136b　曼陀罗成株

137. 枸　　杞

Lycium chinense Mill.

图 137a　枸杞幼苗

图 137b　枸杞成株

【别　　名】　狗奶子、狗奶果、枸杞头。

【幼苗特征】　种子出土萌发。子叶线形或披针形，初长约 15 毫米，随苗增大，连柄长 35 毫米，宽 5.5 毫米，先端钝，基部渐狭，延至柄呈翅状，全缘。上、下胚轴均发达。初生叶 1 片，互生，单叶，卵形或菱状卵形，先端钝圆或尖，基部楔尖，延至叶柄呈翅状，全缘或波状有疏齿，几乎无毛（图 137a）。

【成株特征】　有刺灌木，高50～150厘米。茎直立，细弱，常弯曲下垂。叶互生或簇生于短枝上，有柄；叶片卵状披针形或狭卵形，先端钝圆或尖，基部渐狭，全缘，两面均无毛。花单生或 2～4 朵簇生叶腋，有花梗；花萼钟状，3～5 裂；花冠淡紫色，漏斗状，裂片 5，有缘毛；雄蕊 5，着生于花冠筒部，花丝基部密生绒毛，浆果卵状或长椭圆状卵形，成熟时红色种子肾形，黄白色（图 137b）。

【识别提示】　①子叶线状披针形，初生叶菱状卵形，基部延至柄呈翅状。②落叶小灌木，叶互生或簇生于短枝上。③花冠漏斗状，裂片5，淡紫色，浆果成熟时红色。

【本草概述】　生于荒地、路旁、村落或房屋附近。分布于全国各地，以北方较普遍，是农田、果园、苗圃较为常见的杂草，也是二十八星瓢虫的寄主。

【防除指南】　细致田间管理，及时连根铲除。

(四十二)玄参科杂草

草本或灌木,少数为高大乔木。叶对生,较少互生或轮生,无托叶。花两性,通常两侧对称,排成各式花序;花萼通常4～5裂,很少6～8裂;花冠合瓣,通常2唇形,上唇2裂或有鼻状、钩状延长成兜状,下唇3裂,稍平坦或呈囊状,较少辐射对称,裂片4～5;雄蕊通常4,多数2长2短,少数2或5枚,其中1～2枚退化,着生于花冠筒上,花药1～2室,子房上位,无柄,基部常有花盘,2室;花柱1,柱头2裂或头状,胚珠每室多数,少数仅2枚。蒴果室间开裂或室背开裂,或顶端孔裂,极少数为不开裂浆果;种子少至多数,有肉质胚乳,胚平直或稍弯曲。

138. 通泉草

Mazus japonicus (Thunb.) Kuntz.

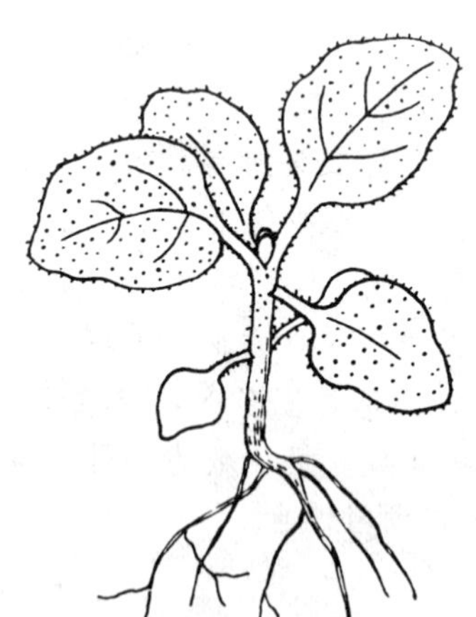

图 138a　通泉草幼苗

【别　　名】　猫脚迹、脚脚丫。

【幼苗特征】　种子出土萌发。子叶阔卵状三角形，长3毫米，宽2.5毫米，先端渐尖，全缘，叶基圆形，具短柄。上、下胚轴明显。初生叶2片，对生，单叶，阔卵形，先端钝尖，叶缘微波状，叶基圆形，具叶柄。后生叶与初生叶相似。幼苗全株除下胚轴外，密生微小腺毛，并泌出水珠状液（图138a）。

【成株特征】　一年生草本，高5～30厘米。茎自基部分枝，直立或倾斜，不具匍匐茎。叶对生或互生，倒卵形至匙形，基部楔形，下延成带翅叶柄，边缘具不规则粗齿。总状花序顶生，带叶白茎段长，有时茎仅生1～2片叶即生花；花萼钟状，裂片5，与萼筒近等长；花冠淡紫色或白色，上唇直立，2裂，下唇3裂，中裂片倒卵圆形，平头。蒴果球形，无毛，稍露出萼外；种子斜卵形或肾形，淡黄色（图138b）。

图 138b　通泉草成株

【识别提示】　①子叶阔卵状三角形，初生叶阔卵形，叶缘微波状。②总状花序顶生，约占茎的大部或近全部；花萼裂片与筒部几相等，花冠淡紫色或白色。③蒴果无毛，稍露出萼外。

【本草概述】　生于较湿润的农田、荒地、路旁。几乎遍及全国，是旱地、水田边常见杂草。主要危害小麦、油菜、棉花、豆类、蔬菜等作物。

【防除指南】　敏感除草剂有恶草酮、苄嘧磺隆、嗪草酮、苯磺隆等。

139. 匍茎通泉草

Mazus miquelii Makino

【别　　名】　米格通泉草。

【幼苗特征】　种子出土萌发。子叶阔卵形，长2.5毫米，宽2毫米，先端急尖，全缘，叶基圆形，具长柄。下胚轴很短，上胚轴较明显，淡红色，光滑无毛。初生叶2片，对生，单叶，卵圆形，先端急尖，全缘，叶基圆形，有1条明显中脉，具长柄。后生叶为阔椭圆形或卵形，先端钝尖，叶缘具粗锯齿，叶基阔楔形，亦具长柄。幼苗茎常带红色，被短柔毛(图139a)。

图 139a　匍茎通泉草幼苗

【成株特征】　多年生草本，高5～20厘米，全体无毛或稍有软毛，茎有直立茎和匍匐茎，直立茎上伸，匍匐茎花期抽出，着土时在节上易生根。基生叶匙形，有长柄，具粗齿或浅羽裂；直立茎上的叶多互生，匍匐茎上的叶多对生，具短柄，匙形或近圆形，具粗齿，有时叶面中部脉上有紫色斑。总状花序顶生，花萼钟状漏斗形，花冠裂片短于筒部，花冠紫色或白色而有紫斑，上唇短直，2裂，下唇3裂片突出，倒卵圆形。蒴果圆球形，无毛，微露出萼筒的外部(图139b)。

【识别提示】　①初生叶卵圆形，先端急尖。②有匍匐茎，着土时在节上易生根。③花萼裂片短于筒部，花冠紫色或白色，蒴果无毛，稍露出萼筒外部。

【本草概述】　生于湿润的路旁、荒地及疏林中。分布于江苏、浙江、安徽、江西、湖南、台湾等省，是菜园、果圃、苗圃的常见杂草。

【防除指南】　合理轮作换茬，精细田间管理，适时中耕除草。敏感除草剂有苯磺隆、麦莠灵、莠草净等。

图 139b　匍茎通泉草成株

140. 弹刀子菜

Mazus stachydifolius (Turcz.) Maxim.

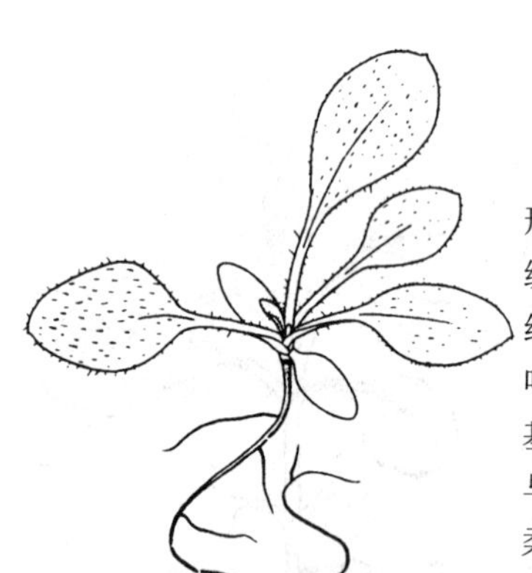

图 140a 弹刀子菜幼苗

图 140b 弹刀子菜成株

【别　　名】 水苏叶通泉草。

【幼苗特征】 种子出土萌发。子叶阔卵形，长2.5毫米，宽2.5毫米，先端钝尖，全缘，叶基阔楔形，具短柄。下胚轴不明显，紫红色，上胚轴不发育。初生叶1片，互生，单叶，阔卵圆形，先端钝尖，全缘，具睫毛，叶基阔楔形，有1条明显中脉，具长柄。后生叶与初生叶相似。幼苗除下胚轴和子叶外，密被柔毛（图140a）。

【成株特征】 多年生草本，高10～50厘米，全体被多细胞白色长柔毛。有很短根状茎。茎直立，有时基部分枝，叶互生，基部叶近对生，无柄，叶片长圆形，长圆状披针形或倒卵状长圆形，有不整齐锯齿或近全缘。总状花序顶生，常在茎中上部开始有花，有时近基部生花；花萼漏斗状，比花梗长，萼齿略长于筒部，披针状三角形，花冠紫色，上唇2裂，下唇3裂，中裂片宽而圆，有2条着生腺毛的皱褶直达喉部；雄蕊4，子房上部被长硬毛。蒴果圆球形，有短柔毛，包于萼筒内（图140b）。

【识别提示】 ①子叶阔卵形，无上胚轴，初生叶1片，互生。②全株被多细胞白色柔毛。③花萼裂片长于筒部，花冠紫色，蒴果有毛，包萼筒内。

【本草概述】 生于路旁、田野。分布于东北、华北、华东、四川等省区。是湿润农田、果园的常见杂草。

【防除指南】 加强农田、果园管理，适时中耕除草。可用苯磺隆、麦莠灵等药剂防除。

141. 母　　草

Lindernia crustacea (L)F. Muell.

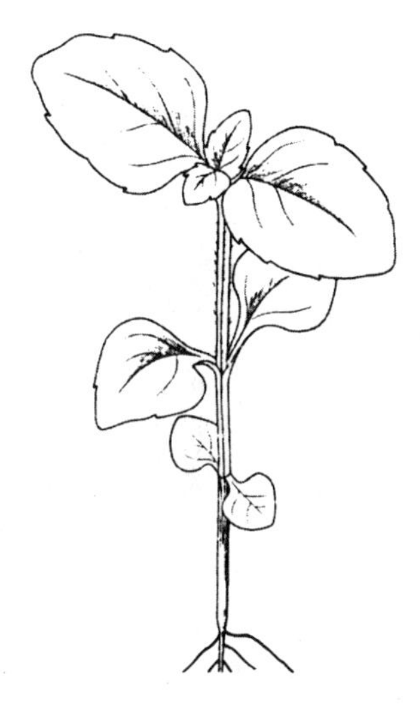
图 141a　母草幼苗

【别　　名】　四方草、四方拳草。

【幼苗特征】　种子出土萌发。子叶阔卵状三角形，长2.5毫米，宽3毫米，先端钝尖，全缘，叶基近圆形，有明显羽状叶脉，具短柄。下胚轴发达，上胚轴较发达，呈四棱形。初生叶2片，对生，单叶，三角状阔卵形，先端钝尖，全缘，两边各有1个小尖齿，叶基近圆形，有明显叶脉，具短柄。后生叶卵形，先端钝尖，叶缘有疏浅锯齿，叶基近圆形，具短柄，幼苗全株光滑无毛（图141a）。

【成株特征】　一年生草本，高 8～20 厘米，无毛或疏被短毛。茎多分枝，披散，四方形，着地生根，叶对生，具短柄；叶片卵形至卵状三角形，边缘有三角状锯齿。花单生叶腋，在茎顶端集成少花的总状花序；苞片和叶逐渐过渡；花萼坛状，膜质，有不明显 5 棱，裂片齿状，果期不规则深裂；花冠紫色，上唇直立，2 浅裂，下唇 3 裂；雄蕊 4 枚全育，前 2 枚花丝附属物丝状。蒴果椭圆形，与宿存萼近等长；种子有纵横排列整齐瘤突（图 141b）。

图 141b　母草成株

【识别提示】　①子叶阔卵状三角形，初生叶阔卵形，叶缘两侧各有 1 个小锯齿。②茎四方形，着地生根，叶片卵形或卵状三角形。③花萼坛状，5 浅裂，花冠紫色，蒴果长椭圆形，包于萼内，与萼近等长。

【本草概述】　生于阴湿的草地、田边、水沟旁。分布于我国南部各省区。是水稻田边、菜地、苗圃常见杂草。

【防除指南】　敏感除草剂有禾草丹、2,4-D、敌稗等。

142. 陌上菜

Lindernia procumbens (Krock) Tang.

图 142a 陌上菜幼苗

【幼苗特征】 种子出土萌发。子叶卵状披针形，长 2.5 毫米，宽 1 毫米，先端渐尖，全缘，叶基楔形，有 1 条明显中脉，具短柄。下胚轴上胚轴不发达。初生叶 2 片，对生，单叶，卵形，先端锐尖，全缘，有 1 条明显中脉，具叶柄。后生叶椭圆形，先端钝尖，叶缘微波状，有 3 条明显弧形脉，具叶柄。幼苗全株光滑无毛（图 142a）。

【成株特征】 一年生草本，高 5～20 厘米，全体光滑无毛。茎自基部分枝，直立或斜上。叶对生，无柄；叶片椭圆形至长圆形，全缘或有不明显钝齿，叶面稍有光泽。花单生叶腋，花梗纤细，长于叶，花萼 5 深裂，裂片条形，钝头，花冠淡红色或淡紫色，上唇微 2 裂，下唇 3 裂，中裂片稍大，为侧片所包；雄蕊4；柱头 2 裂，蒴果卵圆形或椭圆形，与 5 萼等长或略长；种子多数，有格纹（图 142b）。

图 142b 陌上菜成株

【识别提示】 ①子叶卵状披针形，初生叶 2 片，有 3 条较明显的脉纹。②叶对生，无柄，叶片椭圆形至长圆形，有3～5 条掌状主脉。③花冠淡红色或淡紫色，蒴果卵圆形，与萼等长或略长。

【本草概述】 生于水田、菜地、河岸湿地。分布于东北、华东、中南、西南以及陕西、河北等省区，是稻田常见杂草，部分水稻受害较重。

【防除指南】 敏感除草剂有丙草胺、赛克津、苄嘧磺隆、吡嘧磺隆、灭草松、异戊乙净等。

143. 北水苦荬

Veronica anagalis-aquatica L.

【别　　名】 仙桃草、水莴苣、珍草、疙瘩草。

【幼苗特征】 种子出土萌发。子叶阔卵形，长2毫米，宽1.5毫米，先端钝尖，全缘，叶基圆形，具短柄。下胚轴很短，上胚轴不发达。初生叶2片，对生，单叶，阔卵形，先端钝尖，近全缘，叶基圆形，有1条明显主脉，具长柄。后生叶椭圆形，叶缘微波状，叶基楔形，具叶柄。其他与初生叶相似。幼苗全株光滑无毛，全部叶片均密布斑点。根系非常发达(图143a)。

图 143a　北水苦荬幼苗

【成株特征】 多年生草本，高30～100厘米。茎直立或基部倾斜，根状茎斜走。叶对生，无柄，叶片长圆状卵形至长圆状披针形，基部半抱茎，全缘或有疏而小锯齿。总状花序腋生，比叶长，多花，花梗上伸，与花序轴成锐角，与苞片近等长；花萼4深裂，裂片卵状披针形，花冠淡蓝色，淡紫色或白色，筒部极短，先端4裂，裂片宽卵形；雄蕊2，外露，子房圆形。蒴果卵圆形，顶端微凹，花柱长约2毫米；种子细小多数、半透明状(图143b)。

【识别提示】 子叶阔卵形，初生叶2片，对生，阔卵形。茎肉质，中空，无毛，基部叶半抱茎。总状花序腋生，蒴果顶端有残存花柱。

【本草概述】 生水边湿地、低湿耕地。分布于江苏、河北、安徽、浙江、云南、广西等省、自治区。是稻田、低湿地旱地常见杂草，对大豆、蔬菜等危害较重。

【防除指南】 敏感除草剂有毒草胺、扑草净、氯氟吡氧乙酸、噻吩磺隆、绿麦隆、氰草津等。

图 143b　北水苦荬成株

144. 婆 婆 纳
Veronica didyma Tenore.

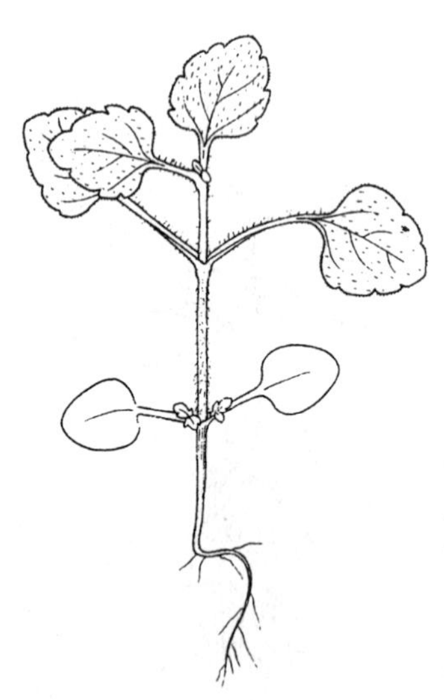

图 144a 婆婆纳幼苗

【幼苗特征】 种子出土萌发。子叶阔卵形，长 5.5 毫米，宽 5.5 毫米，先端钝圆，全缘，叶基圆形，无毛，具长柄。上、下胚轴发达，并密被斜垂弯生毛。初生叶 2 片对生，单叶，卵状三角形，先端钝尖，叶缘具 2～3 粗锯齿，并具睫毛，叶基近圆形，有明显叶脉和短柔毛，具长柄，柄上密被长柔毛。后生叶与初生叶相似（图 144a）。

【成株特征】 一年生或越年生草本，高 10～25 厘米。茎自基部多分枝成丛，纤细，匍匐或上伸，多少被柔毛。叶对生，具短柄；叶片三角状圆形，通常有7～9 钝锯齿。总状花序顶生，苞叶与茎叶同型，互生，花梗略短于苞叶，花后向下反折；花萼 4 深裂几乎达基部，裂片卵形，被柔毛，花冠淡蓝色，有深红色脉纹，裂片 4，管部极短。蒴果近肾形，稍扁，密被柔毛，略比萼短，凹口成直角，裂片顶端圆，花柱与凹口齐或略长。种子卵形，表面浅黄色至浅褐色，背面拱凸，有横向棱状皱褶，腹面深陷呈小瓢状，边缘很薄并皱褶呈牙齿状（图 144b）。

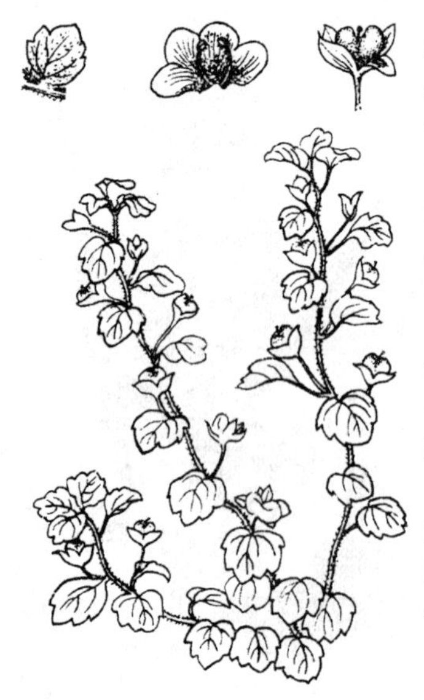

图 144b 婆婆纳成株

【识别提示】 ①子叶阔卵形，上胚轴密被斜垂弯生毛。②花梗略短于苞片，花冠淡蓝色，有深红色脉纹。③蒴果近肾形，凹口成直角，种子呈瓢状，边缘具齿。

【本草概述】 生农田或荒地。分布于华东、华中、西北、西南及河北，是旱地、果园、苗圃常见杂草，部分小麦、油菜、蔬菜等作物受害较重。也是朱砂叶螨的寄主。

【防除指南】 敏感除草剂有 2,4 - D、2 甲 4 氯、麦草畏、乳氟禾草灵、西玛津、嗪草酮、扑草净、特丁净、噻吩磺隆等。

145. 阿拉伯婆婆纳
Veronica persica Poir.

【别　名】 波斯婆婆纳、大婆婆纳。

【幼苗特征】 种子出土萌发。子叶阔卵形，长 4.5 毫米，宽 4 毫米，先端钝尖，全缘，叶基圆形，无毛，具叶柄。下胚轴明显，紫红色，上胚轴发达，具横出直生毛。初生叶 2 片，对生，单叶，卵状三角形，先端急尖，叶缘有粗锯齿和短睫毛，叶基近圆形，具叶柄，叶片和叶柄均密被短柔毛。后生叶与初生叶相似（图 145a）。

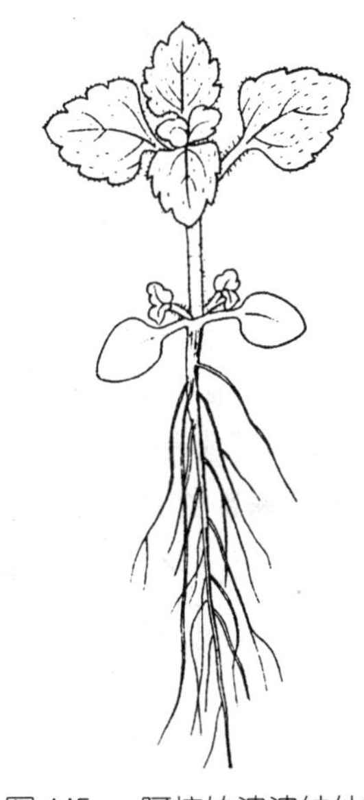

图 145a　阿拉伯婆婆纳幼苗

【成株特征】 一年生或越年生草本，高 15～45厘米。茎自基部分枝成丛，下部伏生地面，斜伸。叶在茎基部对生，上部互生，叶片卵圆状或卵状长圆形，边缘有钝锯齿，基部圆形，无柄或上部叶有柄。花序顶生，苞叶与茎叶同型，互生，花单生于苞腋，花梗长于苞叶，花萼 4 深裂，裂片卵状披针形；花冠淡蓝色，有放射状深蓝色脉纹，筒部极短，裂片 4，宽卵形。蒴果 2 深裂，倒扁心形，有网纹，2 裂片叉开 90°以上，宿存花柱超出凹口很多；种子舟形或长圆形，腹面凹入，表面有颗粒状突起（图 145b）。

图 145b　阿拉伯婆婆纳成株

【识别提示】 ①子叶阔卵形，上胚轴密被横出直生毛。②花梗长于苞叶，花冠淡蓝色，有放射状深蓝色脉纹。③蒴果 2 深裂，2 片叉开 90°以上，种子黄色，腹面深凹，表面有颗粒状突起。

【本草概述】 生于农田、路旁或荒地。分布于华东、华中以及云南、贵州、西藏、陕西、新疆等省、自治区。是麦田、果园、苗圃常见杂草。

【防除指南】 敏感除草剂有毒草胺、绿麦隆、利谷隆、地乐酚、氰草津、扑草净、噻吩磺隆、氯草敏、氯氟吡氧乙酸、苯磺隆等。

（四十三）爵床科杂草

草本或藤本，很少灌木或小乔木。单叶对生，稀互生，表面有时有钟乳体，花两性，常两侧对生，单生或成簇腋生，或成顶生、腋生总状、穗状或头状花序；苞片通常大，有时有鲜艳色彩；小苞片2或退化；花萼5～4裂，花冠合瓣，裂片二唇形或不相等5裂；雄蕊4或2，着生花冠筒内或喉部，花丝分离或基部连合，花药2室或1室，药室等大或1大1小，等高（平排）或不等高（1上1下），有时基部有附属物；子房上位，下部常有花盘，2室，中轴胎座，每室有胚珠1至多数。蒴果，室背开裂；种子每室4至多数，胚通常大而无胚乳。

146. 爵　　床

Rostellularia procumbens (L.) Nees

【别　　名】　鼠尾红、六角英、赤眼老母草、大鸭草。

【幼苗特征】　种子出土萌发。子叶圆形，长 8 毫米，宽 8 毫米，先端微凹，全缘，无毛，具长柄。下胚轴发达，并有斜垂短柔毛，上胚轴非常发达，呈六棱形，并具斜弯生毛。初生叶 2 片，对生，单叶，阔卵形，先端急尖，叶缘呈疏浅圆齿状，有睫毛，叶基圆形，有明显叶脉和密被短柔毛，具长柄。后生叶与初生叶相似（图 146a）。

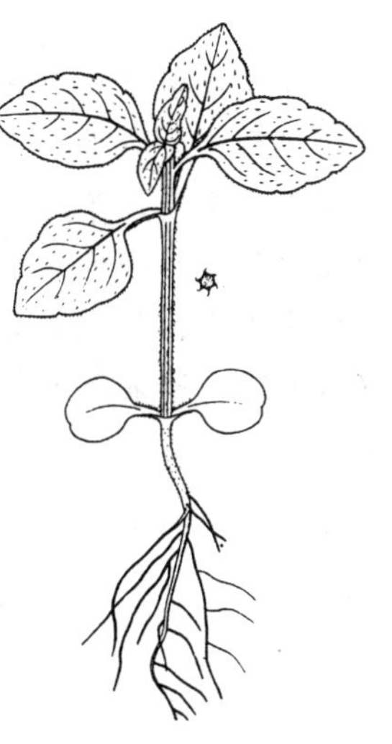
图 146a　爵床幼苗

【成株特征】　一年生草本，高20～50厘米。茎常簇生，柔弱，基部伏地，节上生根，上部披散或直立，绿色有毛，多具纵棱6条，节部膨大成膝伏，有短硬毛。叶对生，具柄；叶片椭圆形至椭圆状长圆形，先端急尖，基部楔形，边全缘，两面有短硬毛。穗状花序顶生或生上部叶腋；苞片1，小苞片2，均披针形，有睫毛，花萼裂片4，条形，有膜质边缘和睫毛；花冠粉红色，略成二唇形，上唇2裂，下唇3浅裂，雄蕊2，着生于花冠口内，稍伸出，2药室不等高，较低1室有尾状附属物。蒴果条形，有白色短柔毛，种子卵圆形，表面有瘤状皱纹（图146b）。

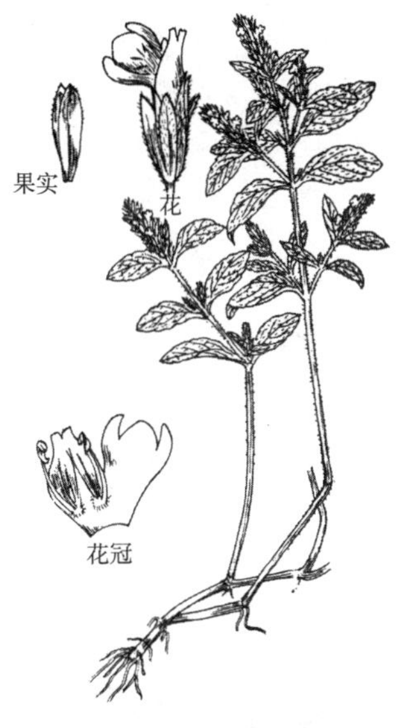

图 146b　爵床成株

【识别提示】　①子叶圆形，先端微凹，上胚轴六棱形，具斜垂弯生毛。②花萼 4 裂，花冠略成二唇形，粉红色。③蒴果上部具 4 颗种子，下部突尖似柄状。

【本草概述】　农田常见杂草，但数量不多，危害不重。

【防除指南】　加强农田、果园、苗圃管理，适时中耕除草，并早期清理田旁隙地。

（四十四）车前科杂草

一年生或多年生草本。叶通常基生，卵圆形、椭圆形或披针形。花茎腋生，花小，绿色，两性，呈穗状花序；每花有1苞片；萼片浅裂或深裂，不脱落；花冠戟膜质，管卵形或圆柱形，4裂，芽时覆瓦状排列；雄蕊4，着生于花冠管内面，与裂片互生，花药大，丁字着生；花柱单生，细，白色；子房上位，1～4室，每室1至多数胚珠。蒴果，周裂；种子小，通常胚乳丰富。

147. 车　　前

Plantago asiatica L.

【别　　名】 猪耳棵子、猪耳朵鞭子、车轱辘菜。

【幼苗特征】 种子出土萌发。子叶匙状椭圆形，长1厘米，宽3.5毫米，先端急尖，全缘，叶基楔形，具长柄。下胚轴不发达，上胚轴不发育。初生叶1片，互生，单叶，卵形，先端钝尖，全缘，叶基楔形，1条中脉，具长柄。后生叶具3条弧形叶脉，其他与初生叶相似(图147a)。

图 147a　车前幼苗

【成株特征】 多年生草本，高15～20厘米。根状茎短粗，不明显，簇生多数须根。叶基生，卵形或宽卵形，顶端圆钝，边缘有不整齐锯齿或近全缘，基部渐狭成柄，叶片和叶柄几等长，两面无毛或有短柔毛；花葶数条，直立，高20～40 厘米，有短柔毛。穗状花序细圆柱形；苞片宽三角形，比萼片短，二者都有绿色龙骨状突起，花萼 4 深裂，裂片倒卵形，花冠裂片披针形，白色或微带紫色，雄蕊 4，外露；子房卵形。蒴果椭圆形，周裂，基部有不脱落花萼，内有种子 6～8 粒；种子长圆形，腹面明显平截（147b）。

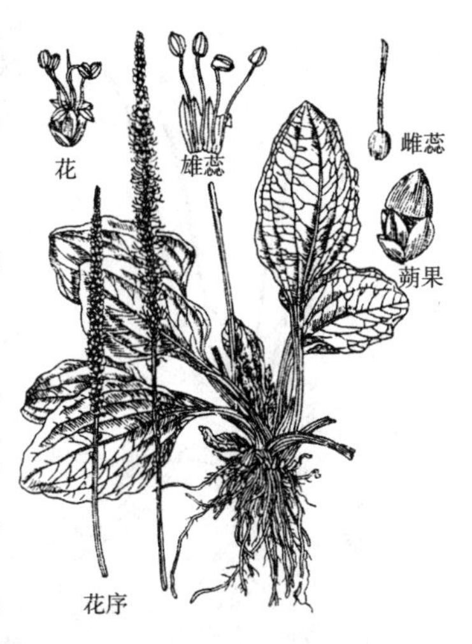

图 147b　车前成株

【识别提示】 ①子叶呈匙状椭圆形，后生叶卵形或宽卵形。②穗状花序长为花茎总长的 1/2～1/3。③蒴果内种子 6～8 粒，种子腹面明显平截。

【本草概述】 生湿草地、沟渠、路旁、河滩、水边。分布几乎遍及全国，以长江以北更为普遍，是农田、苗圃的常见杂草，对大豆、玉米、蔬菜、幼龄林木危害较重，也是朱砂叶螨、小地老虎的寄主。

【防除指南】 加强田间管理。敏感除草剂有 2,4 - D、2 甲 4 氯、麦草畏、莠去津、氰草津、灭草松、异草定等。

148. 平 车 前
Plantago depressa Willd.

图 148a　平车前幼苗

【别　　名】　小车前、车前草。

【幼苗特征】　种子出土萌发。子叶长椭圆形，长 1 厘米，宽 3.5 毫米，先端急尖，全缘，叶基楔形，具长柄。下胚轴不发达，上胚轴不发育。初生叶 1 片，互生，单叶，卵形，先端钝尖，全缘，叶基楔形，1 条中脉，具长柄，基部疏生长柔毛。第一后生叶与初生叶相似，第二后生叶具 3 条弧形叶脉（图 148a）。

【成株特征】　一年生或越年生草本，高 5～20 厘米。圆柱状直根。叶基生，椭圆形、椭圆状披针形或卵状披针形，边缘有小齿或不整齐锯齿，基部渐狭成叶柄，两面无毛或有短柔毛，纵脉 5～7。花葶少数，稍弯曲，疏生柔毛，穗状花序细长，顶部花密生，下部花较疏，苞片三角状卵形，与花萼近等长，萼片有绿色突起；花冠裂片椭圆形或卵形，顶端有浅齿；雄蕊 4，外露。蒴果圆锥状，含种子 4～5 粒，周裂；种子表面暗褐色，脐部有白色附属物（图 148b）。

图 148b　平车前成株

【识别提示】　①子叶长椭圆形，后生叶椭圆形或椭圆状披针形。②有明显圆柱形直根。③花茎略弯曲，蒴果内含种子4～5 粒。

【本草概述】　生地边、路边干硬地，分布几乎遍及全国，是草坪中常见杂草，偶入农田。是蚜虫、黑绒金龟甲的寄主。

【防除指南】　取消不必要的田道，及时清理田旁隙地、渠堤。敏感除草剂有 2,4 - D, 2 甲 4 氯、麦草畏、地乐酚、莠去津、环嗪酮、敌草腈、灭草松、异草定、莠迫死等。

149. 长叶车前
plantago lanceolata L.

【别　　名】 窄叶车前。

【幼苗特征】 种子出土萌发。子叶带状，长1.5厘米，宽1毫米，先端锐尖，全缘，叶基渐窄下延，无叶柄。下胚轴较明显，上胚轴不发育。初生叶1片，互生，单叶，带状披针形，先端锐尖，全缘，边缘有长绵毛，叶基下延，三出脉，无叶柄。后生叶两面均密被白色长绵毛。其他与初生叶相似(图149a)。

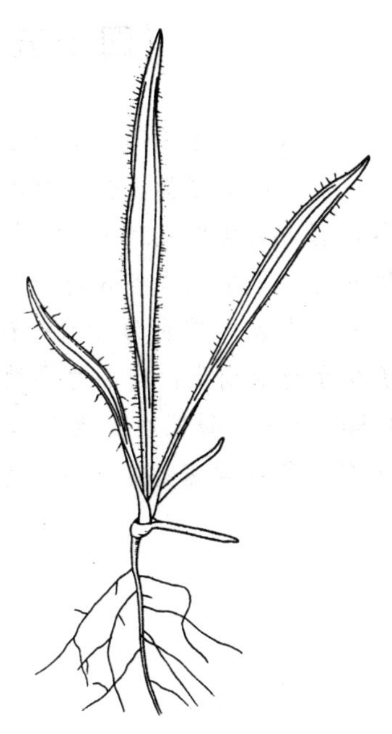

图 149a　长叶车前幼苗

【成株特征】 多年生草本，高30～50厘米。具短根茎和须根。叶基生，披针形、椭圆状披针形至条状披针形，先端渐尖，基部渐狭成柄，边缘疏生锯齿或近全缘，两面有毛或无毛，具 3～5 条明显纵脉。花葶数条，直立，四棱形，有密柔毛；穗状花序圆柱状，花密集，基部有丝状毛；苞片宽卵形，顶端长尾尖，中央具棕色龙骨状突起，有毛；萼片卵形或倒卵形；花冠裂片 4，三角状卵形，中央有 1 棕色突起；雄蕊 4，远伸出花冠。蒴果椭圆形，周裂，果内有种子 1～2 粒，种子表面有 1 条纵沟，似小舟状（图 149b）。

图 149b　长叶车前成株

【识别提示】 ①子叶带状，后生叶披针形或椭圆状披针形。②穗状花序长约花茎的 1/10。③蒴果内有种子 1～2 粒，种子腹面有凹槽，似小舟状。

【本草概述】 生于草地、荒坡、河边、海边等处。分布于辽宁、山东、江苏、浙江、江西等省。农田也有生长，但数量不多，危害不重。

【防除指南】 精细田间管理，适时中耕除草。

（四十五）茜草科杂草

乔木、灌木或草本，直立、匍匐或攀缘。单叶对生或很少轮生，全缘或有锯齿；托叶有时变为叶状，有时连合成鞘，宿存或脱落，有时退化成托叶痕迹。花两性，很少单性，辐射对称，很少两侧对称，单生或成各式花序；萼筒与子房合生，全缘或有齿裂，有时其中1裂片扩大为叶状；花冠筒状或漏斗状，裂片3～6；雄蕊着生于花冠筒上，与裂片同数而互生；子房下位，通常2室，很少1室或多室，每室有1至多数胚珠；花柱长或短，柱头单一或2～10裂。果实蒴果、浆果或核果。

150. 猪殃殃

Calium aparine L.

【别　　名】　锯锯藤、细叶茜草、小锯子草、小禾镰草。

【幼苗特征】　种子出土萌发。子叶阔卵形，长7毫米，宽5毫米，先端钝尖，具微凹，全缘，叶基近圆形，有1条中脉，无毛，具长柄。下胚轴发达，带红色，上胚轴发达，呈四棱形，有刺状毛，亦带红色。初生叶4片，轮生，单叶，阔卵形，先端渐尖，全缘，有睫毛，叶基阔楔形，有1条明显中脉，具叶柄。后生叶与初生叶相似，幼苗根橘红色（图150a）。

【成株特征】　一年生或越年生草本。茎多自基部分枝，四棱形，有倒生小刺毛。叶4～8片轮生，近无柄；叶片条状披针形，顶端有凸尖头，边缘及叶背中脉有倒生小刺。聚伞花序腋生或顶生，单生或2～3个簇生，有花3～10朵，花小，白色或黄绿色，萼齿不明显，被钩毛；花冠辐状，裂片长圆形；雄蕊4，子房下位，有细小密刺。小坚果球形，密生钩状刺，果柄直生（图150b）。

【识别提示】　①子叶阔卵形，平展，叶腋无芽。②蔓生或攀缘状草本，茎棱、叶缘及叶背中脉均有倒生钩刺，触摸有粗糙感。③聚伞花序通常有花3～10朵，果球形，密生钩毛，果柄直立。

【本草概述】　生于荒地、路旁、农田。自华南、西南至东北均有分布，是长江流域及黄河中下游各省区麦田主要杂草，以稻麦轮作田最多。

【防除指南】　敏感除草剂有灭草松、乳氟禾草灵、噻吩磺隆、特丁净、氯氟吡氧乙酸、草甘膦、绿麦隆、二氯喹啉酸、二甲戊乐灵等。

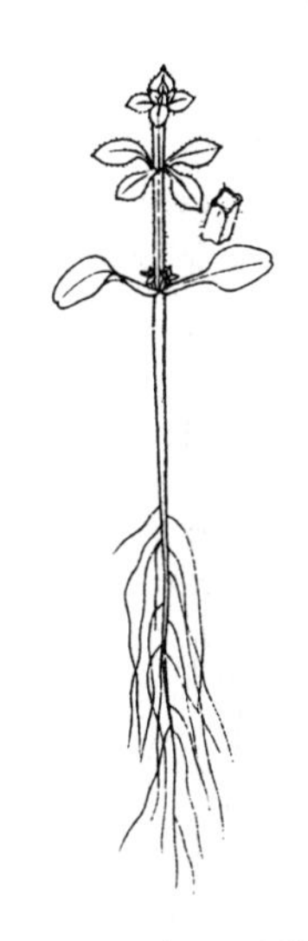

图150a　猪殃殃幼苗

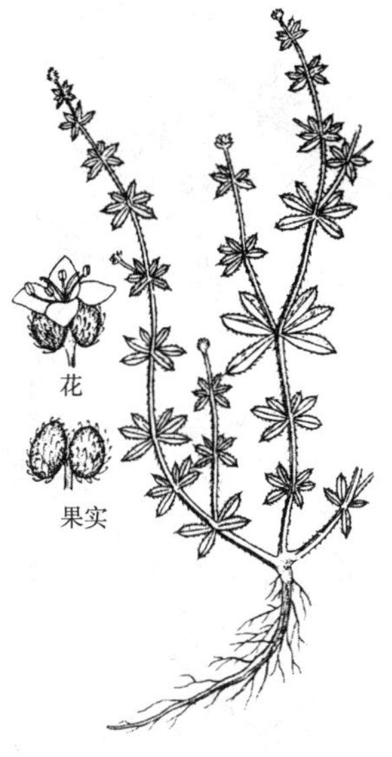

图150b　猪殃殃成株

151. 麦仁珠

Galium tricorne Stokes

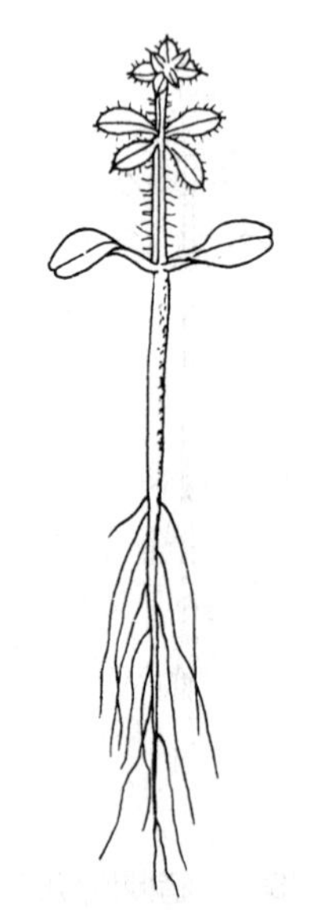

图 151a 麦仁珠幼苗

图 151b 麦仁珠成株

【别　　名】 三角猪殃殃。

【幼苗特征】 子叶长圆形，常向外反折，叶腋有芽，初生叶 4 片，轮生，条形。其他与猪殃殃相似（图 151a）。

【成株特征】 一年生或越年生草本。茎自基部分枝，四棱形，棱上有倒生细刺。叶多 8 片轮生，近无柄，叶片条形或条状倒披针形，顶端有短刺尖，边缘及叶背中脉有倒生细刺。聚伞花序腋生或顶生，总花梗与叶等长或稍短，分叉状，有 2 个叶状苞；通常有花 3 朵，花冠白色或绿白色，花柄于花后下垂，有倒生的细刺。小坚果近球形，无钩刺，具小瘤，间有白点和白色针状条斑，腹面中央具圆而深的凹陷（图 151b）。

【识别提示】 ①子叶长圆形，常向外反折，叶腋有芽。②蔓生或攀缘草本，茎棱、叶缘及叶背中脉有倒生钩刺。③聚伞花序通常有花 3 朵，果实无钩刺，果柄下垂。

【本草概述】 生农田或荒地。分布于华东、华北、西北，是麦田主要杂草，部分小麦、油菜受害严重。

【防除指南】 敏感除草剂有灭草松、乳氟禾草灵、噻吩磺隆、特丁净、氯氟吡氧乙酸、草甘膦、绿麦隆、二氯喹啉酸、二甲戊乐灵等。

152. 茜　　草

Rubia cordifolia L.

【别　　名】 铁丝藤、红茜、过山龙、大麦珠子、红丝线。

【幼苗特征】 种子留土萌发。下胚轴不伸长，上胚轴发达，四棱形，下半部红色，无毛。初生叶 4 片，2 片较大，2 片较小，轮生。叶片卵状披针形，先端渐尖，全缘，叶基心形。三出脉，无毛，具长柄。后生叶与初生叶相似。幼苗茎四棱形，棱具倒钩刺（图 152a）。

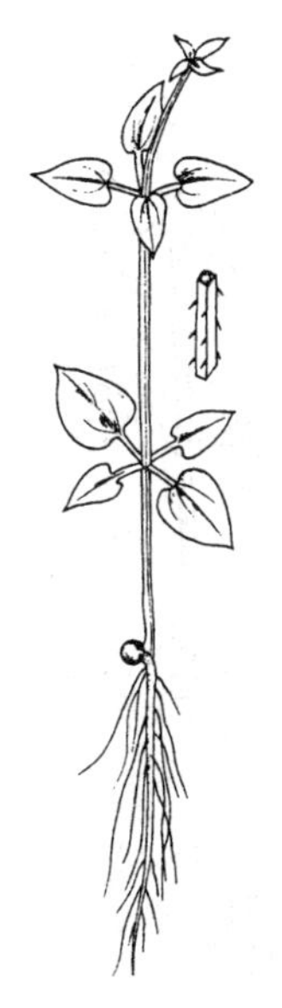

图 152a　茜草幼苗

【成株特征】 多年生攀缘草本。根多数、簇生，橙红色或淡黄色。茎细长，多分枝，四棱形，棱有倒生小刺。叶 4～6 片轮生，具长柄；叶片三角状卵形至卵状披针形，全缘，表面有粗糙毛，背部脉和叶柄常有倒生小刺。聚伞花序通常排列成大而疏松的圆锥花序，腋生或顶生，花小，黄白色，有短梗；花冠 5 深裂，辐状。雄蕊 5，生于花冠筒上；花柱 2，柱头头状。浆果近球形，成熟时红色；种子球形，黑色（图 152b）。

【识别提示】 ①种子留土萌发，初生叶 4 片轮生，三角状卵形。②攀缘草本，叶片三角状卵形，基出脉 5 条，茎棱、叶片边缘及叶背两脉均有倒生小刺。③聚伞花序排列成大而疏松的圆锥花序，浆果球形，成熟时红色。

【本草概述】 生路旁、村旁、山坡或灌丛中。分布于黄河及长江流域，是果园、茶园、农田的常见杂草。也是绿盲蝽、中黑盲蝽的寄主。

【防除指南】 加强果园、茶园管理，及时中耕除草。敏感除草剂有麦草畏、草甘膦等。

图 152b　茜草成株

153. 鸡 矢 藤

Paederia scandens (Lour.) Merr.

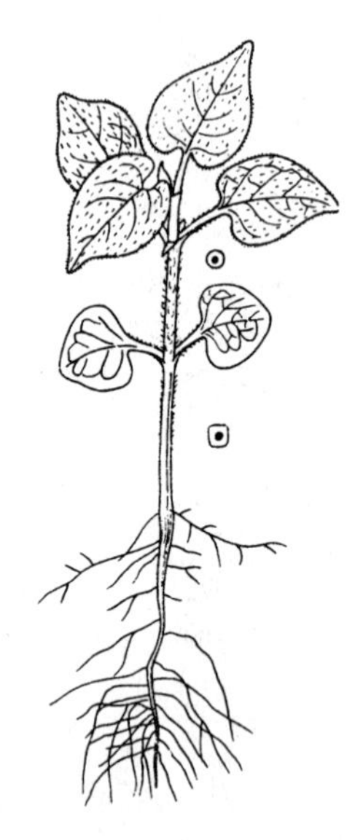
图 153a　鸡矢藤幼苗

【别　　名】　鸡屎藤、狗屁藤、臭藤、牛皮冻。

【幼苗特征】　种子出土萌发。子叶卵状肾形，长 1.2 厘米，宽 1.4 厘米，先端钝尖，全缘，叶基近心形，有明显羽状脉，无毛，具长柄。下胚轴发达，四棱形，两面被短毛，另两面光滑，带红色，上胚轴较发达，圆柱状，亦带紫红色，被斜生、弯生柔毛，初生叶 2 片，对生，单叶，卵形，先端渐尖，全缘，有睫毛，叶基心形，有明显羽状脉，并密被短柔毛，具长柄。2 叶之间有 1 三角形托叶。后生叶与初生叶相似，揉碎幼苗含有难闻恶臭（图 153a）。

【成株特征】　多年生缠绕草质藤本。茎长 2～4 米，基部木质化，稍有微毛，节略膨大。叶对生，具长柄；叶片卵形，椭圆形至椭圆状披针形，先端短尖或渐尖，基部圆形或心形，上面深绿色，下面浅绿色，主脉明显；托叶三角形，早落。聚伞圆锥花序顶生或腋生；萼齿短，三角形，花冠管钟形，外面灰白色，内面紫色，具细茸毛，5 裂，雄蕊 5，着生于花冠管内；子房 2 室，每室 1 胚珠，花柱 2，基部合生。果实球形，熟时淡黄色，光亮（图 153b）。

图 153b　鸡矢藤成株

【识别提示】　①子叶卵状肾形，初生叶 2 片，卵形，对生。②草质藤本，揉碎有臭味。③花冠管长约 1 厘米，外面灰白色，内面紫红色，有细茸毛，果球形，成熟时淡黄色。

【本草概述】　生山坡、旷野、灌丛、田边。分布于长江以南各省区，很少侵入农田。

【防除指南】　早期连根铲除。敏感除草剂有草甘膦等。

（四十六）葫芦科杂草

茎匍匐或攀缘，常有螺旋状卷须。叶互生，有柄，通常单叶深裂，有时复叶。花单性，雌雄同株或异株，单生、簇生或组成各种花序；雄花，萼管状，裂片张开或复瓦状排列；花冠离瓣或合瓣；雄蕊通常3，有时5或2，分离或各式合生，花药常1枚1室，其他2枚各2室；雌花，萼管与子房合生，子房下位或半下位，由3心皮组成，1～3室，胚珠少至多数，花柱通常1枚，柱头3。果实多为瓠果，也有蒴果；种子多数，多扁平。

154. 盒子草

Actinostemma lobatum Maxim.

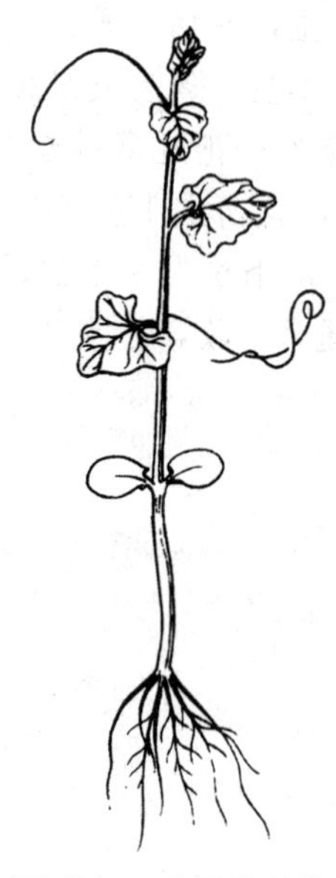

图 154a 盒子草幼苗

图 154b 盒子草成株

【别 名】 盒儿藤、铃子草、荷苍草、黄丝藤。

【幼苗特征】 种子出土萌发。子叶阔椭圆形或近圆形，长1.8厘米，宽1.3厘米，先端钝圆，全缘，叶基微呈戟形，具短柄。下胚轴发达，上胚轴亦发达，并呈四棱形。初生叶1片，互生，单叶，三角形，先端急尖，叶缘微波状，叶基戟形，有明显叶脉，具短柄，在叶腋里伸出1根不分枝的茎卷须。后生叶与初生叶相似，幼苗全株光滑无毛（图154a）。

【成株特征】 一年生草本。茎攀缘状，长达1.5～2米。有纵棱，被短柔毛。卷须分2叉，与叶对生。叶柄长1～5厘米，叶片狭三角状戟形至卵状心形，有时3～5浅裂，边缘疏生浅锯齿。雌雄同株，雄花序总状或圆锥状，雌花单生或稀雌雄同序，花萼5裂，裂片条状披针形，花冠5裂，裂片卵状披针形，黄绿色，雄蕊5，分离；子房卵形，柱头2裂，果实卵状，黄褐色，表面有鳞片状突起，成熟时由中部环裂，常具2种子，种子表面有圆锥状不规则突起（图154b）。

【识别提示】 ①子叶具条中脉，叶基微呈戟形。②攀缘草本，卷须2裂，叶片狭三角状戟形至卵状心形。③蒴果成熟时由中部环裂。

【本草概述】 生沟边、池旁、稻田、芦苇滩等。全国各地均有分布，是低洼旱地的常见杂草，对小麦、大豆等作物危害较重。

【防除指南】 加强田间管理，及时清理渠道内外及周围隙地。药剂防除可用2,4-D等。

155. 马 瓟 儿
Melothria indica Lour.

【别　　名】 老鼠拉冬瓜。

【幼苗特征】 种子出土萌发。子叶近圆形，长1.4厘米，宽1.2厘米，先端微凹，全缘，叶基圆形，三出脉，无毛，具短柄。下胚轴发达，密被短毛，上胚轴不发育。初生叶1片，互生，单叶，三角形，先端急尖，叶缘具波状尖齿，叶基截形，有明显羽状网脉，密布短硬毛，叶背面光滑。后生叶与初生叶相似，但叶基略呈心形，第二后生叶叶柄开始出现混杂毛。幼苗全株呈鲜绿色(图155a)。

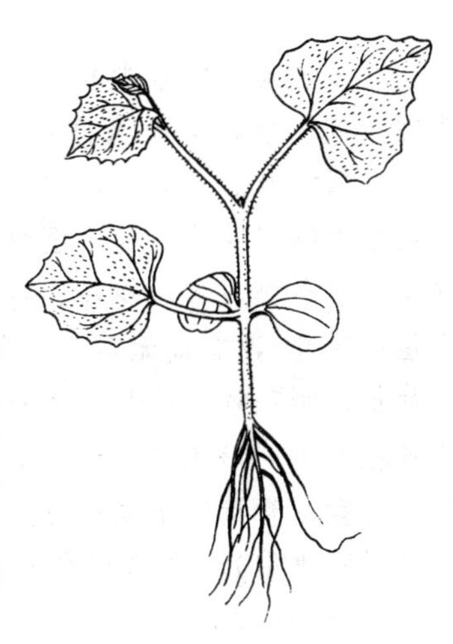

图 155a　马瓟儿幼苗

【成株特征】 一年生草质藤本。茎细弱。卷须不分枝。叶柄长1～3厘米。叶片三角形或三角状心形，顶端急尖或渐尖，不分裂或3～5浅裂，边缘常疏生波状锯齿，表面有毛。雌雄同株，雄花单生或几朵簇生，花托宽钟形，花萼裂片钻形，花冠5裂，白色，雄蕊3，分离，退化子房球形，雌花单生或稀双生，子房纺锤形，柱头3。果实卵形至近球形，长1～1.5厘米，熟时橘红色或红色；种子淡黄褐色，上部中央有1小突尖(图155b)。

图 155b　马瓟儿成株

【识别提示】 ①子叶具三出脉，叶基呈圆形。②草质藤本，卷须不裂，叶片三角形或三角状心形。③果实卵形至球形，熟时橘红色或红色。

【本草概述】 生于田边、水沟旁及山沟。分布于长江以南各省。偶入农田，数量不多，危害不重。

【防除指南】 细致田间管理，及时清理田旁隙地。敏感除草剂有甲嘧磺隆、克莠灵等。

（四十七）菊科杂草

草本、灌木或很少乔木，有些种类有乳汁管或脂道。叶互生，少对生或轮生，全缘至分裂，无托叶或有时叶柄基部扩大成托叶状，称假托叶。花无柄，两性、单性或中性，少或多数聚集成头状或缩短的穗状花序，为1至数层总苞片组成的总苞所围绕，头状花序单生或再排成各种花序；花序托也称花托（花序柄扩大的顶部，平坦或隆起），有或无窝孔，有或无托片（即小苞片）；花萼退化成鳞片状、刺毛状或毛状，称冠毛；花冠合生，管状、舌状或唇形；头状花序由同形花（全为管状花）或异形花（通常由外围缘花舌状和中央盘花管状）组成；雄蕊4～5着生花冠管上，花药连合成筒状（聚药雄蕊），顶端有或无药隔延伸的附属物，基部钝或有尾；子房下位，1室，有1直立胚珠，花柱顶端2裂。瘦果，顶端常有刺毛、羽毛或鳞片等，无胚乳，有2或1子叶。

156. 胜红蓟

Ageratum conyzoides L.

【别　　名】 藿香蓟、臭草、咸虾花。

【幼苗特征】 种子出土萌发。子叶肾形，长2.5毫米，宽3.5毫米，先端钝圆，全缘，叶基圆形，具短柄。下胚轴明显，上胚轴发达，密被长柔毛。初生叶2片，对生，单叶，阔卵形，先端钝尖，叶缘有1～2粗齿和睫毛，叶基近圆形，具长柄。第一对后生叶单叶，阔卵形，叶缘粗锯齿状，叶基近圆形，具叶柄。幼苗除子叶和下胚轴外，均密被柔毛，并有香气(图156a)。

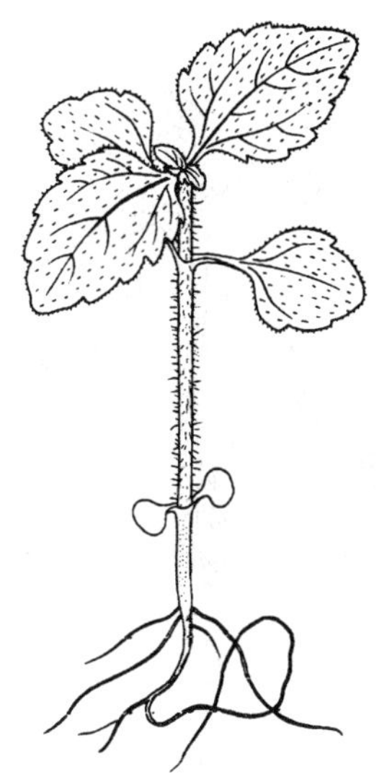

图 156a　胜红蓟幼苗

【成株特征】 一年生草本，高40～60厘米，茎直立，有分枝，稍带紫色，被白色多节长柔毛。叶对生，有柄；叶片卵形或菱状卵形，边缘有钝锯齿，两面均有毛。头状花序，直径约1厘米，在茎或分枝顶端排列成伞房花序；总苞片长圆形，顶端急尖，背面有毛。管状花，花冠淡紫色或浅蓝色。瘦果长圆柱形，有棱；冠毛鳞片状，上端渐成芒状，5枚（图156b）。

图 156b　胜红蓟成株

【识别提示】 ①子叶肾形，初生叶为不分裂叶，幼苗有香气。②叶对生，叶片卵形或菱状卵形。③头状花序全为管状花，花冠淡紫色或浅蓝色。④瘦果顶端有5膜片状冠毛。

【本草概述】 生于较湿润的路边、荒地或农田。分布于长江流域及南部地区，尤以广东、广西、福建、云南普遍。主要危害甘蔗、花生、大豆、橡胶、茶园、果树等。

【防除指南】 敏感除草剂有麦草畏+2甲4氯、敌草隆，乳氟禾草灵、莠去津、苯磺隆、灭草松、草甘膦、嗪草酮等。

157. 苍　　耳

Xanthiam sibiricum Patrin.

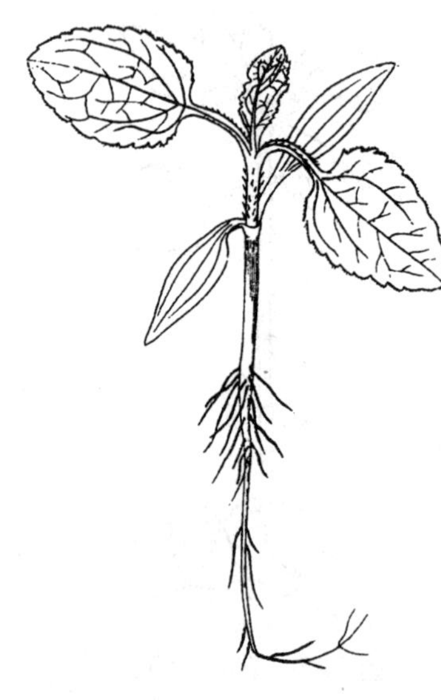

图 157a　苍耳幼苗

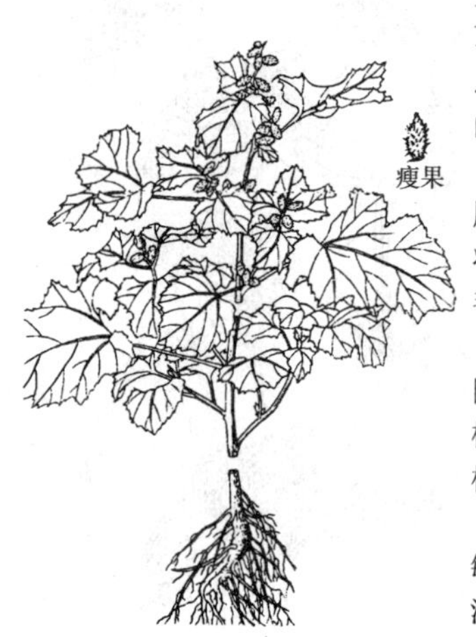

图 157b　苍耳成株

【别　　名】 道人头、苍子、老苍子、风麻子。

【幼苗特征】 种子出土萌发。子叶卵状披针形，长 2.5 厘米，宽 0.8 厘米，先端渐尖，全缘，叶基近圆形，三出脉，无毛，具长柄。下胚轴粗壮，紫红色，上胚轴发达，紫红色，密被向上刺状毛。初生叶 2 片，对生，单叶，卵形，先端急尖，叶缘呈不整齐粗锯齿状，有睫毛，叶基圆形有明显叶脉，密生刺状毛，具长柄。后生叶与初生叶相似，并几乎成为对生(图 157a)。

【成株特征】 一年生草本，高 30～100 厘米。茎直立，粗壮，多分枝，有钝棱及长条状斑点。叶互生，具长柄；叶片三角状卵形或心形，顶端尖，基部浅心形至阔楔形，边缘有不规则锯齿或不明显 3 浅裂，有明显 3 条叶脉，两面被贴生糙状毛。花单性，雌雄同株；雄花头状花序球形，密生柔毛，淡黄绿色，密集枝顶；雌花头状花序椭圆形，生于雄花序下方，总苞有钩刺，内含 2 花。瘦果包于坚硬有钩刺的囊状总苞中（图 157b)。

【识别提示】 ①子叶卵状披针形，具三出脉，初生叶为不分裂叶。②叶互生，叶片三角状卵形或心形，有明显 3 条叶脉，两面均有糙毛。③雌花头状花序总苞囊状且有钩刺。

【本草概述】 生于山坡、草地或路旁。全国各地均有分布，是农田常见杂草。主要危害棉花，大豆、高粱、玉米、谷子等作物。也是棉蚜、棉铃虫、玉米螟的寄主。

【防除指南】 合理轮作换茬，清选种子。敏感除草剂有异丙甲草胺、乳氟禾草灵、西玛津、扑草净、灭草松、恶草酮、溴苯腈、绿麦隆、甲羧除草醚、氟磺胺草醚等。

158. 一 点 红
Emilia sonchifolia (L.) DC.

图 158a 一点红幼苗

【别　　名】 红背叶、羊蹄草、叶下红。

【幼苗特征】 种子出土萌发。子叶阔卵形，长9毫米，宽6毫米，先端钝尖，全缘，叶基近圆形，具长柄。下胚轴发达，紫红色，上胚轴不发育。初生叶1片，互生，单叶，近三角形，先端急尖，叶缘有疏齿，叶基近截形或阔楔形，叶片有稀疏柔毛，但早落，叶背紫红色，具长柄，柄上亦被疏柔毛。后生叶为单叶，互生，形态与初生叶相似(图158a)。

【成株特征】 一年生草本，高 10～40 厘米。茎直立，有分枝，常被毛。叶互生，茎下部叶椭圆形，基部下延成柄或无柄，琴状分裂，边缘具钝齿，茎上部叶渐小，通常全缘或有细齿，全无柄，常抱茎，表面深绿色，背面紫红色。头状花序排成疏散伞房花序，花梗常 2 歧分枝；花全两性，筒状，5 齿裂，总苞圆柱形，苞片 1 层，绿色，约与花冠等长，花冠紫色。瘦果狭圆柱形，有棱；冠毛白色，柔软，极丰富(图 158b)。

图 158b 一点红成株

【识别提示】 ①子叶阔卵形，初生叶近三角形，叶缘有疏锯齿。②叶背面紫红色，通常无柄或抱茎。③花全筒状，花冠紫色。

【本草概述】 生于山坡草地、路旁或农田中。分布于长江以南各省区，华南更为普遍，部分旱作物受害较重。

【防除指南】 敏感除草剂有溴苯腈等。

159. 飞　　廉

Carduns crispus L.

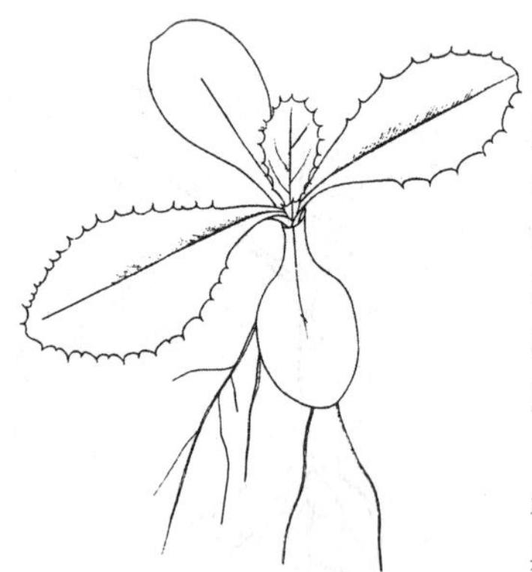
图 159a　飞廉幼苗

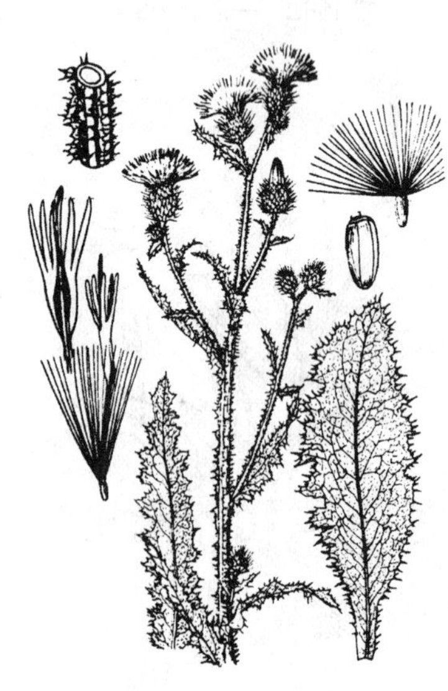
图 159b　飞廉成株

【别　　名】 老牛错、刺打草、大力王。

【幼苗特征】 种子出土萌发。子叶阔椭圆形，长 11 毫米，宽 7 毫米，先端钝圆，全缘，叶基圆形，有 1 条明显中脉，具短柄。下胚轴较粗壮，粉红色，无毛，上胚轴不发育。初生叶 1 片，互生，单叶，阔椭圆形，先端钝尖，叶缘有刺状粗齿，叶基楔形，有 1 条明显中脉，无毛，具叶柄（图 159a）。

【成株特征】 二年生草本，高 70～100 厘米。主根直或偏斜。茎直立，粗壮，有分枝，具条棱，有绿色翅，翅上有齿刺。叶互生，下部叶较大，具短柄，上部叶渐小，无柄；叶片椭圆状披针形，羽状深裂，裂片边缘具刺。头状花序 2～3 个，生枝顶；总苞钟状，总苞片多层，外层较内层渐变短，中层条状披针形，顶端长尖，成刺状，向外反曲，内层条形，膜质，稍带紫色；花全部筒状，紫红色。瘦果长椭圆形，冠毛白色或灰白色，刺毛状（图 159b）。

【识别提示】 ①初生叶阔椭圆形，叶缘具刺状毛。②茎上有绿色翅，翅有齿刺。③总苞片有刺，冠毛粗糙。

【本草概述】 生于耕地、田边、路旁、沟边、堆肥场、村落附近或房屋周围隙地。全国各地均有分布。是旱地常见杂草，部分麦田、绿肥田、果园、幼龄林木受害较重。

【防除指南】 合理轮作换茬，加强田间管理，及时中耕除草。敏感除草剂有 2,4-D（或 2 甲 4 氯）+麦草畏、灭草松、溴苯腈等。

160. 刺儿菜

Cephalanoplos segetum (Bunge) Kitam.

【别　　名】 小蓟、刺刺芽、刺蒡花。

【幼苗特征】 种子出土萌发。子叶矩阔椭圆形，长6.5毫米，宽5毫米，先端钝圆，稍斜，全缘，叶基楔形，无毛，具短柄。下胚轴发达，上胚轴不发育。初生叶1片，互生，单叶，椭圆形，先端急尖，叶缘齿裂，齿尖带刺状毛，叶基楔形，有1条中脉，无毛，后生叶几与初生叶成对生。后生叶形态与初生叶相似(图160a)。

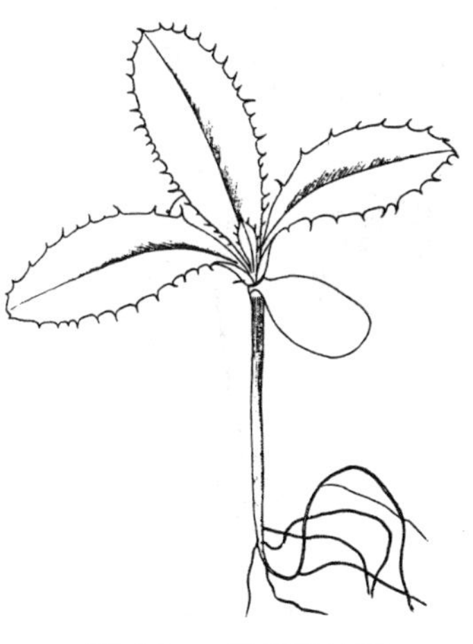

图 160a　刺儿菜幼苗

【成株特征】 多年生草本，高 20～50 厘米。根状茎细长。茎直立，无毛或被蛛丝状毛。叶互生，无柄；叶片椭圆形或长椭圆状披针形，全缘或有齿裂，有刺，两面被蛛丝状毛。头状花序单生于茎顶，雌雄异株，雄株花序较小，总苞长约 18 毫米，雌株花序较大，总苞长约 23 毫米；总苞片多层，先端有刺；雄花花冠长 17～20 毫米，雌花花冠长约 26 毫米，淡红色或紫红色，全为筒状花。瘦果椭圆形或长卵形，冠毛羽状，先端稍肥厚而弯曲(图 160b)。

图 160b　刺儿菜成株

【识别提示】 ①子叶矩阔椭圆形，初生叶叶缘齿裂，齿尖有刺状毛。②头状花序单生枝顶，全为筒状花，淡红白或紫红色，雌雄异株。③冠羽毛状。

【本草概述】 生于荒地、路旁、田间。全国各地均有分布，以中部地区更为普遍，是旱地常见杂草，部分大麦、小麦、玉米、棉花、马铃薯等作物受害较重。也是小地老虎、棉蓟马、绿盲蝽、棉大造桥虫、花生蚜、二十八星瓢虫、朱砂叶螨等的寄主。

【防除指南】 敏感除草剂有草灭畏、乳氟禾草灵、扑草净、灭草松、草甘膦、溴苯腈、都莠混剂等。

161. 泥胡菜

Hemistepta lyrata Bunge.

图 161a　泥胡菜幼苗

【别　　名】石灰菜、苦马菜。

【幼苗特征】种子出土萌发。子叶阔卵形，长5毫米，宽3.5毫米，先端钝圆，全缘，叶基圆形，无毛，具短柄。下胚轴明显，上胚轴不发育。初生叶1片，互生，单叶，阔卵形，先端急尖，叶缘具尖齿，叶基近圆形，羽状叶脉，叶背密被白色蜘蛛状毛，具长柄。后生叶互生，椭圆形，其他与初生叶相似(图161a)。

【成株特征】二年生草本，高30～80厘米。茎直立，有条纹，无毛或有白色蛛丝状毛。基生叶有柄，叶片倒披针形或倒披针状椭圆形，提琴状羽状分裂，顶裂片三角形，较大；有时3裂，侧裂片7对，长椭圆状披针形，下部叶白色蛛丝状毛，中部叶椭圆形，无柄，羽状分裂，上部叶条状披针形至条形。头状花序多数，疏生枝顶，总苞球形，总苞片5～8层，外层短，卵形，背面顶端有小鸡冠状突起，绿色或紫褐色，中层长圆形，内层线状披针形。中层以内总苞片顶端紫红色，背面小鸡冠状突起渐不明显。花全为筒状，管部比裂片长约5倍，淡紫红色。瘦果圆柱形，有15条纵棱，冠毛2层，羽状白色（图161b）。

图 161b　泥胡菜成株

【识别提示】①初生叶叶缘有小尖齿，叶背密被白色蜘蛛状毛。②总苞片背面顶端有小鸡冠状突起。③瘦果有15条纵棱。

【本草概述】生山坡、田野、路旁。全国各地均有分布，是旱地常见杂草，部分旱作物受害较重。也是小地老虎的寄主。

【防除指南】敏感除草剂有草甘膦等。

162. 鼠 麴 草
Gnaphalium affine D. Don.

【别　　名】 佛耳草、爪老鼠。

【幼苗特征】 种子出土萌发。子叶阔椭圆形，长3毫米，宽2毫米，先端钝圆，全缘，叶基近圆形，无毛，具短柄。下胚轴不发达，上胚轴不发育。初生叶2片，对生，单叶，倒卵形，先端急尖，全缘，叶基楔形，有1条中脉和密被白色绵毛，几乎无柄。后生叶与初生叶相似(图162a)。

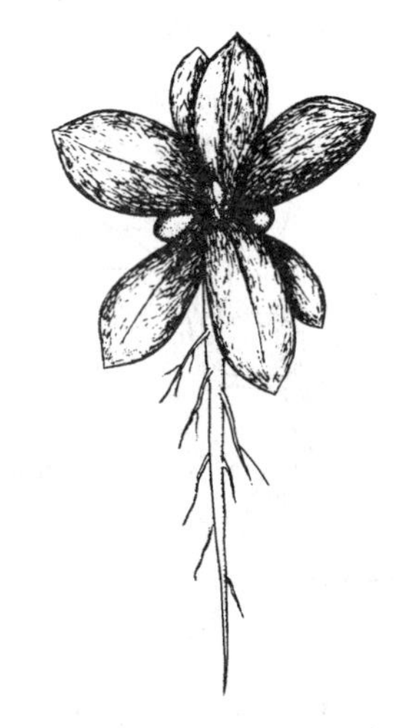

图 162a　鼠麴草幼苗

【成株特征】 二年生草本，高10～50厘米。茎直立，常簇生，不分枝或少分枝，密生白色绵毛。叶互生，无柄，基生叶花后枯萎，下部和中部叶倒披针形或匙形，先端有尖，基部渐狭，全缘，两面有灰白色绵毛。头状花序多数，通常在顶端密集成伞房状，总苞球状钟形，总苞片3层，黄色，干膜质，花黄色，外围雌花花冠丝状，中心两性花花冠筒状，顶端5裂。瘦果椭圆形，有乳头状突起，冠毛黄白色(图162b)。

图 162b　鼠麴草成株

【识别提示】 ①初生叶倒卵形，全缘，全株密被白色绵毛。②中部叶倒披针形或匙形，两面有白色绵毛。③总苞片3层，金黄色。

【本草概述】 生田埂、路旁或荒地。全国各地均有分布，是旱地、水稻田边较为常见的杂草，部分小麦、棉花、豆类等作物受害较重。也是棉铃虫、绿盲蝽、中黑盲蝽的寄主。

【防除指南】 敏感除草剂有灭草松等。

163. 一 年 蓬

Erigeron annuus(L.)Pers.

图 163a 一年蓬幼苗

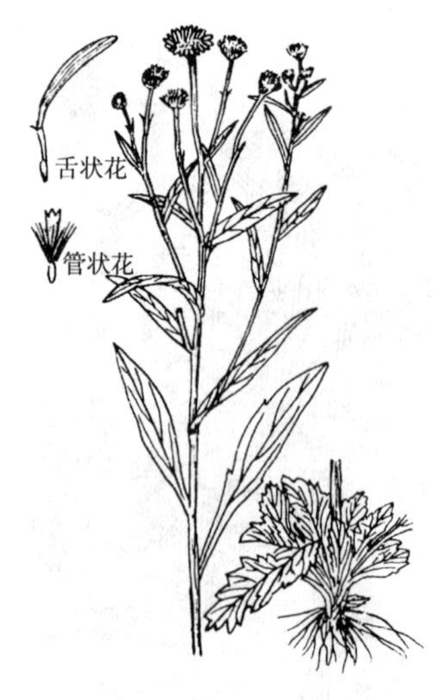

图 163b 一年蓬成株

【别　　名】 千层塔、治疟草。

【幼苗特征】 种子出土萌发。子叶阔卵形，长 2.5 毫米，宽 2 毫米，先端钝圆，全缘，叶基圆形，无毛，具短柄。下胚轴明显，上胚轴不发育。初生叶 1 片，互生，单叶，倒阔卵形，先端急尖，全缘，有睫毛，叶基阔楔形，有 1 条中脉，腹面密被短柔毛，具长柄；后生叶为单叶，互生，叶片呈阔卵形，叶缘疏微波状，其他与初生叶相似（图 163a）。

【成株特征】 一年生或二年草本，高30～100 厘米。茎直立，上部有分枝，全株有短毛。叶互生，叶形变化很大；基生叶长圆形或宽卵形，边缘有粗齿，基部狭成具翅的叶柄；中上部叶较小，长圆状披针形或披针形，边缘有不规则齿裂，最上部叶条形，全缘，有睫毛。头状花序直径约 1.5 厘米，排成伞房状或圆锥状；总苞半球形；总苞片 3 层，革质，密被长毛；缘花舌状，明显，2 层，雌性，舌片线形，白色或略带紫蓝色；盘花管状，两性，黄色。瘦果披针形，压扁；冠毛异形，雌花有 1 层极短而连成球状的膜质小冠，两性花有 1 层极短的鲜片状冠毛和 10～15 条糙毛（图 163b）。

【识别提示】 ①初生叶阔卵形，全缘，具睫毛，叶腹面密被短茸毛。②头状花序直径约 1.5 厘米，缘花白色或紫蓝色，盘花黄色。③冠毛异形，雌花有 1 层极短而连成环状的膜质小冠，两性花外层冠毛为极短的鳞片状，内层糙毛，10～15 条。

【本草概述】 生荒地、路旁、山坡或农田。全国各地均有分布。是旱地常见杂草，部分麦类、豆类、棉花受害较重。也是小地老虎的寄主。

【防除指南】 合理进行水旱轮作。敏感除草剂有灭草松、麦草畏等。

164. 小白酒草
Conyza canadensis(L.)Cronq.

【别　　名】 小飞蓬。

【幼苗特征】 种子出土萌发。子叶阔卵形，长 2.5 毫米，宽 2.5 毫米，先端钝圆，全缘，叶基圆形，无毛，具叶柄。下胚轴不发达，上胚轴不发育。初生叶 1 片，互生，单叶近圆形，先端突尖，全缘有睫毛，叶基圆形，有 1 条中脉，密被短柔毛，具长柄。第一后生叶与初生叶相似，第二后生叶矩椭圆形，叶缘开始出现 2 个小尖锯齿(图 164a)。

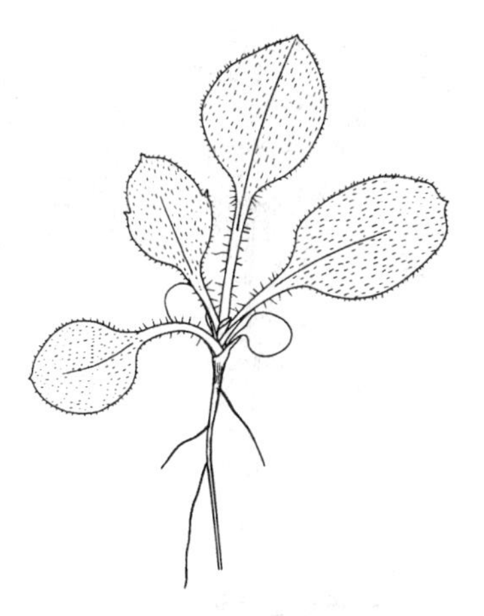

图 164a　小白酒草幼苗

【成株特征】 一年生或二年生草本，高50～100厘米。茎直立，有细条纹及粗糙毛。叶互生，叶柄不明显；叶片条状披针形或长圆状条形，全缘或有微锯齿，边缘有长睫毛。头状花序多数，直径约4毫米，有短梗，再密集成圆锥状或伞房圆锥状花序；总苞半球形，总苞片2～3层，条状披针形，边缘膜质；缘花白色或微带紫色，盘花微黄色。瘦果长圆形，扁，有毛；冠毛暗白色，刚毛状(图164b)。

图 164b　小白酒草成株

【识别提示】 ①初生叶近圆形，具睫毛，叶面密被短茸毛。②基部叶近匙形，上部叶线形或条状披针形。③头状花序约 4 毫米，缘花白色或微带紫色，盘花微黄色。

【本草概述】 生于耕地、田旁、路旁、沟边、荒地、村落或房屋周围隙地。全国各地均有分布，是农田常见杂草，河滩、渠旁、路边常见大片群落。主要危害小麦、玉米、棉花、大豆、蔬菜、果树等作物。也是朱砂叶螨、棉铃虫、小地老虎的寄主。

【防除指南】 敏感除草剂有 2,4-D、2 甲 4 氯、麦草畏、灭草松等。

165. 鬼针草

Bidens bipinnata L.

图 165a 鬼针草幼苗

【别　名】婆婆针、鬼骨针、止血草。

【幼苗特征】种子出土萌发。子叶带状披针形，长 2.8 厘米，宽 0.6 厘米，先端锐尖，全缘，叶基楔形，有 1 条中脉，无毛，具长柄。下胚轴发达，紫红色，有 4 条褐色条纹，上胚轴发达，略呈方形，红色，有疏短柔毛。初生叶二片，对生，单叶，为二回羽状裂叶，第一回 3 全裂，第二回 3～4 浅裂或深裂，裂片先端急尖，全缘，有睫毛，叶脉明显，具长柄。后生叶二回羽状裂叶，第一回为 5 全裂，第二回为羽状浅裂或深裂，其他与初生叶相似（图 165a）。

【成株特征】一年生草本，高 30～100 厘米。茎直立，下部略带紫色，上部通常方形。中下部叶对生，上部叶互生，下部叶有长柄，向上逐渐变短；叶片通常二回羽状深裂，裂片披针形，边缘有不规则的细齿或钝齿，头状花序直径 5～10 毫米，有长梗；总苞杯状，总苞片线状长椭圆形，有细短毛；舌状花黄色，通常 1～4 朵，不发育；筒状花黄色，上部 5 裂，发育。瘦果条形，有3～4 棱，棱背在顶端延伸成芒刺，芒刺长3～4 毫米，3～4 枚（图 165b）。

【识别提示】①子叶带状披针形，后生叶 5 全裂叶。②叶片二回羽状深裂。③瘦果通常有 3～4 枚芒刺，芒刺长 3～4 毫米。

【本草概述】生于荒地、路旁或农田中。全国各地均有分布，是旱地常见杂草，部分棉花、大豆、马铃薯、蔬菜、果树及幼龄林木受害较重。

【防除指南】合理轮作换茬，加强田间管理，及早清理田旁、果园、林园。敏感除草剂有 2，4-D（或 2 甲 4 氯）＋百草敌、利谷隆、茅毒、虎威、达克尔、克阔乐等。

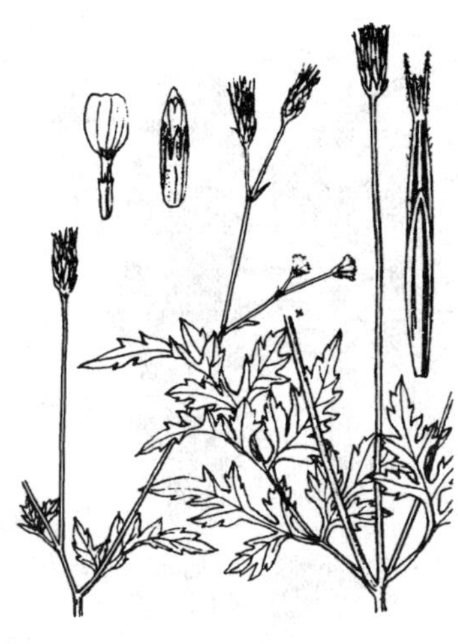

图 165b 鬼针草成株

166. 三叶鬼针草
Bidens pilosa L.

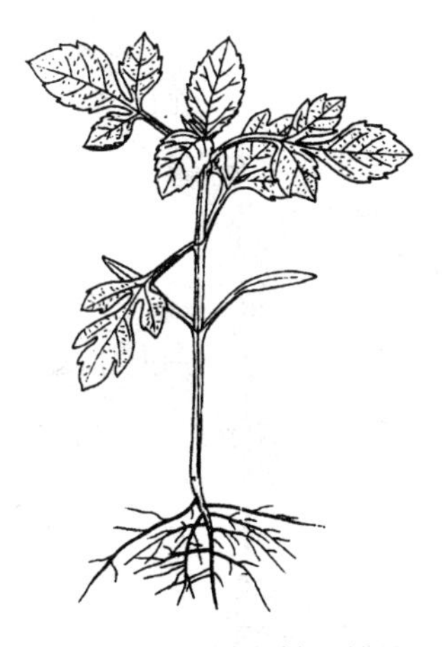
图 166a 三叶鬼针草幼苗

【别　　名】 鬼碱草。

【幼苗特征】 种子出土萌发。子叶带状披针形，长1.5厘米，宽0.3厘米，先端急尖，全缘，叶基楔形，有1条中脉，具长柄。下胚轴发达，紫红色，上胚轴发达，有棱，初生叶2片，对生，单叶，为二回羽状裂叶，第一回3全裂，第二回深裂，裂片先端急尖，叶脉明显，具长柄。后生叶为3小叶。小叶呈卵形，先端急尖，叶缘粗锯齿状，叶基楔形，叶脉明显，具长柄。幼苗全株光滑无毛(图166a)。

【成株特征】 一年生草本，高 25～100 厘米。茎通常 4 棱状，疏生柔毛或无毛。中部叶对生，叶片通常 3 或 5～7 深裂至羽状复叶，很少下部为单叶，上部叶对生或互生，分裂或不裂。头状花序直径约 8 毫米，总苞基部被细软毛，外层总苞片 7～8 枚，匙形，绿色，边缘有细软毛；舌状花白色或黄色，有数个不发育；筒状花黄色，裂片 5。瘦果线形，具 4 棱，稍有硬毛，冠毛芒刺状，3～4 枚，长 1.5～2.5 毫米（图 166b）。

图 166b 三叶鬼针草成株

【识别提示】 ①子叶带状披针形，后生叶为 3 全裂叶。②叶通常 3 或 5～7 深裂至羽状复叶。③瘦果有 3～4 枚芒刺，芒长 1.5～2.5 毫米。

【本草概述】 生于田野、荒地、村旁及路边等处。分布于我国及中部及南部地区。

【防除指南】 合理轮作换茬，加强田间管理，及早清理田旁、果园、林园。敏感除草剂有 2,4 - D（或 2 甲 4 氯）+麦草畏、利谷隆、甲羧除草醚、氟磺胺草醚、三氟羧草醚、乳氟禾草灵、嗪草酮、乙草胺等。

167. 狼把草

Bidens tripartita L.

图 167a　狼把草幼苗

图 167b　狼把草成株

【别　　名】 小鬼叉子、鬼针、鬼刺。

【幼苗特征】 种子出土萌发。子叶带状，长18毫米，宽3.5毫米，先端钝圆，全缘，叶基阔楔形，具长柄。下胚轴、上胚轴发达，并带紫红色。初生叶2片，对生，单叶，3深裂，裂片有1～2个粗锯齿，先端急尖，叶基楔形，羽状叶脉，无毛，具长柄。后生叶2羽状深裂至全裂，其他与初生叶相似（图167a）。

【成株特征】 一年生草本，高40～150厘米。茎直立或基部匍匐，节上易生根，下部近圆形，上部方形，多分枝，有棱，常带紫色。叶对生，具柄，常有狭翅；中下部叶通常3～5羽状深裂，先端裂片较大，椭圆形或长椭圆状披针形，边缘有锯齿，上部叶3深裂或不分裂。头状花序顶生或腋生，有长或短梗，开花时直径1～3厘米；总苞片多数，外层倒披针形，叶状，有睫毛，内层苞片线形；花黄色，全部为筒状花。瘦果扁平，两侧边缘各有1列倒钩刺；冠毛芒状，通常2枚，少3～4枚（图167b）。

【识别提示】 ①子叶带状，初生叶为3全裂。②叶对生，通常3～5羽状深裂。③头状花序单生或腋生，花全为筒状，黄色。④瘦果扁平，棱边常有倒钩刺。

【本草概述】 生于路边、荒野或农田。全国各地均有分布。是低湿地旱秋作物及稻田较为常见的杂草。部分水稻旱作物受害较重。

【防除指南】 合理轮作换茬，加强田间管理，及早些清理田旁、果园、林园。敏感除草剂有2，4-D（或2甲4氯）+麦草畏、利谷隆、甲羧除草醚、氟磺胺草醚、三氟羧草醚、乳氟禾草灵、赛克津、嗪草酮、莠灭净、哒草特、灭草松、草甘膦、异戊乙净、都阿混剂等。

168. 腺梗豨莶
Siegesbeckia pubescens Mak.

【别　　名】 黏金强子。

【幼苗特征】 种子出土萌发。子叶近圆形，长1厘米，宽1厘米，先端微凹，全缘，叶基圆形，无毛，具叶柄。下胚轴特别发达，上胚轴发达，均密被长柔毛。初生叶2片，对生，单叶，卵形，先端急尖，叶缘粗锯齿状，并生睫毛，叶基阔楔形，有明显羽状脉和短柔毛，具长柄。后生叶与初生叶相似（图168a）。

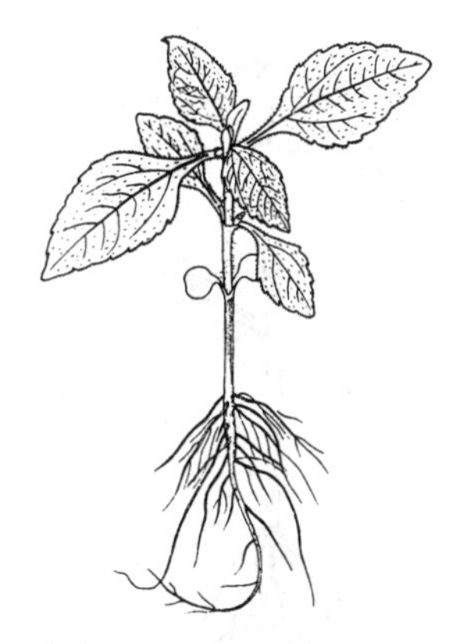

图 168a　腺梗豨莶幼苗

【成株特征】 一年生草本，高50～120厘米。茎直立，上部有分枝，被白色柔毛。叶对生或近无柄；叶片宽卵形，卵状三角形至卵状披针形，基部楔形下延成翅状柄，边缘具锯齿，两面均有毛。头状花序多数，排列成圆锥状；花序梗及总苞具头状有柄腺毛，分泌黏液；花黄色，边花舌状，心花筒状。瘦果楔形，黑色，褐色斑较多（图168b）。

【识别提示】 ①子叶近圆形，有明显上胚轴。②叶片质薄，沿叶脉有白色长柔毛，总花梗及枝上部被紫褐色头状有梗腺毛。③头状花序直径 2～3 厘米，多数再排成伞房状。

【本草概述】 生于山坡、路旁、荒野。分布于东北、华北、华南、西南各地。是果园、苗圃、田边常见杂草，部分果园和旱地受害较重。

【防除指南】 敏感除草剂有 2,4-D、2 甲 4 氯、麦草畏等。

图 168b　腺梗豨莶成株

169. 鳢　　肠

Eclipta alba prostrata L.

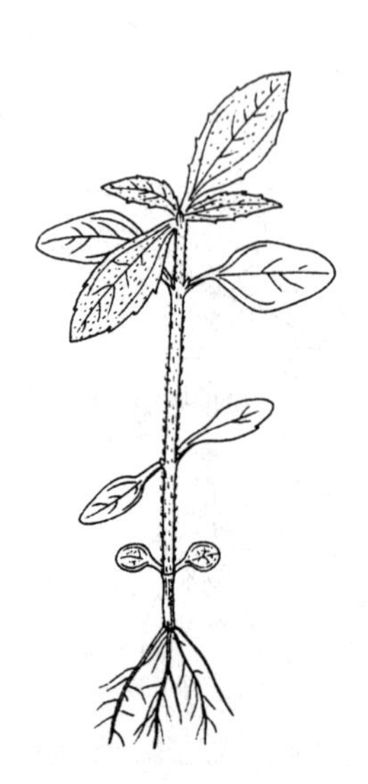

图 169a　鳢肠幼苗

图 169b　鳢肠成株

【别　　名】 旱莲草、墨草、烂脚丫、墨旱莲。

【幼苗特征】 种子出土萌发。子叶阔卵形，长 5 毫米，宽 4.5 毫米，先端钝圆，全缘，叶基圆形，有 1 条主脉和 2 条边脉，无毛，具叶柄。下胚轴较发达，上胚轴发达，呈圆柱状，密被向上斜生毛。初生叶 2 片，对生，单叶，卵形，先端钝尖，全缘或具稀细齿，叶基近圆形，三出脉，具长柄。后生叶与初生叶相似(图 169a)。

【成株特征】 一年生草本，高 15～60 厘米。茎直立或平卧，基部分枝，绿色或红褐色，被伏毛，着生后节上易生根。叶对生，无柄或基部有柄，被粗伏毛，叶片长披针形、椭圆状披针形或条状披针形，全缘或有细锯齿。头状花序腋生或顶生；总苞片5～6 枚，绿色，长椭圆形，花杂性；舌状花雌性，白色，舌片小，全缘或 2 裂；筒状花两性，裂片 4。舌状花瘦果四棱形，筒状花瘦果三棱形，表面有瘤状突起，无冠托（图 169b)。

【识别提示】 ①初生叶阔卵形，上胚轴密被向上斜生毛。②叶对生，茎叶折断后，液汁很快变为蓝褐色。③总苞片 5～6，绿色，长椭圆形，舌状花白色。

【本草概述】 生于路旁草丛、河流旁或旱地潮湿处。全国各地均有分布。是水稻田边、潮湿旱地常见杂草。主要危害水稻、玉米、棉花、豆类、蔬菜等作物，也是朱砂叶螨、小地老虎的寄主。

【防除指南】 敏感除草剂有吡嘧磺隆、灭草松、恶草酮、丁草胺、丙草胺、乳氟禾草灵、苄嘧磺隆、扑草净、莠去津、环庚草醚等。

170. 黄 花 蒿
Artemisia annua L.

【别　　名】 青蒿、黄蒿、黄香蒿、臭蒿。

【幼苗特征】 种子出土萌发。子叶近圆形，长3毫米，宽3毫米，全缘，光滑，具短柄。下胚轴发达，深红色，上胚轴不发育。初生叶2片，对生，单叶，卵形，先端急尖，叶缘两侧各有1尖齿，叶基楔形，无明显叶脉，具叶柄。第一后生叶呈羽状深裂，第二后生叶为二回羽状裂叶，第一回为3深裂。第二回为羽状深裂，幼苗除下胚轴和子叶外，均密被丁字毛（图170a）。

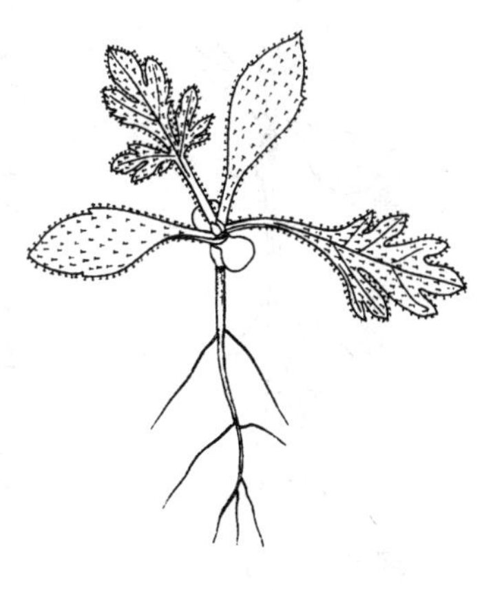

图170a　黄花蒿幼苗

【成株特征】 一年生或越年生草本，高50～150厘米。茎直立，多分枝，无毛。叶互生，基部及下部叶在花期枯萎；中部叶卵形，二回或三回羽状深裂，裂片及小裂片长圆形或倒卵形开展，基部裂片常抱茎，两面无毛或被短毛；上部叶渐小，无柄，常一回羽状分裂。头状花序极多数，球形有短梗，排列成复总状或总状花序，常有条形苞叶，总苞无毛，总苞片2～3层；花黄色，筒状。瘦果椭圆形，无毛（图170b）。

【识别提示】 ①初生叶卵形，叶缘有1尖齿，对生，幼苗密被丁字毛。②叶二回或三回羽状分裂，小裂片细而短，全株有奇臭。③头状花序球形，直径约2毫米。

【本草概述】 生于荒地或农田。全国各地均有分布。是旱地常见杂草，部分小麦、蔬菜、幼龄林木受害较重。

【防除指南】 敏感除草剂2,4-D、2甲4氯+麦草畏、三氟羧草醚、氰草津、嗪草酮、灭草松、溴苯腈、都阿混剂等。

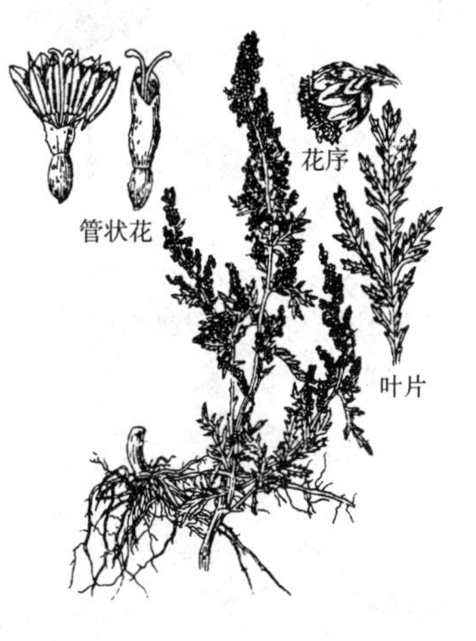

图170b　黄花蒿成株

171. 蒲 公 英
Taraxacum mongolicum Hand-Mazz.

图 171a　蒲公英幼苗

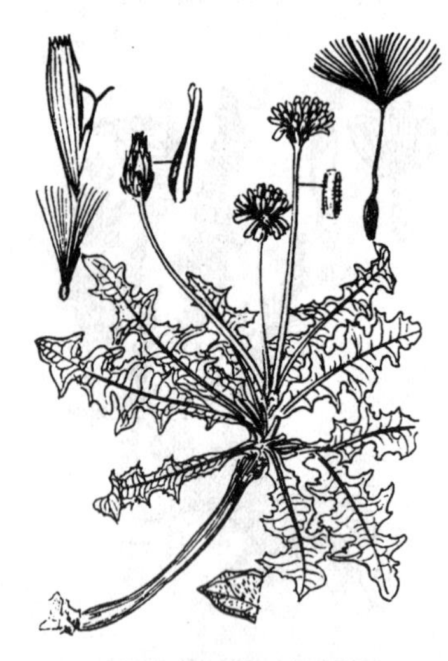
图 171b　蒲公英成株

【别　　名】 黄花草、婆婆丁、黄花地丁。

【幼苗特征】 种子出土萌发。子叶阔卵形，长 7.5 毫米，宽 7 毫米，先端钝圆，全缘，边缘紫红色，叶基下延至叶柄。下胚轴与初生根无明显界线，上胚轴不发育。初生叶 1 片，互生，单叶，近圆形，先端具小突尖，边缘带紫红色，并有 3～4 个小尖齿，叶基下延至柄。第一后生叶与初生叶相似，继之出现的后生叶变化很大。幼苗全株几乎无毛，折断茎、叶有白色乳液溢出（图 171a）。

【成株特征】 多年生草本。主根圆锥状，粗壮。叶莲座状开展，长圆状倒披针形或倒披针形，羽状深裂，侧裂片 4～5 对，长圆状披针形或三角形，具齿，顶裂片较大，戟状长圆形，羽状浅裂或仅具波状齿，基部狭成短叶柄，被疏蛛丝状毛或无毛。花梗 2～3 条，直立，中空，有蛛丝状毛，生在头状花序下，较密；头状花序单生于梗顶；总苞深绿色，内层总苞片长于外层；花全为舌状，鲜黄色，顶端有红色细条。瘦果长圆形至倒卵形，红褐色，有纵棱和横瘤，中部以上横瘤有刺状突起，喙长 6～8 毫米；冠毛白色（图 171b）。

【识别提示】 ①初生叶缘有红色小尖齿，叶基下延至柄。②叶片狭倒披针形，大头羽裂，掐断茎、叶有白色乳汁溢出。③瘦果有细瘤状突起、向基部渐粗的长喙。

【本草概述】 生于耕地、荒地、田边、路旁、沟边。全国各地均有分布。是旱地常见杂草，也是朱砂叶螨、棉蓟马、顶点金刚钻等的寄主。

【防除指南】 适时中耕除草，并在种子成熟前彻底清理田旁隙地、渠堤。敏感除草剂有 2，4-D、麦草畏、草甘膦等。

172. 苦苣菜

Sonchus brachyotus D. C.

【别　　名】苦菜、滇苦菜。

【幼苗特征】种子出土萌发。子叶阔卵形，长4.5毫米，宽4毫米，先端钝圆，全缘，叶基圆形，具短柄。下胚轴发达，褐红色，上胚轴不发育。初生叶1片，互生，单叶，近圆形，先端突尖，叶缘疏细齿状，叶基阔楔形，叶脉不明显，无毛，具长柄。第一后生叶与初生叶相似。第二后生叶阔椭圆形，先端急尖，叶缘具细齿，叶基下延至柄基部成翼。叶脉明显，疏生柔毛，第三后生叶开始叶缘具粗齿，叶基呈箭形，下延至柄基部成翼，叶片有更明显叶脉及较多的毛(图172a)。

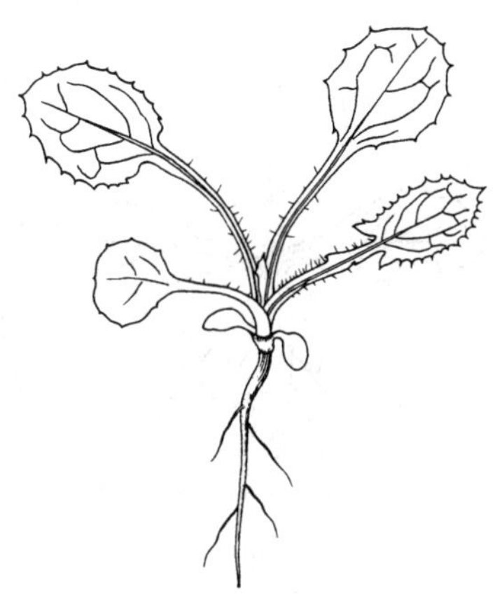

图 172a　苦苣菜幼苗

【成株特征】一年生草本，高 30～100 厘米。根纺锤状。茎直立，有条棱，不分枝或上部分枝，无毛或上部有腺毛。基生叶丛生，茎生叶互生；叶片柔软无毛，大头羽状全裂或羽状半裂，边缘有刺状尖齿，刺不棘手；下部叶的叶柄有翅，基部扩大抱茎，中上部的叶无柄，基部扩大成戟耳形。头状花序在茎顶排成伞房状；总苞钟状；花全为舌状花，鲜黄色。瘦果长椭圆状倒卵形，扁平，两面各有 3 条纵棱，棱间有细皱纹，冠毛白色（图 172b）。

【识别提示】①初生叶叶缘具疏齿，后生叶叶基下延成翼。②叶片柔软无毛，深羽裂或提琴状羽裂，裂片边缘有刺状尖齿，刺不棘手。③瘦果每面有 3 条纵棱，纵棱间有细皱纹。

【本草概述】生于山坡、路边、荒野或农田中。全国各地均有分布，是旱地及果园常见杂草，对棉花、豆类、小麦、蔬菜、苗圃危害较重。也是小地老虎的寄主。

【防除指南】敏感除草剂有 2,4-D、2 甲 4 氯＋麦草畏、敌草胺、灭草松、草甘膦、溴苯腈、氰草津、莠灭净等。

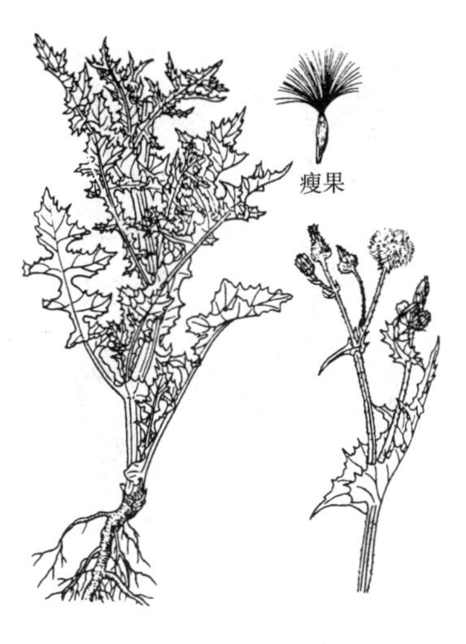

图 172b　苦苣菜成株

173. 续断菊
Sonchus asper（L.）Hill.

图 173a 续断菊幼苗

图 173b 续断菊成株

【别　　名】 石白头。

【幼苗特征】 种子出土萌发。子叶阔卵形，长4.5毫米，宽3毫米，先端钝圆，全缘，叶基圆形，具短柄。下胚轴明显，稍带粉红色，上胚轴不发育。初生叶1片，互生，单叶，椭圆形，先端急尖，叶缘细齿状，叶基阔楔形，具叶柄。第一后生叶椭圆形先端钝尖，叶缘密生刺状尖齿，叶基楔形，叶脉明显，具叶柄。第二至三后生叶均与前者相似。幼苗全株无毛（图 173a）。

【成株特征】 一年生或越年生草本，高30～70厘米。根纺锤状或圆锥状。茎直立，分枝或不分枝，无毛或上部有头状腺毛。下部叶有柄，柄上有翅，翅上有齿刺，中上部叶无柄，基部有扩大的圆耳；叶片长椭圆形或倒卵形，羽状全裂或缺刻状半裂，有时不分裂，边缘有不等长齿状刺，棘手。头状花序 5～10 个，在茎顶密集成伞房状；梗无毛或有腺毛；总苞钟状，总苞片 2～3 层，暗绿色；花全为舌状花，黄色。瘦果长椭圆状倒卵形，压扁，两面各有 3 条细纵棱，棱间无细皱纹，冠毛白色(图 173b)。

【识别提示】 ①初生叶椭圆形，叶缘细齿状，掐断茎、叶后有白色乳汁溢出。②茎生叶缺刻状半裂或羽状分裂，裂片边缘生长刺状小齿，刺棘手。③瘦果两面有明显 3 棱，棱间无细皱纹。

【本草概述】 生于路边、田野。全国各地均有分布，是农田、果园常见杂草，部分小麦、蔬菜受害较重。

【防除指南】 敏感除草剂有 2,4-D、2 甲 4 氯＋麦草畏等。

（四十八）黑三棱科杂草

水生杂草，根生于泥中，叶互生，无柄，线状，下部有鞘。花单性，雌雄同株，圆形头状花序，花序具叶状苞片；花瓣为3～6膜质鳞片；雄蕊2～3；雌蕊1室，少有2室，子房每室1粒软木质种子，内部很硬，顶端有孔。

174. 黑 三 棱

Sparganium stoloniferum Buch. -Ham

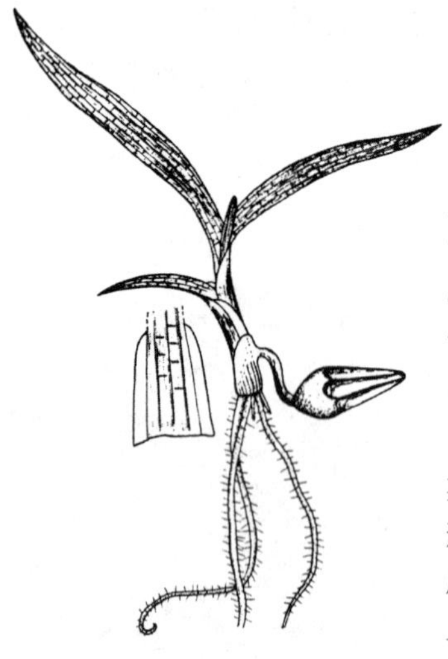
图 174a 黑三棱幼苗

图 174b 黑三棱成株

【别　　名】京三棱。

【幼苗特征】萌发时幼胚从小核果中逸出，子叶先端留在其中成为吸器，子叶与胚轴之间形成一段子叶连结。下胚轴上胚轴均不发育。初生叶1片，互生，单叶，披针形，先端锐尖，全缘，叶基具膜质叶鞘，叶子在放大镜下可见到方格状网脉。后生叶与初生叶相似(图174a)。

【成株特征】多年生沼生草本，有根状茎，高60～120厘米。茎直立，有角棱。叶条形，基生叶和茎下部叶长达95厘米，宽2.5厘米，基部稍变宽成鞘状抱茎，中脉明显；茎上部叶渐变小。花序顶生，有分枝，花单性，雌、雄花均密集为球形，生于同一分枝；雌花球通常1～2，生于分枝下部；雄花序3～10，生于分枝上部或茎顶端。聚合果球形，果实倒圆锥形，有角棱，先端具1～2毫米长喙状物(图174b)。

【识别提示】①幼苗有子叶连结，子叶先端连着小核果。②直立沼生植物，地下有卵球形块茎。③花单性，密集成圆头状花序。

【本草概述】生于水池、沼泽、水塘或河岸浅水处，分布于东北、华北、西北，以及江苏、江西、西藏等省、自治区，是水稻田常见杂草。地势低洼、排水不良的老稻田受害重。

【防除指南】改造低洼内涝稻田，实行水旱轮作，加强稻田管理，及时中耕除草。敏感除草剂有2,4-D、2甲4氯、苄嘧磺隆、吡嘧磺隆等。

（四十九）眼子菜科杂草

多年生草本，生于沼泽或海滨。匍匐茎生泥土中。叶沉水中或浮于水面，对生或互生，全缘或有齿，托叶生叶下部或基部。花细小，穗状花序，或单生，露出水面，具篦苞状托叶。花两性或单性，无苞片；花被4，凹形，绿色；雄蕊4，无花丝，与花被对生，生于花被基部，2大2小，向外开裂；单心皮子房4，无柄，每室具1胚珠，核果小，种子近肾形。

175. 眼 子 菜

Potamogeton distinctus A. Benn.

图 175a 眼子菜幼苗

图 175b 眼子菜成株

【别　　名】 鸭舌头草、过河柳、毛子菜。

【幼苗特征】 种子出土萌发。子叶针状，长 6 毫米。下胚轴不发达，上胚轴不发育。初生叶 1 片，互生，单叶，带状或带状披针形，先端急尖或锐尖，全缘，叶基两侧有顶端不伸长膜质叶鞘。后生叶单叶，互生，叶片带状披针形，先端锐尖，全缘，叶基两侧亦有膜质叶鞘。叶片有 3 条明显叶脉，中脉较粗。第二至三片后生叶均与前者相似（图 175a）。

【成株特征】 多年生水生漂浮草本，具匍匐根状茎。茎细长，长可达 50 厘米。浮水叶互生，花序下的对生；浮水叶有长柄；叶片宽披针形至卵状椭圆形，沉水叶条状披针形，叶柄较短；托叶薄，膜质，早落。穗状花序生于浮水叶的叶腋；花序梗长4～7 厘米，比茎粗；穗长长4～5 厘米，花小型，黄绿色。小坚果宽卵形，背面有 3 脊，侧面 2 条较钝，基部通常有 2 个突起（图 175b）。

【识别提示】 ①初生叶带状或带状披针形，叶鞘顶部不伸长。②水生漂浮草本，浮水叶略带草质，宽披针形至卵状椭圆形，全缘。

【本草概述】 生于池沼、沟渠、稻田。分布东北、华北、西北、西南、华中、华东等省区，是水稻田常见杂草，部分水稻田受害较重。

【防除指南】 实行水旱轮作，细致田间管理，适时中耕除草，早期清理渠道中。敏感除草剂有 2,4-D、2 甲 4 氯、敌草隆、利谷隆、西草净、扑草净、苄嘧磺隆、吡嘧磺隆、恶草酮、异戊乙净、禾草特。

176. 小叶眼子菜

Potamogeton cristatus Roget et Maack.

【别　　名】 水竹叶、突果眼子菜。

【幼苗特征】 种子出土萌发。子叶针状，长3毫米。下胚轴发达，上胚轴不发育。初生叶1片，互生，单叶，带状披针形，先端锐尖，全缘，叶基渐窄，有1条中脉。后生叶与初生叶相似(图176a)。

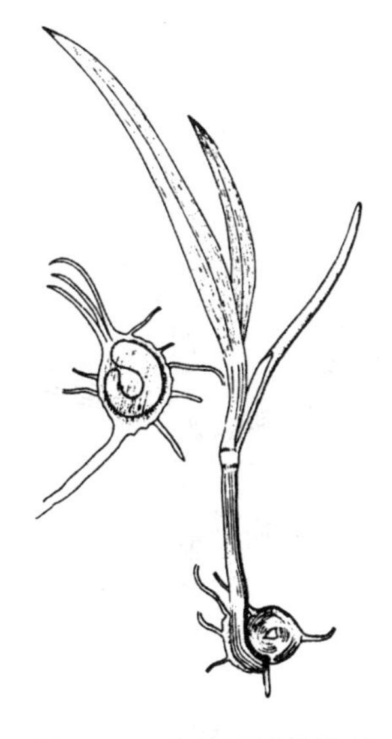

图176a　小叶眼子菜幼苗

【成株特征】 多年生草本，有细长根状茎。茎细弱，圆形或近圆形。叶二型，沉水叶线形，长3～6厘米，宽1～2毫米，浮水叶椭圆形或卵状披针形，长1.5～3厘米，宽4～10毫米，顶端钝或锐尖，全缘，有短柄。花序梗长8～12毫米，穗状花序长7～10毫米。果实斜倒卵形，背部中脊上有鸡冠状突起(图176b)。

【识别提示】 ①子叶针状，下胚轴发达。②茎细弱，浮水叶小，沉水叶线形。③果实背脊上有鸡冠状突起。

【本草概述】 生静水池塘或稻田中。分布于东北及河北、湖南、湖北、四川、江苏、浙江、江西、福建、台湾等省，是稻田中常见杂草。

【防除指南】 实行水旱轮作，细致田间管理，适时中耕除草，早期清理渠道中。敏感除草剂有2,4-D、2甲4氯、敌草隆、利谷隆、西草净、扑草净、苄嘧磺隆、吡嘧磺隆、恶草酮、异戊乙净，禾草特。

图176b　小叶眼子菜成株

177. 竹叶眼子菜

Potamogeton malaianus Miq.

【别　　名】马来眼子菜、柳叶扎、竹叶藻。

【幼苗特征】种子出土萌发。子叶针状，长 4 毫米。基部具子叶鞘。下胚轴不发达，上胚轴极短。初生叶 1 片，互生，单叶，带状披针形，先端锐尖，全缘，叶基渐窄下延，基部有顶端明显伸长的透明膜质叶鞘，叶片有 1 条细脉。后生叶与初生叶相似（图 177a）。

图 177a　竹叶眼子菜幼苗

【成株特征】多年生沉水草本，具根状茎。茎细长，不分枝或少分枝，长可达 1 米。叶互生或对生，有柄；叶片线状长圆形或条状披针形，中脉粗壮，横脉明显，边缘波状，透明膜质。穗状花序生于茎顶的叶腋中，花序梗比叶柄粗；花小型，黄绿色。果实倒卵形，侧面扁平，背部脊尖锐（图 177b）。

图 177b　竹叶眼子菜成株

【识别提示】①初生叶带状披针形，叶鞘顶部明显伸长。茎细长，可达 1 米。②叶片成线状披针形或线状长圆形，长 5～18 厘米，宽 1～2 厘米，边缘有微波状褶皱或细齿。

【本草概述】生于池沼、湖泊、沟渠、稻田及周围积水地。分布于东北、西南及河北、陕西、河南、山东、安徽、江苏、浙江、江西、福建、湖北、湖南等省区，是稻田中常见杂草，部分水稻受害较重。

【防除指南】实行水旱轮作，细致田间管理，适时中耕除草，早期清理渠道。敏感除草剂有 2，4 - D、2 甲 4 氯、敌草隆、利谷隆、西草净、扑草净、苄嘧磺隆、吡嘧磺隆、恶草酮、异戊乙净、禾草特。

178. 菹　　草

Potamogeton crispus L.

【别　　名】 榨草、鹅草、虾藻。

【幼苗特征】 种子出土萌发。子叶针状，长 3.5 毫米，下胚轴发达，上胚轴不发育。初生叶 1 片。互生，单叶，带状披针形，先端急尖，全缘，有 1 条中脉，叶基两侧有半透明膜质圆形托叶，基部下延抱茎。第一片后生叶与初生叶基本相似。第二至三片后生叶先端呈圆形，其他与初生叶相似（图 178a）。

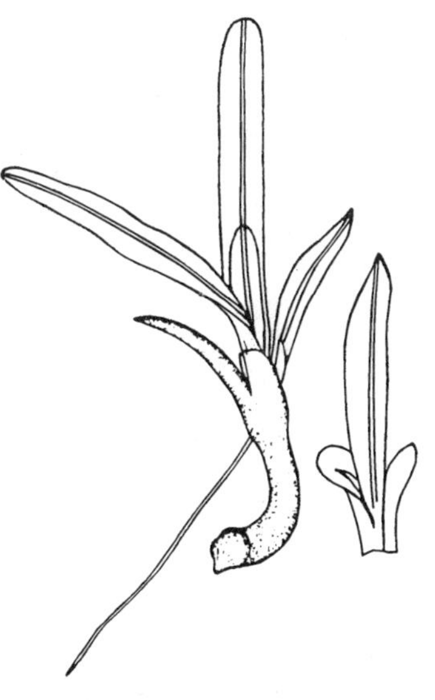

图 178a　菹草幼苗

【成株特征】 多年生沼水草本，根状茎细长。茎多分枝，略扁平，侧枝顶端常具芽苞，脱离后长成新植株。叶披针形，边缘略有浅波状褶皱，具 3 脉，无柄；托叶膜质，抱茎。穗状花序腋生，疏松少花，花被、雄蕊、子房均为 4。果实圆卵形，顶端有长喙，背部脊全缘或有齿（图 178b）。

图 178b　菹草成株

【识别提示】 ①初生叶先端锐尖，第二片后生叶开始，叶片先端近圆形。②茎多分枝，扁平，侧枝顶端常具芽苞。

【本草概述】 生于池塘、沟渠、河流浅水处及稻田中。全国各地均有分布。是稻田较为常见杂草，部分水稻受害较重。

【防除指南】 实行水旱轮作，细致田间管理，适时中耕除草，早期清理渠道。敏感除草剂有2,4-D、2甲4氯、敌草隆、利谷隆、西草净、扑草净、苄嘧磺隆、吡嘧磺隆、恶草酮、异戊乙净、禾草特。

（五十）茨藻科杂草

草本植物，生于淡水或盐水中。茎分枝甚多，叶基部有鞘或具鞘状托叶。花细小，单性或两性，绿色，无花被，或有鳞片状透明萼片，少有花被，呈管状，上端分裂成4鳞片；雄蕊1～2或5。果实为瘦果。

179. 大 茨 藻
Najas marina L.

【别　　名】 茨藻、玻璃藻。

【幼苗特征】 种子出土萌发。子叶锥状或针状，表面密布紫红色线点，长4毫米。下胚轴粗壮，长5毫米，带暗绿色，有紫红色线点，上胚轴不发育。初生叶1片，互生，单叶，带状，叶缘有粗齿，无明显叶脉，无柄。后生叶与初生叶相似。幼苗全株光滑无毛，半透明状，呈暗绿色(图179a)。

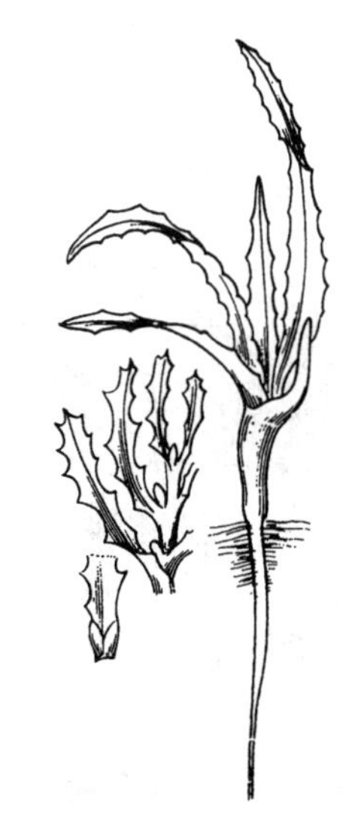
图 179a　大茨藻幼苗

【成株特征】 一年生沼生草本。茎柔弱，多分枝，长约70厘米，具稀疏锐尖短刺。叶对生，条形至椭圆状条形，顶端锐尖，边缘每侧具6～8个刺状粗齿；基部叶鞘圆，全缘或偶具疏刺齿，无叶柄。花单生于叶腋，雌雄异株；雄花包藏于1瓶状苞内，花被2裂，具1雄蕊；雌花无花被，柱头2～3。果椭圆形，不偏斜(图179b)。

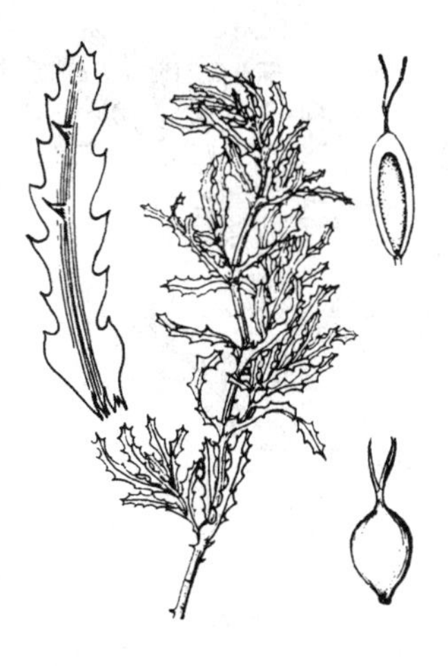
图 179b　大茨藻成株

【识别提示】 ①子叶锥状或针状，初生叶鞘不明显，叶缘有粗刺状锯齿。②茎具稀疏锐尖短刺。

【本草概述】 生水池、湖泊中。分布于辽宁、吉林、河北、山西、河南、湖南、江苏、云南等省。

【防除指南】 敏感除草剂有甲羧除草醚、扑草净、恶草酮、异戊乙净、禾草特等。

180. 小 茨 藻
Najas minor All.

【别　　名】 鸡羽藻、鸟毛藻。

【幼苗特征】 种子出土萌发。子叶针状，长 4 毫米，鞘顶端圆形。下胚轴较明显，基部与初生根相接处有 1 明显的颈环，其表面密生根毛，上胚轴不发育。初生叶 1 片，互生，单叶，带状，上端叶缘疏生1～3 细齿，叶鞘顶端近圆形，边缘有 2～3 细齿，叶片有 1 条中脉，无柄。后生叶与初生叶相似（图 180a）。

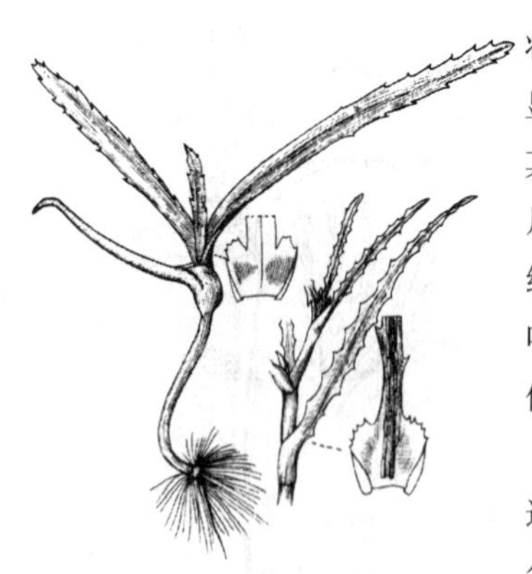

图 180a　小茨藻幼苗

【成株特征】 一年生沉水草本。茎柔软，通常叉状分枝，无刺。分枝下部叶为3叶轮生，分枝上部叶为对生，条形，顶端具1或2刺状细齿，边缘每侧有6～11刺状细齿，基部叶鞘半圆形或短心耳状。雌雄同株；花小，单生于叶腋，雄花具篦状苞片；雌花无花被片。果实条状长椭圆形(图180b)。

【识别提示】 ①初生叶叶鞘顶端呈倒心脏形，有细齿。②茎无刺，纤细，易断，叶对生或 3 叶轮生。③雌雄同株。

【本草概述】 生池沼、浅湖、沟渠或稻田中。分布于广东、云南、湖南、河南、河北、陕西、新疆等省、自治区，是稻田常见杂草，尤以老稻田受害严重。

【防除指南】 实行水旱轮作，严格控制水源，防止其种子进入稻田。敏感除草剂有扑草净、甲羧除草醚、恶草酮、异戊乙净、禾草特等。

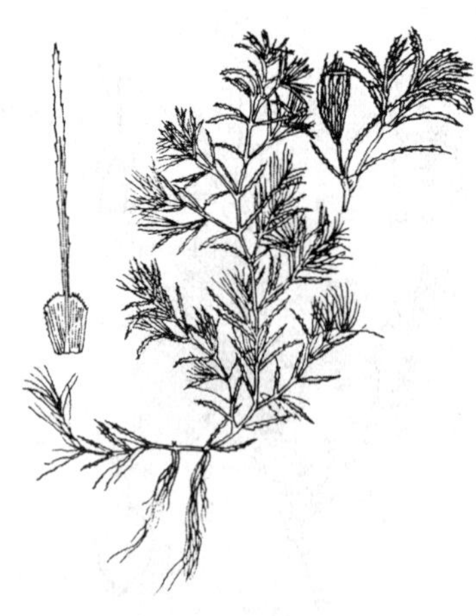

图 180b　小茨藻成株

（五十一）泽泻科杂草

水生或沼生多年生杂草，通常有匍匐茎。叶基部有鞘。花两性或单性，雌雄同株或异株。花被6数，排列成二轮；雄蕊6～9个，心皮多数，分离成多数单雌蕊，轮状排列同一平面或花托盘上，子房1室，多数生有1种子。

181. 泽　泻

Alisma orientale (Sam.) Juzepcz.

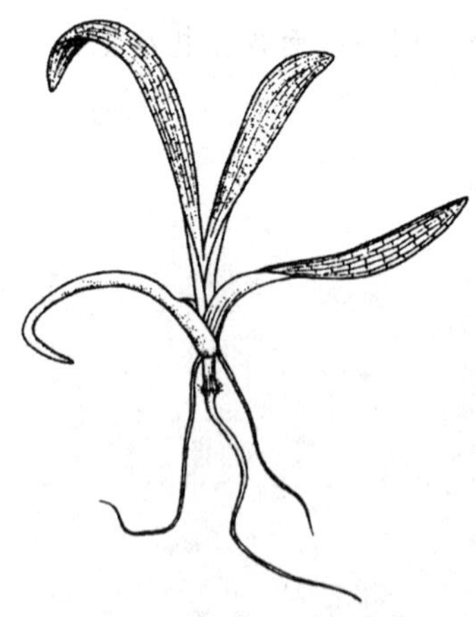

图 181a　泽泻幼苗

图 181b　泽泻成株

【别　　名】 水泻、水白菜、匙子草、芒芋。

【幼苗特征】 种子出土萌发。子叶 1 枚，针状。下胚轴发达，与初生根接处常膨大形成球状颈环，其表面密生细长根毛，幼苗初期借此固定于泥土中，上胚轴不发育。初生叶 1 片，单叶，互生，叶片一般呈带状披针形，后生叶有各种不同形态，有箭形、带状或匙形等（图 181a）。

【成株特征】 多年生沼生草本。根须状，具短缩根头。叶全部基生，具长柄，基部鞘状；叶片长椭圆形至宽卵形，全缘。花梗直立，高 15～100厘米；花序分枝轮生，通常3～8 轮组成大型圆锥状复伞形花序；花两性，外轮花被 3，萼片状，广卵形；内轮花被 3，花瓣状，白色，较外轮小；雄蕊 6；心皮多数，轮生。瘦果扁平，倒卵形，背部有 1～2 沟槽，花柱宿存（图 181b）。

【识别提示】 ①初生叶带状披针形，叶尖急尖。②叶全部基生，叶片长椭圆形至宽卵形，基部楔形或心形，叶柄长达 50 厘米，基部鞘状。③心皮 10～20，轮生于扁平花托上。

【本草概述】 生池沼、湖泊、沟渠、稻田及周围积水地。全国各地均有分布。是稻田常见杂草，低洼排水不良的老稻田受害严重。

【防除指南】 加强排灌设施，改造低洼稻田，实行水旱轮作，适时中耕除草，早期清理田旁隙地和渠道。敏感除草剂有2，4-D、2甲4氯、敌草隆、西草净、扑草净、丙草胺、苄嘧磺隆、吡嘧磺隆、灭草松、恶草酮、异戊乙净、禾草特等。

182. 矮慈姑
Sagittaria pygmaea Miq.

【别　　名】 瓜皮草、鸭石子。

【幼苗特征】 种子出土萌发。子叶针状，长8毫米。下胚轴明显，基部与初生根交界处有1膨大呈球状的颈环，其四周长出细长根毛，刚萌发的幼苗借此固定于泥中，上胚轴不发育，初生叶1片，互生，单叶，带状披针形，先端锐尖。全缘，叶基渐窄，有3条纵脉及其之间的横脉，由此构成网脉。后生叶与初生叶相似，但第二后生叶呈倒带状披针形，纵脉较多，其他与初生叶相似，但露出水面的后生叶逐渐变为带状，幼苗全株光滑无毛(图182a)。

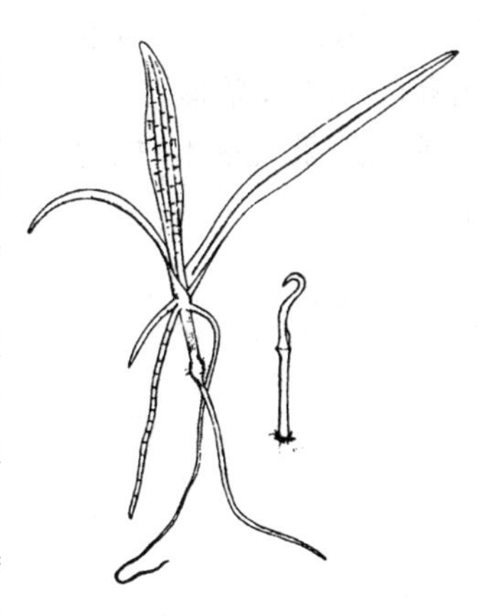

图 182a　矮慈姑幼苗

【成株特征】 一年生沼生草本。叶全部基生，条形或条状披针形，先端钝，基部渐狭，稍厚，网脉明显。花梗直立。高10～20厘米，花序简单，有花2～3轮，单性；雌花通常1个，无梗，生于下部；雄花2～5，具1～3厘米长细梗；外轮花被3片，萼片状，卵形；内轮花被3片，花瓣状，白色，较外轮者大；雄蕊12，花丛扁而宽；心皮多数集成圆球形。瘦果宽倒卵形，扁平，两侧具狭翅，翅缘有不整齐锯齿(图182b)。

图 182b　矮慈姑成株

【识别提示】 ①初生叶带状披针形，叶尖锐尖，②叶全部基生，线状披针形，网脉明显。③瘦果两侧有狭翅，翅端有不整齐锯齿。

【本草概述】 生浅水池塘、沼泽及稻田中。分布于华东、华南、西南等区，北至陕西、河南，是稻田常见杂草。部分水稻受害较重。也是褐边螟的寄主。

【防除指南】 敏感除草剂有吡嘧磺隆、西草净、苄嘧磺隆、灭草松、恶草酮、环庚草醚、异戊乙净、禾草特等。

(五十二)水鳖科杂草

水生草本。根生泥中。单叶浮于水面，或沉没于水中，对生或轮生。花整齐，雌雄异株或同株，有佛焰苞；花萼3，绿色，或如花冠；花冠通常膜质或无；雄蕊3～12，花药2室；下位子房，1～9室。果实在水中成熟，分裂，膜质或肉质，具数个或多数种子。

183. 水　　鳖

Hydrocharis dubia (Bl) Backer.

【别　　名】 苤菜。

【幼苗特征】 种子出土萌发。子叶锥状,下胚轴上胚轴均不发育。初生叶1片,互生,单叶,卵形,先端急尖,全缘,叶基近圆形,无明显叶脉,无毛,具短柄。后生叶阔卵形,先端急尖,全缘,无明显叶脉,无毛,具长柄,其基部两侧具膜质叶鞘。幼苗全株光滑无毛(图183a)。

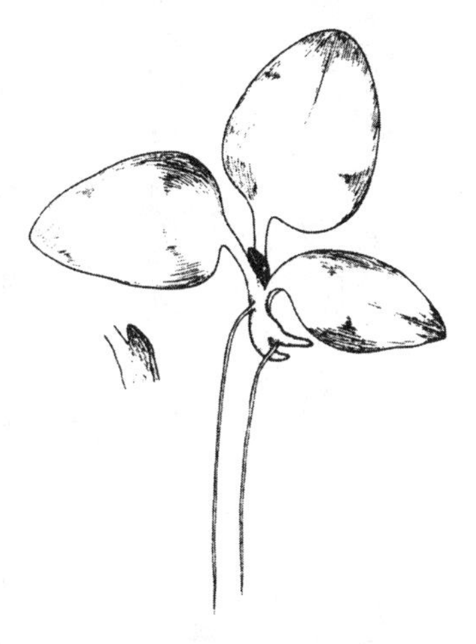

图 183a　水鳖幼苗

【成株特征】 多年生漂浮草本。有匍匐茎,具须根。叶圆状心形,直径3～5厘米,叶色深绿色,叶背略带紫色,并具宽卵形泡状贮气组织;叶柄长达10厘米,花单性,雌雄同株;雄花2～3朵,聚生于具2个叶状苞片的花梗上;外轮苞片3,草质,内轮花被片3,膜质白色;雄蕊6～9,有3～6轮退化雄蕊;雌花单生于苞片内;外轮花被片3,长卵形;由轮花被片3,宽卵形,白色;具6枚退化雄蕊;子房下位,6室,柱头6,条形,深2裂。果实肉质,近圆球形(图183b)。

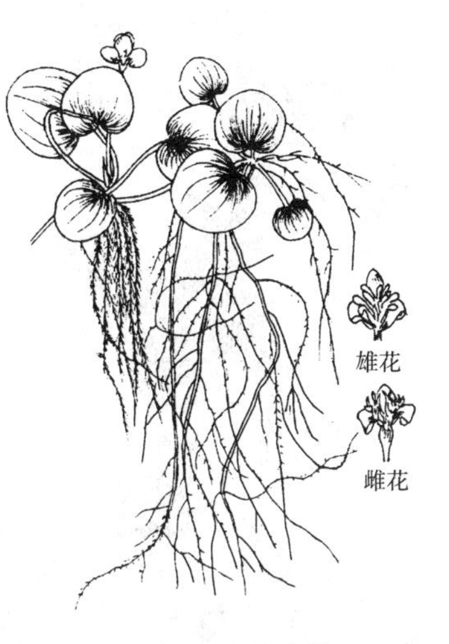

图 183b　水鳖成株

【识别提示】 ①子叶锥状,初生叶阔卵形。②叶圆状心形,背面有1群凸起的海绵状漂浮组织,内充气泡。

【本草概述】 生静水沼地或稻田中。分布于福建、浙江、安徽、江苏、山东、河北、河南、湖南、湖北、陕西、四川、云南等省,是稻田常见杂草,以日光充足处较多。

【防除指南】 敏感除草剂有扑草净、西草净、乙氧氟草醚等。

184. 黑　　藻

Hydrilla verticillata (L. f.) Royle.

图 184a　黑藻幼苗

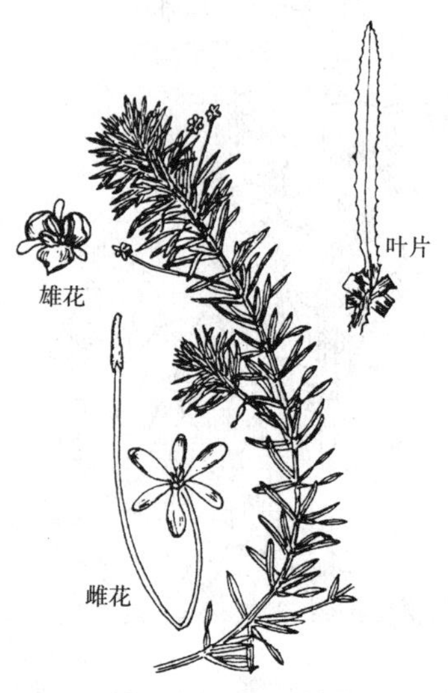

图 184b　黑藻成株

【别　　名】 铡草、轮叶水草、水玛小、钱串子。

【幼苗特征】 种子出土萌发。子叶针状，长 5 毫米。下胚轴上胚轴均发达，下胚轴下端与初生根相接处有 1 明显颈环。初生叶 3～4 片，轮生，单叶，带状披针形，全缘，叶缘有极细微小尖齿，无明显叶脉，无柄。后生叶为单叶，3 片，轮生，叶片由带状披针形逐渐变为带状，叶片有 1 条中脉，其他与初生叶相似（图 184a）。

【成株特征】 多年生沉水草本。茎细长，有分枝，长 2 米。叶无柄，4～8 片轮生；叶片条形或条状长圆形全缘或具小锯齿，两面均有红褐色小斑点。花小，雌雄异株，雄花单生于叶腋的圆形无柄呈刺状的苞片内，开花时伸出水面，花被片 6，成 2 轮，雄蕊 3；雌花单生，由 1 个 2 齿的筒状苞片内伸出；外轮花被片 3；萼片状，长圆状椭圆形，内轮花被片 3，花瓣状；子房下位，花柱 3（图 184b）。

【识别提示】 ①子叶针状，有上胚轴，初生叶轮生。②沉水草本，茎延长而细，叶线形，常 4～8 片轮生。

【本草概述】 生池沼、湖泊、沟渠、稻田及附近浅水地。除我国西部部分省区外，全国各地均有分布。是地势低洼、排水不良老稻田中常见杂草，部分水稻受害较重。

【防除指南】 实行水旱轮作，适时排水晒田，及时中耕除草。药剂防除可用乙氧氟草醚、吡嘧磺隆等。

185. 苦　草

Vallisneria spiralis L.

【别　　名】 带子草、小节草、脚带小草。

【幼苗特征】 种子出土萌发。子叶针状，有明显下胚轴，基部与初生根相接处膨大形成颈环，上胚轴不发育。初生叶1片，互生，单叶，带状，先端钝尖，全缘，无脉，无叶脉。后生叶与初生叶相似(图185a)。

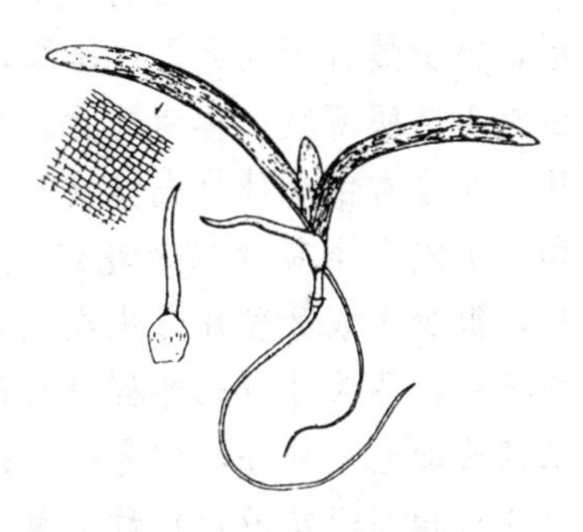

图 185a　苦草幼苗

【成株特征】 多年生沉水草本，有匍匐枝，叶基生，长条形，长度随水深浅而异，一般 10～20 厘米，最长可达 1～2 米，宽 5～10 毫米，全缘或稍有细锯齿；叶面有紫褐色条纹和斑点。花雌雄异株；雄花多数，极小，生于卵形、3 裂具短柄的佛焰苞内，佛焰苞生于叶腋，雄蕊 1～3。雌花单生，包于管状具 3 齿的佛焰苞内，柱头 3；雄花萼片从基部开裂，花开放时佛焰苞裂开小。雄花脱离，浮出水面，借水传粉；雌花佛焰苞由很长的花梗送到水面，受精后花梗旋卷将子房托入水下结果。果实条形，成熟时长 5～17 厘米（图 185b）。

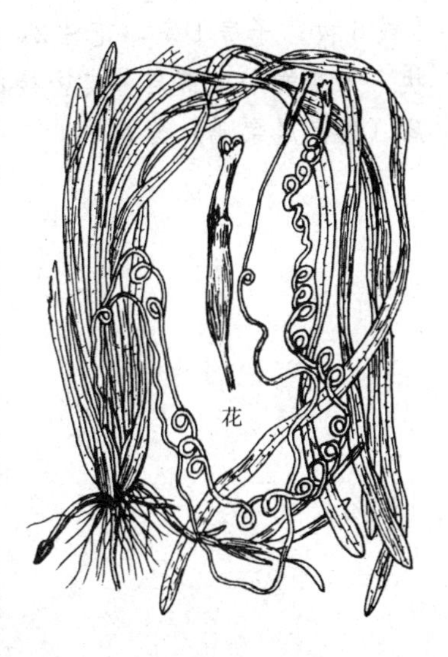

图 185b　苦草成株

【识别提示】 ①初生叶带状，叶尖急尖。②沉水草本，叶长形或狭带状，最长可达 2 米。③雌花佛焰苞有长梗，开花时伸出水面，授粉后长柄旋卷将子房托入水下结果。

【本草概述】 生池塘、沟渠、稻田中。分布于华北、华东、华中、西南等省区。是稻田较为常见的杂草，部分水稻受害较重。

【防除指南】 实行水旱轮作，加强田间管理，及时中耕除草，并早期清理田边隙地。敏感除草剂有乙氧氟草醚、扑草净、五氯酚钠+2 甲 4 氯等。

（五十三）禾本科杂草

多年生或一年生、二年生草本植物，很少灌木或乔木，须根。茎埋藏于地下或呈地下茎，着生地面的称为秆，直立或倾斜，呈匍匐茎，节明显，节间常中空，很少实心。叶分叶片与叶鞘两部分，叶鞘包着秆，通常一边开缝，边缘覆盖，少有封闭。叶片多为线形，很少披针形或卵形，全缘，平行脉；叶片与叶鞘之间向秆的一面有1透明薄膜，称为叶舌。叶鞘顶端两侧各有1附属物，称为叶耳。花序常由小穗排成穗状、总状、指状或圆锥状；小穗由小穗轴和2个或多个苞片以及花组成；最下两苞片无雌蕊雄蕊，称为颖片，很少1或2颖片退化或完全消失，颖片上1至多数包有雌雄蕊的苞片，称为外稃；外稃对面常有另1苞片，称为内稃，颖和外稃基部质地坚厚部分，称为基盘；外稃与内稃中有2或3，最少6小薄片（相当于花被片）称为鳞被或浆片；由外稃及内稃包裹浆片、雄蕊和雌蕊组成小花，小花单性或两性；雄蕊通常3，很少1、2、4或6枚；子房1室，花柱2，很少1或3；柱头常为羽毛状或帚刷状。果实的果皮常与种皮密接，称颖果，少数种类的果皮与种皮分离（如鼠尾粟属）称囊果。

186. 千 金 子

Leptochloa chinensis (L.) Nees

【幼苗特征】 种子留土萌发。第一片真叶长椭圆形,长3~7毫米,宽1~2毫米,先端急尖,有7条直出平行脉,叶片与叶鞘之间有1膜质环状叶舌,其顶端齿裂,叶鞘很短,长仅1.5毫米,边缘有薄膜,亦具7条脉,叶片与叶鞘均被极细短毛,随后的真叶带状披针形(图186a)。

图 186a 千金子幼苗

【成株特征】 一年生草本。秆丛生,上部直立,基部膝曲,高30~90厘米,具3~6节,光滑无毛,叶鞘无毛,大多短于节间;叶舌膜质,多撕裂具小纤毛;叶片条状披针形,无毛,常卷折。圆锥花序长 10~30 厘米,分枝细长;小穗成 2 行着生于穗轴一侧,含 3~7 小花;颖具 1 脉,第二颖稍长;外稃具 3 脉,无毛或下部被微毛;第一外稃长约 1.5 毫米;雄蕊 3。颖果长圆形(图 186b)。

【识别提示】 ①第一片真叶有 7 条或 9 条直出平行脉。②圆锥花序长 10~30 厘米,由多数穗形总状花序组成。③小穗常带紫色,有 3~7 小花,颖具 1 脉,外稃具 3 脉。

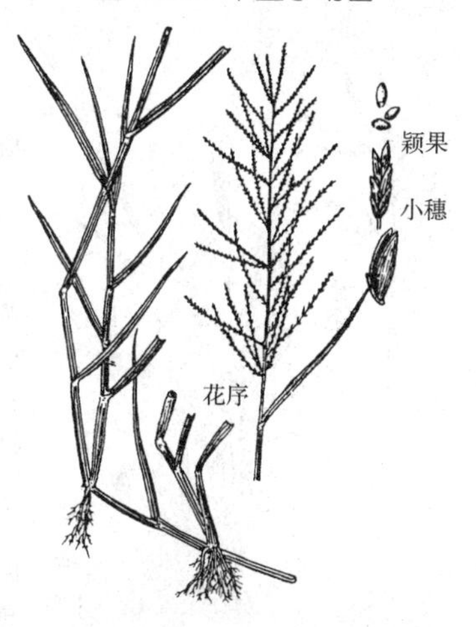

图 186b 千金子成株

【本草概述】 生潮湿地或苗圃。分布于华东、华中、华南以及四川、贵州、河南等省区,是水稻田边、湿润旱地常见杂草,部分水稻、豆类、棉花、瓜类、薯类、甜菜等作物受害较重。也是稻苞虫、稻蓟马、稻蚜、白翅叶蝉的寄主。

【防除指南】 加强田间管理,适时中耕除草,早期清理田边、渠边。药剂防除可用丁草胺、甲草胺、异丙甲草胺、丙草胺、敌稗、敌草胺、氟乐灵、甲羧除草醚、扑草净、恶草酮、异戊乙净、禾草丹、茅草枯、敌草隆、西玛津、赛克津、都阿混剂等。

187. 蟋 蟀 草

Eleusine indica（L.）Gaertn.

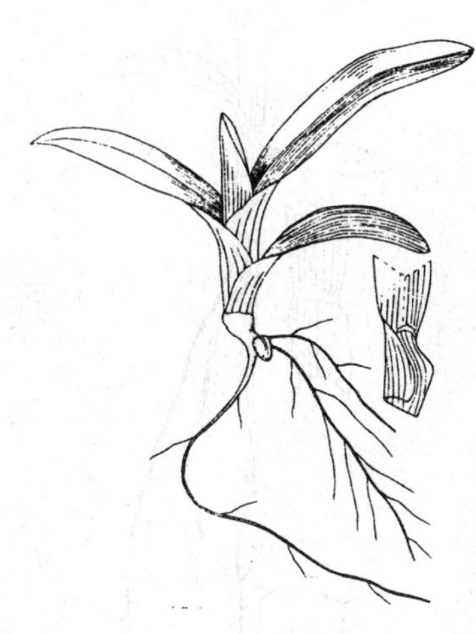

图 187a　蟋蟀草幼苗

图 187b　蟋蟀草成株

【别　　名】牛筋草。

【幼苗特征】 种子留土萌发。幼苗全株扁平状。第一片真叶呈带状披针形，长 9 毫米，宽 2 毫米，先端急尖，有 9 条直出平行脉，叶片与叶鞘之间有 1 环状叶舌，其顶端呈细齿裂，但无叶耳，叶鞘向内对折，与第二片真叶的叶鞘成为套折，叶片与叶鞘均光滑无毛（图187a）。

【成株特征】 一年生草本。秆丛生、斜伸或偃卧，有时近直立，高 15～90 厘米。叶鞘压扁，具脊，鞘口具柔毛；叶舌短；叶片条形。穗状花序 2～7 枚，呈指状排列于秆顶，有时其中 1 或 2 枚单生于其花序下方；小穗成双行密集于穗轴一侧，含 3～6 小花；颖和稃均无芒；第一颖短于第二颖；第一外稃具3脉，有脊，脊上具狭翅；内稃短于外稃，脊上具小纤毛。囊果卵形，有明显波状皱纹(图187b)。

【识别提示】 ①第一片真叶与后生叶为折叠状相抱，幼苗全株扁平状，光滑无毛。②秆基部倾斜向四周开展，叶鞘压扁，有脊。③穗状花序2～7枚指状排列于秆顶，小穗密集穗轴一侧成2行排列。

【本草概述】 生于农田、路边和荒地。分布几乎遍及全国。是世界恶性杂草，常与马唐、反枝苋、藜一起危害作物，主要受害作物有棉花、玉米、豆类、瓜类、薯类、花生、蔬菜、果树等。也是锈病、黏虫、稻飞虱的寄主。

【防除指南】 药剂防除可用禾草灵、吡氟禾草灵、草灭畏、甲草胺、异丙甲草胺、丁草胺、丙草胺、氯草敏、莠去津、恶草酮、异恶草松、茅草枯、草甘膦、都阿混剂、灭草敌、西玛津、氟吡甲禾灵等。

188. 虎尾草
Chloris virgata Swartz

【别　　名】 棒槌草、刷子头、盘草。

【幼苗特征】 种子留土萌发。第一片真叶带状，长 15 毫米，宽 1.5 毫米，先端急尖，叶基渐窄，有 11 条直出平行脉，叶背有疏柔毛，叶片与叶鞘之间有 1 不甚明显环状叶舌，叶鞘外被柔毛。第二片真叶带状披针形，叶缘具睫毛，叶舌环状，顶端齿裂（图 188a）。

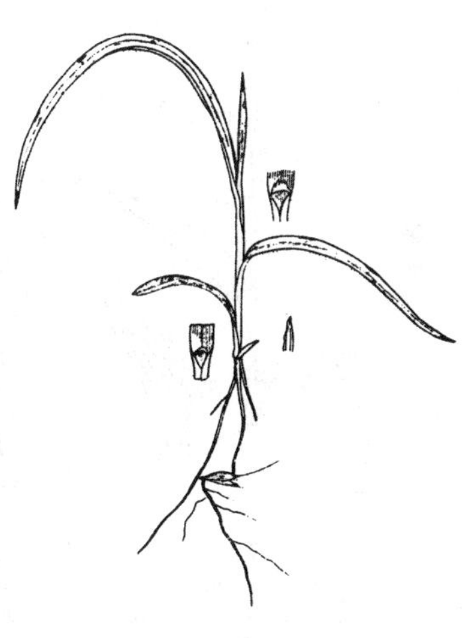

图 188a　虎尾草幼草

【成株特征】 一年生草本。秆丛生，直立、斜伸或基部膝曲，光滑无毛，高20～60厘米。叶片条状披针形；叶鞘光滑，背部具脊；叶舌具小纤毛。穗状花序4～10簇生于秆顶；小穗排列于穗轴一侧，含2～3花，下部花结实，上部花不孕而互相抱卷成球状；颖膜质，第二颖长于第一颖，具短芒；第一外稃先端稍下方有长5～10毫米的芒，两边脉上有长柔毛；内稃稍短于外稃，脊上具微纤毛；不孕花外稃先端有短芒。颖果狭椭圆形，淡棕色，透明（图188b）。

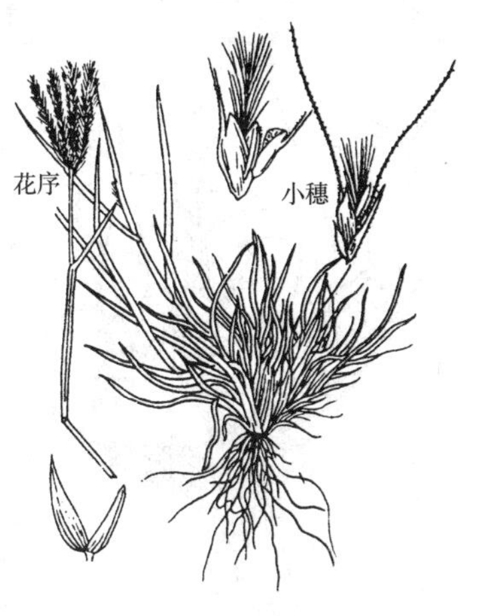

图 188b　虎尾草成株

【识别提示】 ①第一片真叶的环状叶舌顶端为全缘，有11条直出平行脉。②叶鞘光滑无毛，背部有脊，松弛抱秆，最上者常肿胀而包藏花序。③穗状花序4～10枚，簇生秆顶，小穗排列于穗轴一侧。④第一外稃主脉延伸成直芒，边脉上有长柔毛。

【本草概述】 生于路旁、荒野或农田，分布几乎遍及全国，部分旱作物、果园、苗圃受害较重。

【防除指南】 敏感除草剂有吡氟禾草灵、喹禾灵、恶草酮、草甘膦等。

189. 狗 牙 根

Gynodon dactylon (L.) Pars.

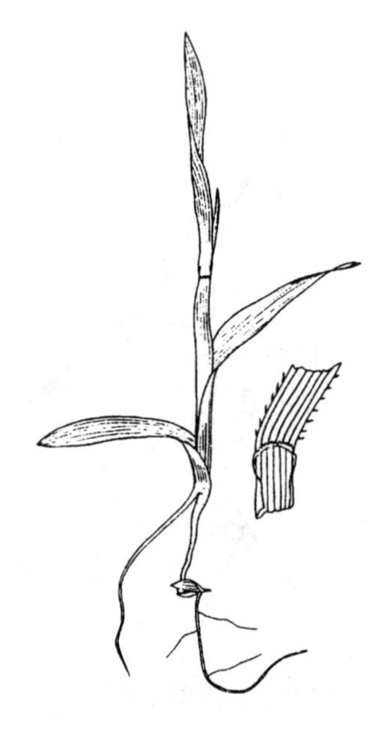

图 189a　狗牙根幼苗

图 189b　狗牙根成株

【别　　名】 绊根草、爬根草。

【幼苗特征】 种子留土萌发。第一片真叶带状，长 7 毫米，宽 1 毫米，先端急尖，叶缘有极细刺状齿，叶片有 5 条直出平行脉，叶片与叶鞘之间有 1 很窄环状膜质叶舌，其顶端细齿裂，叶鞘有 5 条脉，紫红色，叶片与叶鞘均无毛，第二片真叶带状披针形，有 9 条直出平行脉（图 189a）。

【成株特征】 多年生草本，具根状茎或匍匐茎。秆匍匐的部分长可达 1 米，并于节上生根及分枝，直立部分高 10～30 厘米。叶条形；叶鞘具脊，鞘口通常具柔毛；叶舌短，具小纤毛。穗状花序 3～6 枚，指状排列于秆顶；小穗成 2 行排列于穗轴一侧，含 1 小花；两颖近等长或第二颖稍长，各具 1 脉，外稃与小穗等长，具 3 脉，脊上有毛；内稃与外稃近等长，具 2 脊。颖果长圆形（图 189b）。

【识别提示】 ①第一片真叶环状叶舌端细齿裂，叶片边缘有刺状齿，有 5 条直出平行脉。②具根状茎或匍匐茎，叶片线形，互生，在下部者因节间缩短似对生。③穗状花序 3～6 枚指状排列于秆顶，小穗排列于穗轴一侧。④小穗灰绿色或带紫色，通常含 1 花，颖有膜质边缘。

【本草概述】 生于河边、草地、路旁或农田，分布于黄河以南各省区，是世界恶性杂草，常成单一种群或与马唐、铁苋菜等混生。主要危害棉花、玉米、大豆、薯类、瓜类、果树等。也是锈病、黑粉病、稻蓟马、稻蚜、飞虱、叶蝉、小地老虎的寄主。

【防除指南】 可用恶草酮、一雷定、草甘膦等药剂防除。

190. 野燕麦
Avena fatua L.

【别　　名】 燕麦草。

【幼苗特征】 种子留土萌发。第一片真叶带状，长6～9厘米，宽3～4.5毫米，先端急尖，叶缘具睫毛，有11条直出平行脉，叶片与叶鞘之间有1片半透明膜质叶舌，顶端不规则齿裂，但无叶耳，叶片和叶鞘均光滑无毛。第二片真叶带状披针形(图190a)。

图 190a　野燕麦幼苗

【成株特征】 一年生或越年生草本。秆丛生或单生，直立，高60～120厘米，具2～4节。叶鞘松弛，光滑或基部被柔毛；叶舌透明膜质；叶片宽条形。圆锥花序开展，呈塔形，分枝轮生，疏生小穗；小穗含2～3小花，梗细长，弯曲下垂；两颖近等长，通常具9脉；外稃质地坚硬，下部散生粗毛，芒从稃体中部稍下处伸出，长2～4厘米，膝曲，扭转；内稃较短狭。颖果长圆形，被淡棕色柔毛，腹面具纵沟（图190b）。

图 190b　野燕麦成株

【识别提示】 ①第一片真叶和后生叶均有叶舌，叶片边缘具有睫毛，有11条直出平行脉。②圆锥花序顶生，小穗下垂。③小穗含2～3小花，小穗轴之间易断落，通常密生硬毛，颖通常具9脉，芒从外稃中部稍下处伸出膝曲，扭转。

【本草概述】 生于田边、路旁草地、沟边、村落附近荒地及农田中。全国各地均有分布。常混生在各种作物中，尤以麦田最多，部分小麦、大麦受害较重。

【防除指南】 合理轮作换茬，播前清选种子，及时中耕除草。药剂防除可用禾草灵、燕麦灵、双苯唑快、敌草胺、氟乐灵、绿麦隆、克草敌、一雷定、丁草敌等。

191. 早熟禾
Poa annua L.

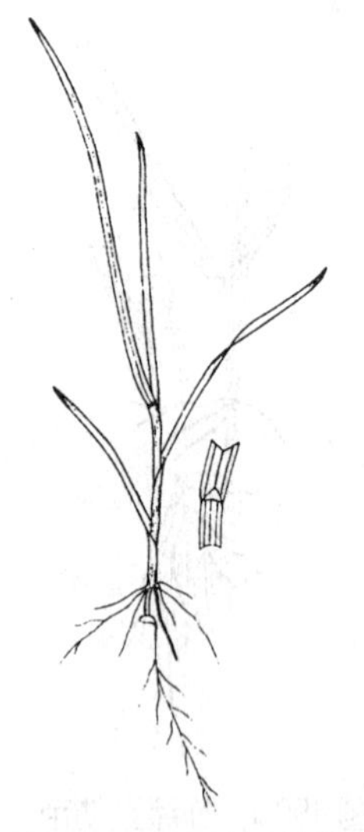

图 191a　早熟禾幼苗

图 191b　早熟禾成株

【别　　名】 小鸡草。

【幼苗特征】 种子留土萌发。第一片真叶带状披针形，长1.5～2.2厘米，宽0.6毫米，先端锐尖，有3条直出平行脉，叶片与叶鞘之间有1片三角形膜质叶舌，无叶耳，叶鞘3条脉，叶片与叶鞘均光滑无毛（图 191a）。

【成株特征】 越年生或一年生草本。秆丛生，细弱，直立或稍倾斜，高 8～30 厘米。叶鞘多自中部以下闭合，无毛；叶舌膜质，圆头；叶片质地柔软。圆锥花序开展，每节分枝 1～2（3）枚；小穗含 3～5 花；颖质薄，第一颖稍短于第二颖，具 1 脉，第二颖具 3 脉；外稃边缘及顶端膜质，具 5 脉，脊和边脉下部具柔毛，脉间无毛或基部具柔毛，基盘无绵毛，第一外稃长 3～4 毫米，内稃与外稃等长或稍短，脊上具长柔毛。颖果近纺锤形（图 191b）。

【识别提示】 ①第一片真叶带状披针形。有 3 条直出平行脉。②秆柔软，叶鞘自中部以下闭合，叶片顶端呈船形。③圆锥花序开展，每节有 1～3 分枝。④第一颖有 1 脉，第二颖 3 脉，外稃 5 脉，脊 2/3 以下和边脉 1/2 以下有长柔毛。

【本草概述】 生于草地、路旁或阴湿处。分布几乎遍及全国，是菜地、果园、苗圃的常见杂草，部分小麦、蔬菜受害较重。也是黑尾叶蝉、灰飞虱、白翅叶蝉、稻蓟马、稻蚜、稻小潜叶蝇的寄主。

【防除指南】 细致田间管理，及时中耕除草。药剂防除可用吡氟禾草灵、喹禾灵、烯禾啶、异丙甲草胺、毒草胺、敌草胺、氟乐灵、绿麦隆、百草敌、都阿混剂、都莠混剂、一雷定、西玛津、二甲戊禾灵、环草啶、燕麦灵等。

192. 画眉草 *Eragrostis pilosa* (L.) Beauv.

【别　　名】 蚊子草、星星草、榧子草。

【幼苗特征】 种子留土萌发。第一片真叶带状，长1厘米，宽0.8毫米，先端钝尖，叶缘具细齿，有5条直出平行脉，叶片与叶鞘之间无叶舌、叶耳，叶鞘边缘上端有肩毛。第二片真叶带状披针形，叶缘密生腺点，有7条直出平行脉，叶片与叶鞘之间叶舌和叶耳均呈毛状（图192a）。

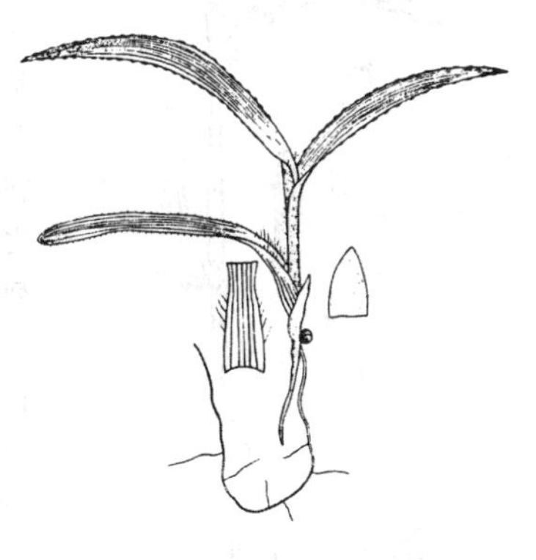

图192a　画眉草幼苗

【成株特征】 一年生草本，秆丛生。叶鞘具脊，光滑或鞘口具长柔毛；叶舌为1圈短纤毛；叶片狭条形。圆锥花序较开展，枝腋间有长柔毛；小穗长圆形，含3～14小花；颖果长圆形（图192b）。

【识别提示】 ①后生叶具毛状叶舌，叶片具7条在放大镜下可见的直出平行脉。②圆锥花序较开展，分枝近于轮生，枝腋有长柔毛。③小穗熟后暗绿色或带紫黑色，第一颖常无脉，第二颖1脉，外稃侧脉不明显。

【本草概述】 生于耕地、田边、路旁、庭院、运动场、村落或房屋周围隙地。分布几乎遍及全国，是旱地、苗圃、果园的常见杂草，部分棉花、豆类、薯类等作物受害较重。

【防除指南】 合理轮作和秋耕。加强田间管理，及时中耕除草。种子成熟前彻底清理田旁隙地。药剂防除可用禾草灵、吡氟禾草灵、伏草灵、一雷定、菌达灭、茅草枯、草甘膦、异丙甲草胺、氟乐灵、莠去津、烯禾啶、氰草津、乙草胺、氟吡甲禾灵等。

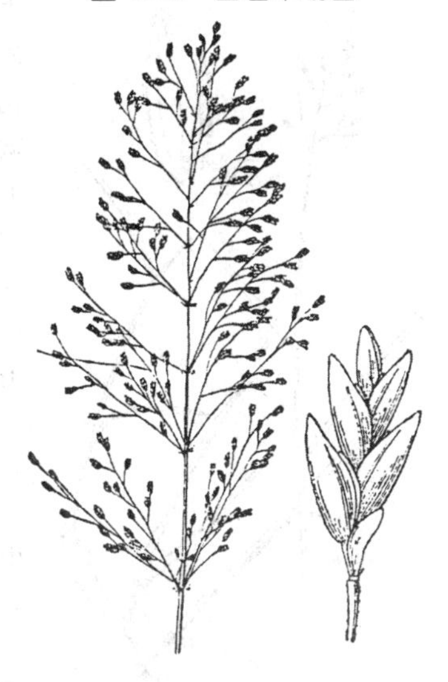

图192b　画眉草成株

193. 假　　稻

Leersia hexandra Swartz

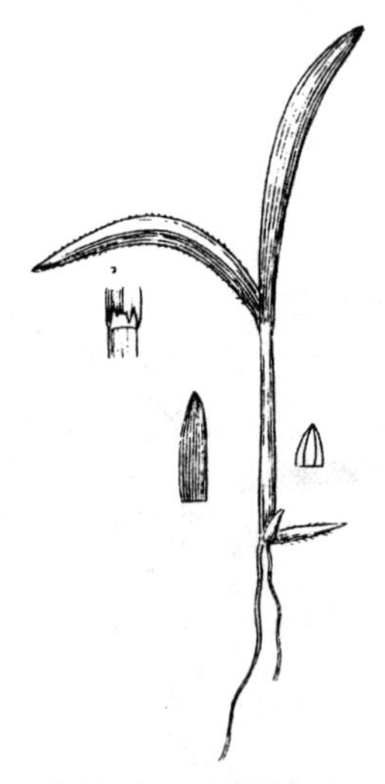
图 193a　假稻幼苗

图 193b　假稻成株

【别　　名】 李氏禾、游草。

【幼苗特征】 种子萌发时，从胚芽鞘穿出仅有叶鞘而无叶片的第一片真叶，叶鞘长 7 毫米，有 7 条叶脉，抱茎。第二片真叶开始为完全叶，叶片带状，长 1.9 厘米，宽 1.7 厘米，在叶片与叶鞘之间有 1 片膜质裂齿状叶舌，继之出现的真叶与第二叶相似，并以 2 行交互排列。幼苗全株无毛（图 193a）。

【成株特征】 多年生草本。秆丛生，基部秆倾斜或伏地生根，茎秆直立，高20～100 厘米，节上常具倒生微毛。叶片条状披针形，质地较硬，常内卷；叶鞘光滑或粗糙，叶舌膜质，长 1～2 毫米。圆锥花序长 5～10 厘米，主轴较细弱，分枝纤细，具角棱，长达 4 厘米；小穗两侧压扁，具短柄，含 1 花，颖退化；外稃 5 脉；脊与边缘均具刺毛，两侧疏生微刺毛；内稃与外稃等长，狭窄，具 3 脉，脊上有刺毛，雄蕊 6（图 193b）。

【识别提示】 ①第一片真叶无叶片，仅有叶鞘。②多年生草本，常有匍匐茎，节上常密生倒毛。③外稃 5 脉，内稃有 3 脉，主脉有刺毛。

【本草概述】 生于水边湿地。分布于华东、华中以及河北、河南、陕西、四川、贵州等省区，是稻田边常见的杂草，可扩展至稻田中，部分水稻受害较重。也是黑尾叶蝉、白翅叶蝉、稻象甲、玉米蚜、稻负泥虫的寄主。

【防除指南】 合理水旱轮作。早期清理田旁隙地。敏感除草剂有吡氟禾草灵、草甘膦、百草敌等。

194. 看 麦 娘

Alopecurus aequalis Sobol.

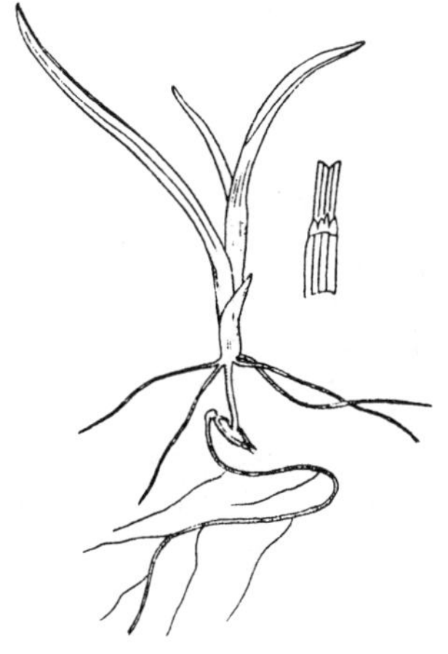

图 194a 看麦娘幼苗

【幼苗特征】 种子留土萌发。第一片真叶带状，长1.5厘米，宽0.5毫米，先端锐尖，有3条直出平行脉，叶片与叶鞘之间有1片3深齿裂有膜质叶舌，但无叶耳，叶鞘亦有3条脉，叶两面及叶鞘均光滑无毛（图194a）。

【成株特征】 越年生或一年生草本，秆疏丛生，软弱，光滑，基部常膝曲，高15～40(65)厘米。叶鞘通常短于节间；叶舌薄膜质；叶片近直立。圆锥花序狭圆柱状、淡绿色，小穗含1花，密集于穗轴之上；两颖同形，近等长，脊上具纤毛，侧脉下部具短毛；外稃等长或稍长于颖，背面中部以下有1短芒，隐藏或略伸出颖外，无内稃；花药橙黄色，颖果长椭圆形（图194b）。

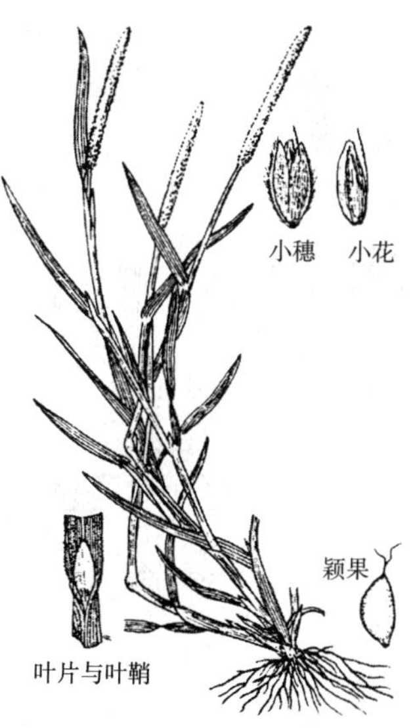

图 194b 看麦娘成株

【识别提示】 ①第一片真叶长1.5厘米，宽0.5毫米，两侧叶缘无倒生刺状毛。②圆锥花序狭圆柱状，淡绿色，小穗合1花，花药橙黄色。

【本草概述】 生于湿润农田或地边。全国各地均有分布。是麦田、稻田边常见杂草，主要危害稻茬麦、油菜、绿肥等作物，地势低洼麦田受害严重。也是黑尾叶蝉、白翅叶蝉、灰飞虱、稻蓟马、稻小潜叶蝇、稻螟玲、稻蚜、麦田蜘蛛的寄主。

【防除指南】 合理轮作换茬，加强田间管理，适时中耕除草。药剂防除可用禾草灵、敌草胺、绿麦隆、禾草丹、西玛津、扑草净、伏草隆、异丙隆、喹禾灵、氟吡甲禾灵、吡氟禾草灵、烯禾啶、精恶唑禾草灵等。

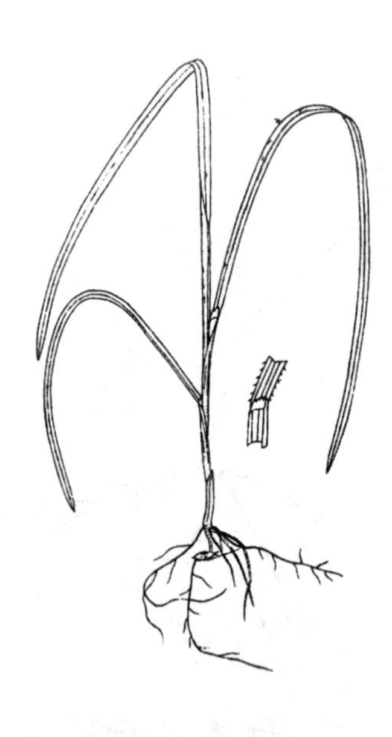

图 195a　日本看麦娘幼苗

195. 日本看麦娘

Alopecurus japonicus Steud.

【幼苗特征】 种子留土萌发。第一片真叶带状，长 7～11 厘米，宽 1 毫米，先端急尖，叶缘两侧生倒刺状毛，有 3 条直出平行脉，叶片与叶鞘之间有 1 片膜质三角状叶舌，其顶端呈齿裂，无叶耳，叶鞘 3 条脉，叶片与叶鞘均无毛。第二片真叶与前者相似（图 195a）。

【成株特征】 一年生或越年生草本。秆多数丛生，高 20～50 厘米。叶鞘疏松抱茎，叶片背面光滑，表面粗糙，圆锥花序圆柱状，小穗长圆状卵形，含 1 小花，脱节于颖下，颖仅在基部互相合生，具 3 脉，脊上具纤毛，外稃略长于颖，其下部边缘互相合生，近基部伸出 1 芒，中部稍膝曲，花药灰白色（图 195b）。

【识别提示】 ①第一片真叶长 7～11 厘米，两侧叶缘有倒生刺状毛。②圆锥花序圆柱状，小穗含 1 花，花药灰白色。

【本草概述】 生于湿润环境，分布于陕西、浙江、江苏、广东等省，是麦田常见杂草，部分麦田受害较重。

【防除指南】 敏感除草剂有精恶唑禾草灵、莠草净等。

图 195b　日本看麦娘成株

196. 棒 头 草

Polypogon higegaweri cp.

【幼苗特征】 种子留土萌发。第一片真叶带状，长 3.3 厘米，宽 0.5 毫米，先端急尖，有 3 条直出平行脉，叶片与叶鞘之间有 1 片裂齿状叶舌。但无叶耳，叶片与叶鞘均光滑无毛（图 196a）。

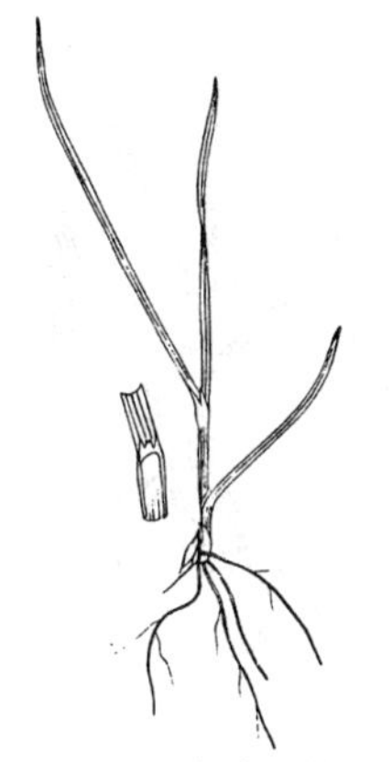

图 196a 棒头草幼苗

【成株特征】 越年生或一年生草本。秆丛生，披散或基部膝曲上升，有时近直立，高 15～75 厘米，具 4～5 节，叶片长 5～15 厘米，宽 4～9 毫米；叶鞘光滑无毛；叶舌膜质，常 2 裂或先端不整齐齿裂。圆锥花序直立，分枝稠密或疏松，长可达 4 厘米，小穗含 1 花，长约 2 毫米，灰绿色或部分带紫色；两颖近等长，先端裂口处有长 1～3 毫米直芒；外稃中脉延伸成长约 2 毫米的细芒。颖果椭圆形（图 196b）。

图 196b 棒头草成株

【识别提示】 ①第一片真叶长 3.3 厘米，宽 0.5 毫米。②圆锥花序塔形，小穗有1花。③颖几乎等长，由裂口处伸出几乎等长于小穗的芒，芒长1～3毫米。

【本草概述】 生于低湿地或水边。除东北一些省区外，全国各地均有分布，是菜地、果园、苗圃的常见杂草，部分低湿地小麦、蔬菜、豆类等作物受害较重。

【防除指南】 加强田间管理，及时中耕除草。早期清理田旁隙地。药剂防除可用草甘膦、茅草枯、扑草净、氰草津、西玛津、绿麦隆、氟乐灵、喹禾灵、吡氟禾草灵、氟吡甲禾灵、烯禾啶等。

197. 长芒棒头草
Polypogon monspeliensis (L.)Desf.

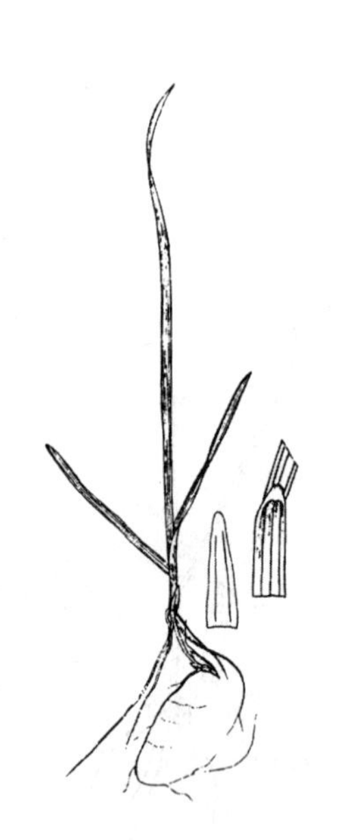

图 197a　长芒棒头草幼苗

【幼苗特征】　种子留土萌发。第一片真叶带状，长 2.6 厘米，宽 0.8 厘米，先端急尖，有 3 条直出平行脉，叶片与叶鞘之间有 1 片与叶鞘三角形膜质叶舌，其顶端齿裂，叶舌边缘与叶鞘相连，叶片与叶鞘均光滑无毛（图 197a）。

【成株特征】　越年生或一年生草本。秆丛生，直立或基部膝曲，高 20～60 厘米。叶片长 6～13 厘米，宽3～9 毫米；叶鞘较松弛，叶舌膜质，2 深裂或呈不规则撕裂状。圆锥花序紧缩呈穗状，小穗淡灰绿色，含 1 花；两颖近等长，脊和边缘具纤毛，先端裂口外伸出长3～7 毫米细芒；外稃长约为小穗的一半，中脉延伸成长约与稃体等长而易脱落的细芒，内稃狭小，透明膜质。颖果倒卵状长圆形（图 197b）。

图 197b　长芒棒头草成株

【识别提示】　①第一片真叶长 2.6 厘米，宽 0.8 毫米。②圆锥花序塔形，小穗有 1 小花。③颖近等长，裂口延伸出长3～7 毫米芒。

【本草概述】　生于湿地或浅水中。分布于华北、西北、华东、华南等地区。部分低湿地作物受害较重。

【防除指南】　同棒头草。

198. 狗尾草
Setaria viridis（L.）Beauv.

【别　　名】 谷莠子、狗毛草、绿狗尾草、青狗尾草。

【幼苗特征】 种子留土萌发。萌发时，首先伸出外部裹着紫红色胚芽鞘的胚芽，然后从其顶端窜出第一片真叶。叶片长椭圆形，长1.1厘米，宽2.5毫米，先端急尖，有21条直出平行脉，叶片与叶鞘之间叶舌退化成1排毛，叶鞘边缘疏生柔毛。第二片真叶带状披针形（图198a）。

图198a　狗尾草幼苗

【成株特征】 一年生草本。秆疏丛生，直立或基部膝曲上伸，高30～100厘米。叶片条状披针形；叶鞘光滑，鞘口有柔毛；叶舌具长1～2毫米纤毛。圆锥花序紧密呈圆柱状，直立或微弯曲，刚毛绿色或变紫色；小穗椭圆形，长2～2.5毫米，2至数枚簇生，成熟后与刚毛分离而脱落；第一颖卵形，长约小穗1/3，第二颖与小穗近等长；第一外稃与小穗等长，具5～7脉，内稃狭窄；谷粒长椭圆形，先端钝，具细点状皱纹（图198b）。

图198b　狗尾草成株

【识别提示】 ①第一片真叶无叶舌，后生叶具毛状叶舌。②圆锥花序紧密成圆柱形，通常直立，小穗长2～2.5毫米。③第二颖几与小穗等长。

【本草概述】 生于耕地、路旁、荒地、脱谷场及周围隙地。全国各地均有分布。也是稻纵卷叶螟、稻苞虫、黏虫、黑尾叶蝉、稻管蓟马、稻蚜、小地老虎的寄主。

【防除指南】 加强田间管理，及时中耕除草。可用禾草灵、喹禾灵、草灭畏、甲草胺、异丙甲草胺、乙草胺、敌稗、氟乐灵、绿麦隆、灭草敌、一雷定、西玛津、扑草净、恶草酮、异恶草松、百草敌、茅草枯、草甘膦、都阿混剂、都莠混剂、五氯酚钠、敌稗、敌草胺等药剂防除。

199. 金色狗尾草

Setaria glauca (L.)Beauv.

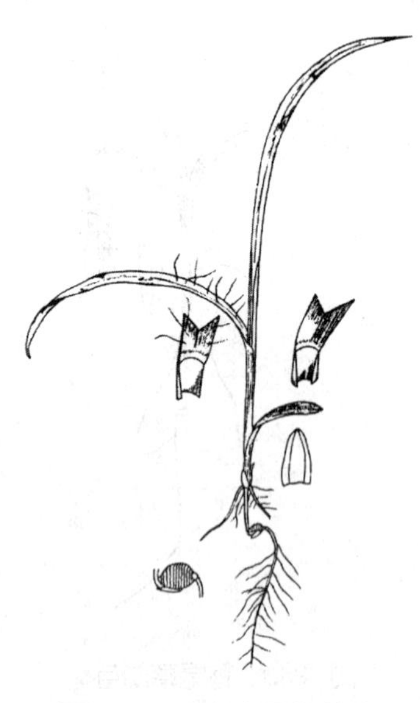

图 199a　金色狗尾草幼苗

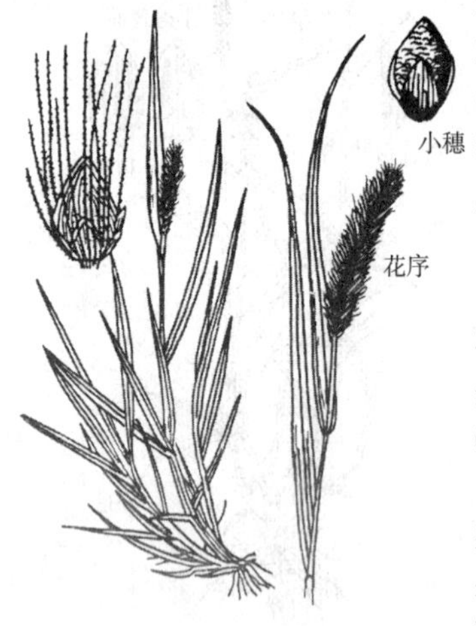

图 199b　金色狗尾草成株

【别　　名】 牛尾草、黄狗尾草、黄安草。

【幼苗特征】 种子留土萌发。幼苗地下部残留小穗，其外稃的横皱纹可作为鉴别的参考依据。第一片真叶带状，长2～3.5厘米，宽3～4毫米，先端急尖，有26条直出平行脉，其中3条较粗，叶片与叶鞘之间有1圈毛状叶舌，叶鞘紫红色。第二片真叶带状披针形，叶片基部腹面疏生长柔毛（图199a）。

【成株特征】 一年生草本。秆直立或基部倾斜地面，并于节外生根，高20～90厘米。叶片条形，叶面近基部处常有毛；叶鞘扁而具脊，淡红色，光滑无毛；叶舌为1圈长约1毫米的柔毛。圆锥花序圆柱状，直立；刚毛金黄色或稍带褐色，长达8毫米；小穗椭圆形，含1～2花，先端尖，通常在1簇中仅1个发育；第一颖长约为小穗的1/3，第二颖长约为小穗的1/2，有5～7脉；第一外稃与小穗等长，具5脉，内稃膜质，与外稃近等长。谷粒先端尖，成熟时有明显横皱纹，背部极隆起（图199b）。

【识别提示】 ①第一片真叶具1圈毛状叶舌。②圆锥花序圆柱状，直立，刚毛金黄色或稍带紫色，小穗长3～4毫米。③第二颖长为小穗的1/2。

【本草概述】 生于较湿润的农田、沟渠或路旁。全国各地均有分布，是旱地、果园、苗圃、菜地常见杂草，部分苗圃、蔬菜受害较重。

【防除指南】 同狗尾草。

200. 马　　唐

Digiatria sanguinalis (L.)Scop.

【别　　名】 叉子草、鸡爪草、大抓根草。

【幼苗特征】 种子留土萌发。第一片真叶卵状披针形，长1厘米，宽3.5厘米，先端急尖，叶缘具睫毛，有19条直出平行脉。叶片与叶鞘之间有1不甚明显环状叶舌，顶端齿裂，无叶耳，叶鞘有7条脉，外表密被长柔毛。第二片真叶带状披针形，叶片与叶鞘之间有1明显三角状，顶端有齿裂的叶舌(图200a)。

图 200a　马唐幼苗

【成株特征】 一年生草本。秆基部倾斜，着地后易生根，高 40～100 厘米，光滑无毛。叶片条状披针形，两面疏生软毛或无毛；叶鞘短于节间，多少疏生有疣基的软毛，稀无毛；叶舌膜质，先端钝圆。总状花序 3～10 枚，指状排列或下部近于轮生；小穗通常孪生，1 有柄，1 几无柄；第一颖微小，第二颖长约小穗的 1/2 或稍短于小穗，边缘有纤毛；第一外稃与小穗等长，具 5～7 脉，脉间距离不匀而无毛；第二外稃边缘膜质，覆盖内稃。颖果椭圆形，透明（图 200b）。

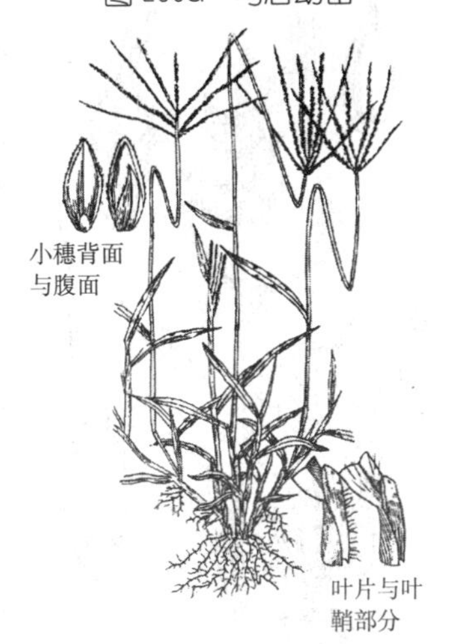

图 200b　马唐成株

【识别提示】 ①第一片真叶具1狭窄环状而顶端齿裂的叶舌。叶缘具长睫毛。②总状花序3～10枚，指状排列。③第二颖长为小穗的1/2～3/4。

【本草概述】 生耕地、田边、路旁、沟边、村落或房屋周围坡地。主要危害棉花、豆类、花生、瓜类、薯类、玉米、高粱、蔬菜、果树等，也是炭疽病、黑穗病、稻纵卷叶螟、黏虫、稻蓟马、黑尾叶蝉、稻蚜、玉米蚜的寄主。

【防除指南】 合理轮作。敏感除草剂有禾草灵、吡氟禾草灵、烯禾啶、甲草胺、异丙甲草胺、乙草胺、草灭畏、敌稗、敌草胺、氟乐灵、绿麦隆、禾草丹、地乐酚、西玛津、扑草净、恶草酮、异恶草松、百草敌、茅草枯、草甘膦、灭草敌、都阿混剂、都莠混剂、五氯酚钠、氟吡甲禾灵、伏草隆等。

201. 稗
Echinochloa crusgalli (L.) Beauv.

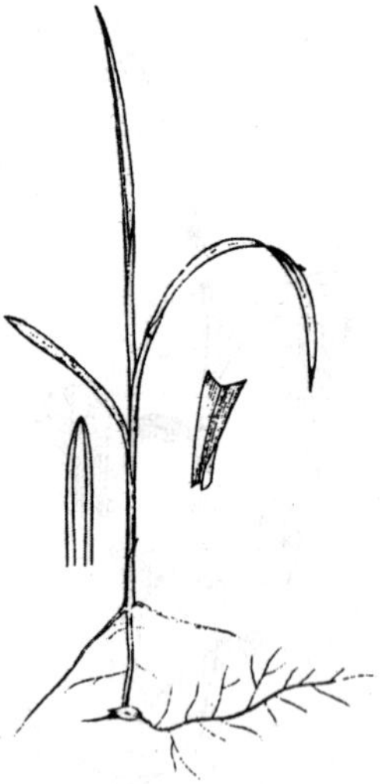

图 201a 稗幼苗

【别　　名】 稗子、扁扁草。

【幼苗特征】 种子留土萌发。第一片真叶带状披针形，长 3 厘米，宽 2～2.5 毫米，有 15 条直出平行脉，叶鞘长 3.5 厘米，抱茎，叶片与叶鞘之间无叶舌、叶耳，甚至二者之间无明显相接处。幼苗全株光滑无毛（图 201a）。

【成株特征】 一年生草本。秆丛生，直立或基部膝曲，高 50～130 厘米。叶片条形，无毛；叶鞘光滑；无叶舌。圆锥花序较开展，直立或微弯；总状花序常具分枝，斜上或贴生；小穗含 2 花，卵圆形，长约 3 毫米，有硬疣毛，密集于穗轴一侧；颖具3～5 脉；第一外稃具 5～7 脉，先端常有长 5～30 毫米芒；第二外稃先端有小尖头，粗糙，边缘卷抱内稃。颖果卵形；米黄色；种子繁殖（图 201b）。

【识别提示】 ①第一片真叶有 15 条在放大镜下可见的直出平行脉，第一片真叶及后生叶均无叶舌。②圆锥花序较开展，直立而粗壮。③小穗有较粗壮芒，芒长 0.5～3 厘米。

【本草概述】 生低湿农田、荒地、路旁或浅水中。全国各地均有分布，是世界恶性杂草，主要危害水稻，也是黑尾叶蝉、白翅叶蝉、二化螟、大螟、稻纵卷叶螟、稻苞虫、稻蓟马、灰飞虱、黏虫、稻小潜叶蝇等的寄主。

【防除指南】 实行水旱轮作，加强秧田和本田管理，及时中耕除草。幼苗期彻底拔除。药剂可用禾草灵、草灭畏、甲草胺、乙草胺、丁草胺、丙草胺、绿麦隆、扑草净、禾草特、恶草酮、敌稗等。

图 201b 稗成株

202. 旱　稗
Echinochloa hispidula (Retz.) Hack.

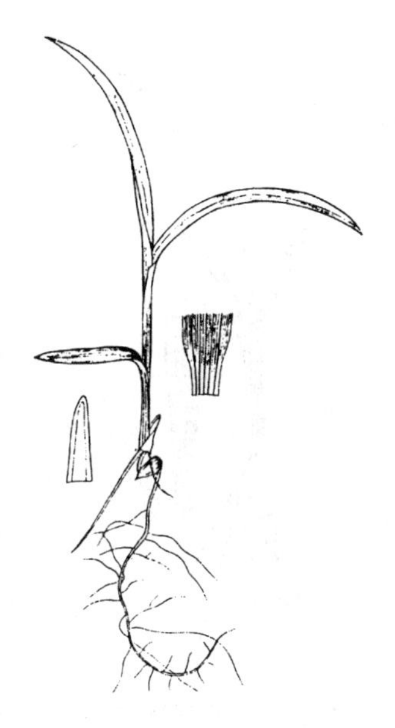
图 202a　旱稗幼苗

【幼苗特征】 种子留土萌发。第一片真叶带状披针形，长 2 厘米，宽 0.2 厘米，有 21 条明显平行脉，叶鞘长 6 毫米，叶片与叶鞘之间无叶舌、叶耳，但有明显白色叶颈（图 202a）。

【成株特征】 一年生草本。秆丛生，直立，高 40～100 厘米。叶条形，长 10～30 厘米，宽 6～12 毫米，无毛，先端渐尖，边缘多变厚，干时常向内卷；叶鞘光滑无毛；无叶舌。圆锥花序较狭窄，软弱下弯；小穗宽卵形至卵圆形，长 4～5 毫米，淡绿色或稍带紫色，毛较少，脉上不具或稍具疣毛，芒长 1～2 厘米。果实干熟后开始脱落（图 202b）。

图 202b　旱稗成株

【识别提示】 ①第一片真叶平展生长，有 21 条在放大镜下可见的直出行脉，其中 5 条较狭粗，16 条较细。②圆锥花序较狭窄，软羽而下垂。③小穗淡绿色，长 4～5 毫米。

【本草概述】 生稻田及水湿地。分布于华东、华北、华南、华中以及陕西、四川等省区，是稻田常见杂草，部分水稻受害较重。

【防除指南】 同稗。

203. 无 芒 稗

Echinochloa crus - galli (L.) Beauv var. mitis(Pursh)Peterm.

【别　　名】 落地稗。

【幼苗特征】 种子留土萌发。第一片真叶带状披针形，长3～3.2厘米，宽2毫米，有21条直出平行脉，叶鞘长2.8厘米，叶片与叶鞘之间无叶舌、叶耳。幼苗全株光滑无毛（图203a）。

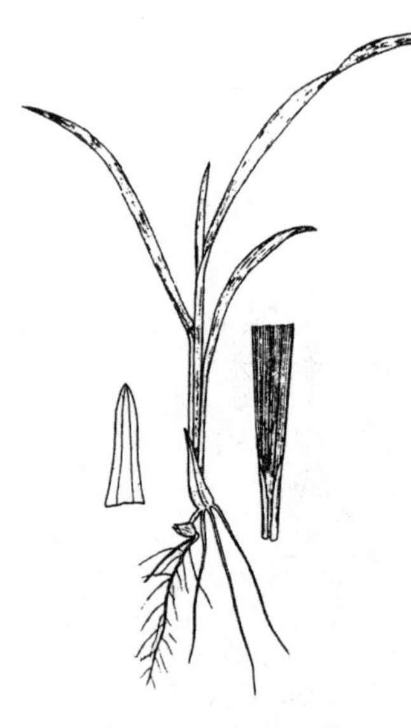
图203a　无芒稗幼苗

【成株特征】 一年生草本。秆丛生，直立或倾斜，高90～120厘米。叶片条形，长20～30厘米，宽6～10毫米，无毛，边缘粗糙；叶鞘光滑无毛，无叶舌。圆锥花序直立，枝腋间常有细长毛；小穗卵形，长约3毫米，有较多短硬毛，脉上具硬刺疣毛，无芒或具长约3毫米芒；谷粒边熟边落。幼苗基部扁平，叶鞘半抱茎，紫红色（图203b）。

【识别提示】 ①第一片真叶竖直生长，有21条在放大镜下可见的直出平行脉，其中3条较粗，18条较细。②圆锥花序较开展，直立而粗壮。③小穗无芒或有极短芒，芒长约3毫米。

【本草概述】 生低湿农田或水边湿地。全国各地均有分布，是农田常见杂草，部分棉花、豆类、薯类、蔬菜、果树、水稻受害严重。

【防除指南】 同稗。

图203b　无芒稗成株

204. 雀　　稗

Paspalum thunbergii Kunth ex Steud

【别　　名】 罗罗草。

【幼苗特征】 种子留土萌发。第一片真叶带状，长1.1～1.5厘米，宽2～3毫米，先端急尖，叶缘生睫毛，有27条直出平行脉，叶片与叶鞘之间有1片膜质叶舌，顶端呈不规则缺刻。叶鞘紫红色，有13条脉，叶片与叶鞘均被长柔毛。第二片真叶呈带状披针形（图204a）。

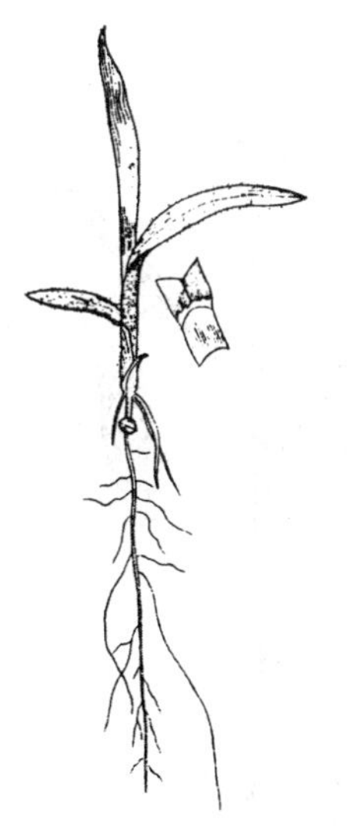

图204a　雀稗幼苗

【成株特征】 秆通常丛生，高25～50厘米，有2～3节，节有柔毛。叶鞘松弛，有脊；多聚集于秆基，被柔毛；叶片边缘粗糙，两面密生柔毛；小穗倒卵状长圆形，绿色或紫色；第二小花细点状粗糙，灰白色，与小穗等长（图204b）。

【识别提示】 ①第一片真叶具1环状顶端齿裂叶舌，与后生叶交互排列，全株密生茸毛。②无根茎或匍枝，总状花序3～6枚，呈总状排列于主轴。③小穗较疏，2、4排列于穗轴一侧，第二小花与小穗等长。

【本草概述】 生于荒野、路边及潮湿处。分布几乎遍及全国。是低湿田边常见杂草，农田数量不多。也是稻纵卷叶螟、稻苞虫、大螟、白翅叶蝉、稻小潜叶蝇寄主。

【防除指南】 敏感除草剂有喹禾灵、西玛津、恶草酮、草甘膦、吡氟禾草灵、敌草隆、莠去津等。

图204b　雀稗成株

205. 双穗雀稗

Paspalum distichum L.

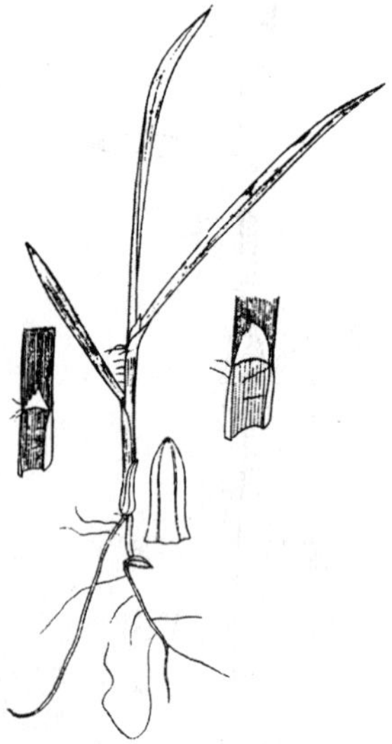

图 205a　双穗雀稗幼苗

【别　　名】红绊根草。

【幼苗特征】种子留土萌发。种子萌发时，首先裹着棕色胚芽鞘的胚芽伸出地面，随后从其顶端穿出第一片真叶。叶片带状披针形，长 2 厘米，宽 1.2 毫米，先端锐尖，有 13 条直出平行脉，叶片与叶鞘之间有 1 片三角状叶舌，其顶端数齿裂，两侧有绵毛，叶鞘边缘一侧有长柔毛（图 205a）。

【成株特征】多年生草本，具根状茎及匍匐茎。花枝高 20～60 厘米，较粗壮。叶片条形至条状披针形；叶鞘松弛，背部具脊，通常边缘上部具纤毛；叶舌膜质，长 1～1.5 毫米。总状花序2～3 枚，指状排列于秆顶，长 2～5 厘米；小穗椭圆形，成 2 行排列于穗轴一侧；第一颖缺或微小；第二颖被微毛，与第一外稃等长，中脉均明显。谷粒椭圆形，灰色，先端有少数细毛（图 205b）。

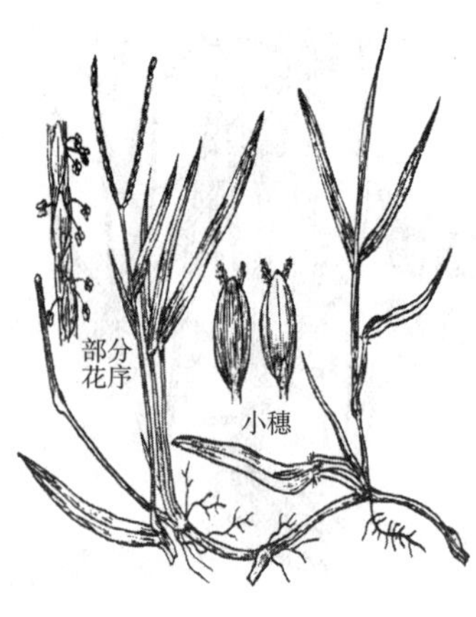

图 205b　双穗雀稗成株

【识别提示】①第一片真叶有 13 条在放大镜下可见的直出平行脉，第一片真叶及后生叶均有叶舌，叶鞘边缘有毛。②植株具根状茎和匍匐茎，总状花序通常 2 枚指状排列于秆顶。③小穗成 2 行排列于穗轴一侧。

【本草概述】生于湿地或浅水中。分布于湖北、湖南、广东、广西、台湾、江苏、云南等省。对水稻、棉花、豆类等作物危害较重，部分农田受害严重。

【防除指南】同雀稗。

206. 荩　　草

Arthraxon hispidus (Thunb.) Makino

【幼苗特征】 种子留土萌发。萌发时，首先胚芽伸出地面，其外部裹着紫红色胚芽鞘，随后从顶端露出第一片真叶，初呈深蓝色，当完全穿出胚芽鞘时才逐渐转变为绿色。第一片真叶卵圆形，长5毫米，宽3毫米，先端钝尖，全缘，具睫毛，有13条直出平行脉，叶片与叶鞘之间有1膜质环状叶舌，叶鞘外表有长柔毛。第二片真叶卵状披针形，叶舌环状，其顶端呈齿裂(图206a)。

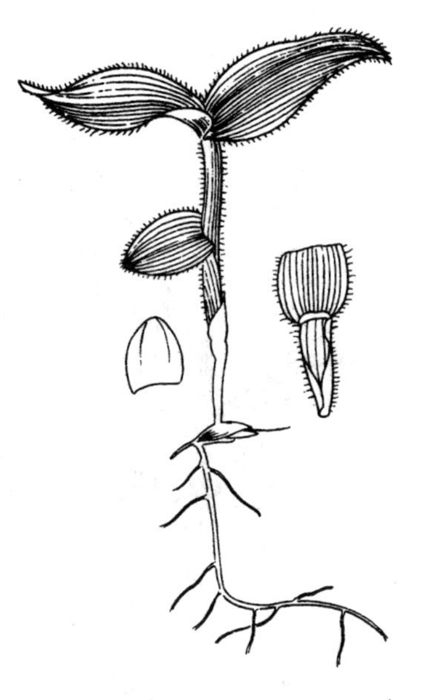

图 206a　荩草幼苗

【成株特征】 一年生草本。秆细弱，多分枝，基部倾斜，着地后节易生根，高30～45厘米。叶片卵状披针形，基部心形抱茎，下部边缘生纤毛；中鞘短于节间，生短硬疣毛；叶舌膜质。总状花序2～10枚指状排列或簇生于秆顶；小穗孪生，1有柄，1无柄；无柄小穗结实，含1花；两颖近等长，第一颖具7～10脉，第二颖具3脉；第一外稃透明膜质，第二外稃与第一外稃等长，近基部处有1膝曲状芒，芒长6～9毫米，伸出小穗外，无内稃。颖果长圆形（图206b）。

图 206b　荩草成株

【识别提示】 ①第一片真叶卵圆形。②叶片卵状披针形，心形抱茎。③总状花序2～10枚指状排列或簇生于秆顶。

【本草概述】 生湿润环境，全国各地均有分布，为稻田、沟边、湿地常见杂草。

【防除指南】 敏感除草剂有吡氟禾草灵、氟吡甲禾灵、烯禾啶、茅草枯、草甘膦等。

207. 茵　　草

Beckmannia syzigachne (Steud) Fern.

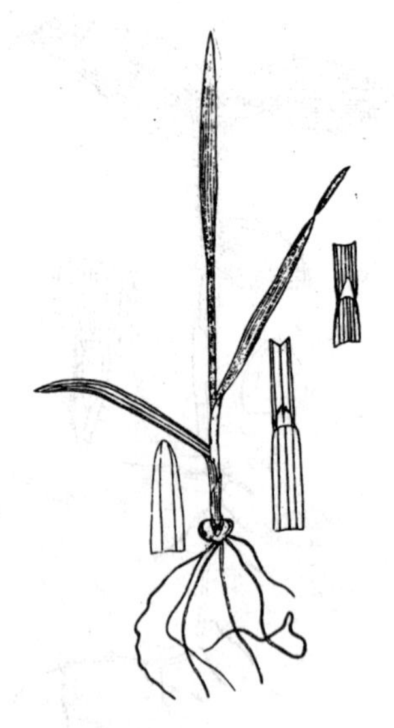

图 207a　茵草幼苗

【幼苗特征】 种子留土萌发。第一片真叶带状披针形，长1.7厘米，宽1毫米，先端锐尖，有3条直出平行脉，叶片与叶鞘之间有1片膜质叶舌，顶端2深裂，无叶耳，叶鞘长 7 毫米，3 条脉，紫红色，叶片与叶鞘均光滑无毛。第二片真叶有 5 条直出平行脉，叶舌三角形，其他与前者相似。幼苗地下部残留的小穗，两颖大于小穗的特殊形态，可作为鉴别的参考依据（图 207a）。

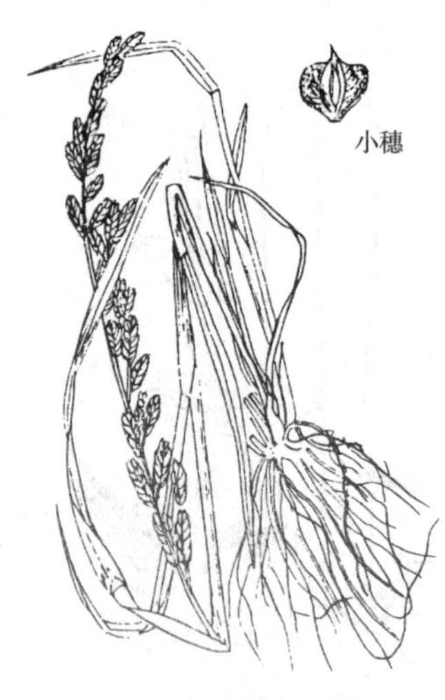

图 207b　茵草成株

【成株特征】 越年生或一年生草本。秆丛生，直立或略倾斜，高15～90厘米，具2～4节。叶片宽条形；叶鞘无毛；叶舌透明膜质。圆锥花序狭窄，分枝直立或斜伸；小穗扁圆形，通常含 1 花，长约 3 毫米，脱节于颖之下，无柄，成 2 行着生于穗轴一侧；两颖等长，边缘膜质，背部灰绿色，具淡绿色横纹；外稃披针形，5 脉，具伸出颖外短尖头，内稃稍短于外稃。颖果长圆形，黄褐色（图 207b）。

【识别提示】 ①第一片真叶长约 17 毫米，宽约 1 毫米。②小穗扁圆形，无柄，成 2 行着生于穗轴一侧。

【本草概述】 喜生水湿地，低湿农田、河床处常见，全国各地均有分布，部分小麦、水稻受害较重。

【防除指南】 敏感除草剂有烯禾啶、氟乐灵、草甘膦、吡氟禾草灵、茅草枯等。

草酮等。

208. 雀　麦
Bromus japonicus Thunb.

【幼苗特征】 种子留土萌发。第一片真叶带状披针形，长 3～4 厘米，宽 1 毫米，先端锐尖，缘生睫毛，有 13 条直出平行脉，叶片与叶鞘之间无叶舌、叶耳，叶鞘闭合，叶两面及叶鞘均密被长柔毛。随后出现真叶，叶鞘带紫红色，其他与前者相似（图 208a）。

【成株特征】 越年生或一年生草本。秆丛生，稀单生，直立或略倾斜，高 30～100 厘米，叶片长条形，两面均有白色柔毛，有时叶背无毛；叶鞘闭合，被柔毛；叶舌透明膜质。圆锥花序开展，每节具3～7 个分枝，每枝近上部着生1～4 个小穗；小穗含 7～14 个小花；颖披针形，具膜质边缘；外稃长椭圆形，先端微 2 齿，齿下约 2 毫米处生芒，芒长 5～10 毫米；内稃短于外稃，脊上疏生刺毛。颖果与内稃相贴，不易分离，长圆状椭圆形（图 208b）。

【识别提示】 ①第一片真叶及后生叶的叶鞘均为闭合叶鞘。②幼苗全株密生长柔毛。③圆锥花序展开，每节具 3～7 个分枝。

【本草概述】 生旱地、荒地及路边，分布于长江、黄河流域。部分麦田受害较重。

【防除指南】 敏感除草剂有草甘膦、茴达灭、茅草枯、烯禾啶、喹禾灵、嗪

（五十四）莎草科杂草

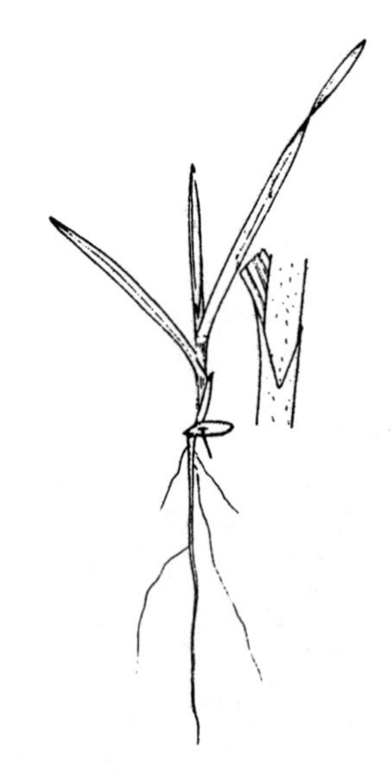
图 208a　雀麦幼苗

图 208b　雀麦成株

多年生或一年生草本。多数有匍匐地下茎，须根。茎三棱形，有时圆筒形，实心，很少中空，如茎中空则有密布横隔。叶片线形，通常排为 3 列；叶鞘边缘连合成管状包于茎上。总状花序，通常数枚或多数生于茎上，或密集在茎端呈头状，每一穗状花序基部通常有叶片状苞片。每一花托下有 1 苞片，称为鳞片。花通常无花被或少有具花被的，或变成鳞片状或刚毛状。通常为两性花，有时为单性。若为单性，通常雌雄同株，有时为异株。雄蕊通常 3，也有 2，上位子房，小坚果。

209. 扁秆藨草
Scirpus planiculmis Fr. Schmidt.

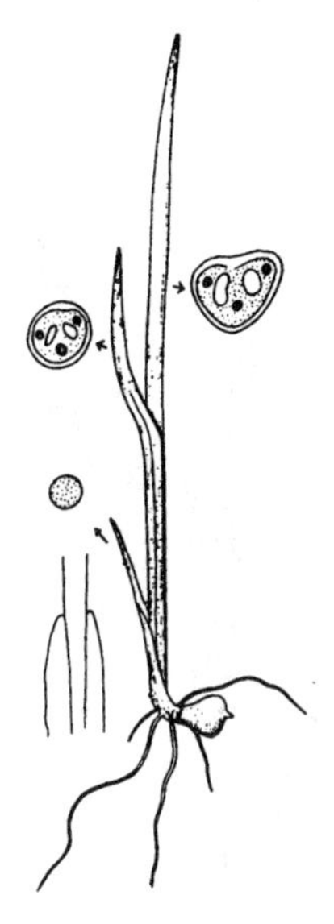

图 209a　扁秆藨草幼苗

【幼苗特征】 种子留土萌发。第一片真叶针状，横剖面近圆形，叶片与叶鞘之间无明显相接处。叶鞘边缘有膜质翅。第二片真叶横剖面中可见2个大气腔。第三片真叶三角形，横剖面有2个大气腔。幼苗全株光滑无毛(图209a)。

【成株特征】 多年生草本。具匍匐茎和块茎。秆直立，高60～100厘米，三棱形。叶基生和秆生，条形，与秆近等长，基部具长叶鞘。叶状苞片1～3，长于花序，长侧枝聚伞花序短缩成头状，假侧生，有时具少数辐射枝，有1～6个小穗；小穗卵形或长圆状卵形，具多数花；鳞片长圆形，褐色或深褐色，先端缺刻状撕裂，中脉延伸成芒状；下位刚毛4～6条，具倒刺，长为小坚果的1/2或1/3；雄蕊3，柱头2，花柱长。小坚果宽倒卵形，扁，两面稍凹或稍凸，灰白色至褐色。花果期5～8月（图209b）。

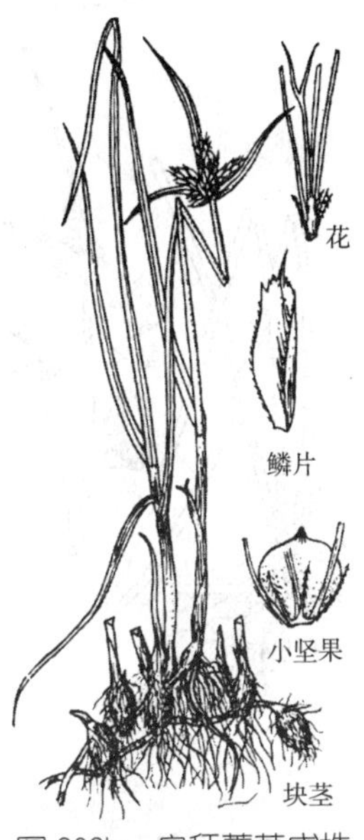

图 209b　扁秆藨草成株

【识别提示】 ①第二片真叶横剖面有2个大气腔。②花序常短缩为头状。③下位刚毛4～6，长约小坚果的1/2。

【本草概述】 生湿地或浅水中，江苏省各地都产。分布于东北以及内蒙古、山西、河北、河南、山东、浙江、云南、甘肃、青海、新疆等省、自治区，是稻田常见杂草，低湿盐碱地或浅水中，常成单一种群或与稗一起危害作物，部分水稻受害严重。

【防除指南】 实行水旱轮作，全面秋深翻地，加强田间管理，适时中耕除草。可用禾草特、异戊乙净、吡嘧磺隆、苄嘧磺隆、灭草松、2甲4氯、莎扑隆等药剂防除。

210. 萤　　蔺

Scirpus juncoides Roxb.

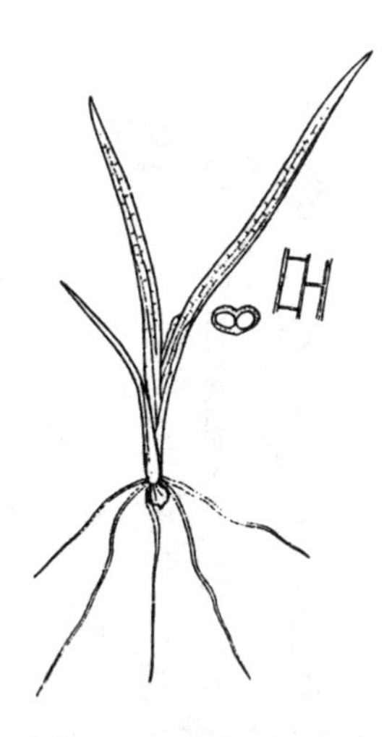

图 210a　萤蔺幼苗

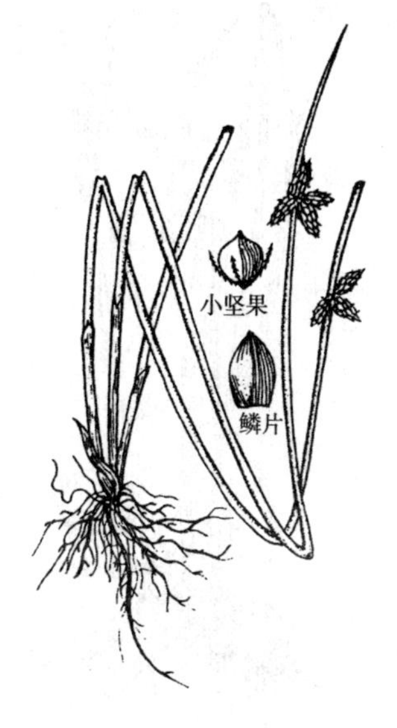

图 210b　萤蔺成株

【幼苗特征】 种子留土萌发。第一片真叶针状，横剖面形状近圆形，其叶肉有 2 个大气腔，叶片与叶鞘之间无明显界线。第二片真叶横剖面椭圆形，有 2 个大气腔（图 210a）。

【成株特征】 多年生草本，根状茎短，具多数须根。秆丛生，直立，高25～60厘米，圆柱形，较细弱，平滑。茎部有2～3个鞘，鞘开口处为斜截形，无叶片，仅有1～3个叶鞘着生于秆基部，苞片1，为秆的延长，直立。小穗3～5个聚集成头状，假侧生，卵状圆形或卵形，具多数花，鳞片宽卵形或卵形，顶端骤缩短尖，背面中间绿色，两侧棕色；下位刚毛5～6条，短于小坚果，有倒刺，雄蕊3，柱头2，极少3。小坚果宽倒卵形，暗褐色，具不明显横皱纹。花果期7～10月(图210b)。

【识别提示】 ①第一片真叶横剖面有 2 个大气腔。②下位刚毛 5～6，与小坚果等长或短于小坚果。

【本草概述】 生于池边、浅水边及稻田。除内蒙古、甘肃、西藏外，全国各地均有分布，是水稻田常见的杂草，尤其是老水稻田更多，部分水稻受害严重。

【防除指南】 实行水旱轮作，加强田间管理，及时中耕除草，并早期彻底清理田边、渠边。药剂防除可用 2 甲 4 氯、禾草特、异戊乙净、恶草酮、灭草松、吡嘧磺隆、苄嘧磺隆、丙草胺等。

211. 牛 毛 毡

Eleocharis aricularis (L.) Roem et Schult

【别　　名】牛毛草。

【幼苗特征】 种子留土萌发。幼苗细如牛毛。第一片真叶针状，长仅 1 厘米，宽 0.2 毫米，横剖面圆形，其中有 2 个大气腔，但无明显叶脉，叶鞘薄而透明，叶片与叶鞘之间无明显相接处。第二片真叶与第一叶相似。幼苗全株光滑无毛(图 211a)。

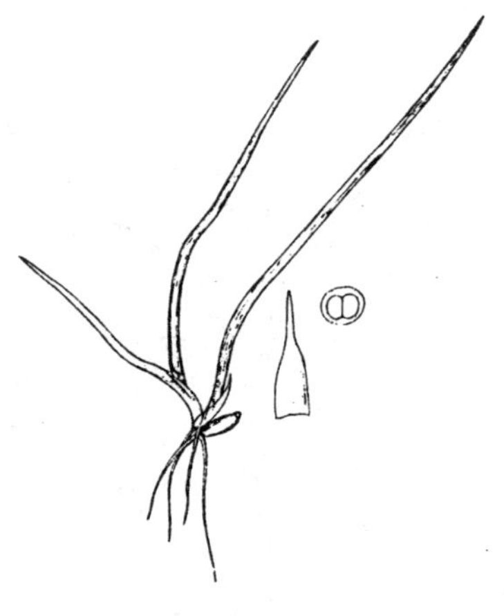

图 211a　牛毛毡幼苗

【成株特征】 多年生小草本，具纤细匍匐根状茎。秆密丛生，细如毛发，高2～12 厘米。管状叶鞘膜质。小穗单一，卵圆形或长圆形，稍扁，淡紫色，花少数；鳞片内全部有花，膜质下部鳞片近 2 列，基部 1 枚鳞片矩圆形，有 3 脉，抱小穗轴 1 周，其余鳞片卵形，具 1 脉，背部淡绿色，两侧紫色，下位刚毛 1～4 条，长约为小坚果的 2 倍，有倒刺，柱头 3。小坚果狭矩圆形，表面有隆起横长方形网纹，花柱基部稍膨大，先端呈短尖状，花果期4～11 月(图 211b)。

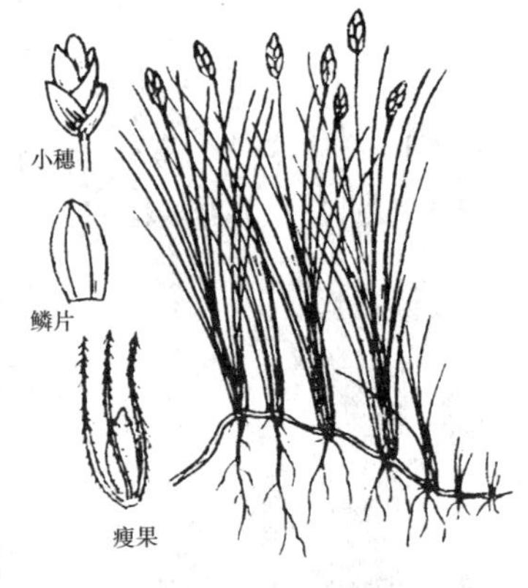

图 211b　牛毛毡成株

【识别提示】 ①第一片真叶横切面有 2 个大气腔。②秆密丛生，细如毛发。③柱头 3，每个鳞片各有 1 花。

【本草概述】 生于湿地或稻田中。分布几乎遍及全国各地。是稻田恶性杂草，繁殖力极强，部分水稻受害严重。

【防除指南】 实行水旱轮作，加强田间管理，及时中耕除草。可用异戊乙净、丁草胺、丙草胺、禾草丹、甲羧除草醚、西草净、苄嘧磺隆、吡嘧磺隆、灭草松、恶草酮、禾草特、克草胺、扑草净等药剂防除。

212. 日照飘拂草
Fimbristylis miliacea (L.) Hahl.

【别　　名】 水虱草。

【幼苗特征】 种子留土萌发。第一片真叶带状。叶片长 6 毫米，宽 0.3 毫米。有 3 条明显平行叶脉，叶片横剖面波浪形，叶片与叶鞘界线不明，叶鞘亦有 9 条脉。第二至三片真叶横剖面三角形，有 3 条明显平行脉。其他与前叶相似（图 212a）。

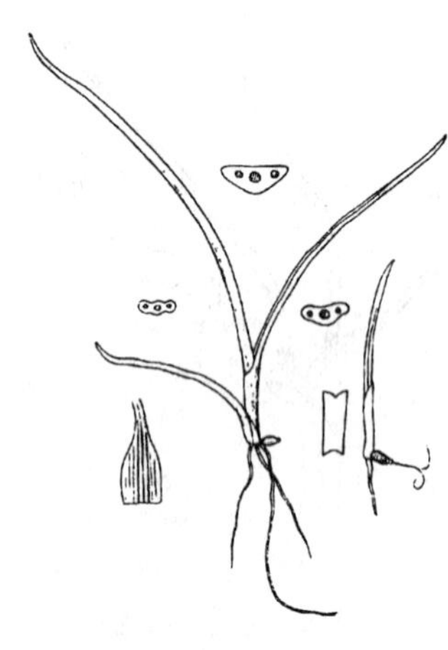
图 212a　日照飘拂草幼苗

【成株特征】 一年生草本。秆丛生，直立或斜伸，高 10～60 厘米，扁四棱形。叶片狭条伸，边缘粗糙；叶鞘侧扁，背面锐龙骨状，秆基部常有1～3 片无叶片叶鞘，鞘口以上渐狭，有时延伸成刚毛状，短于花序；长侧枝聚伞花序复出或多次复出，辐射枝 3～6 条；小穗单生于枝顶，近球形；鳞片膜质，卵形，锈色，背部有龙骨状突起，具 3 脉；雄蕊 2，花柱三棱形，基部稍膨大，柱头 3。小坚果倒卵形，有 3 钝棱，具疣状突起和横长圆形网纹（图 212b）。

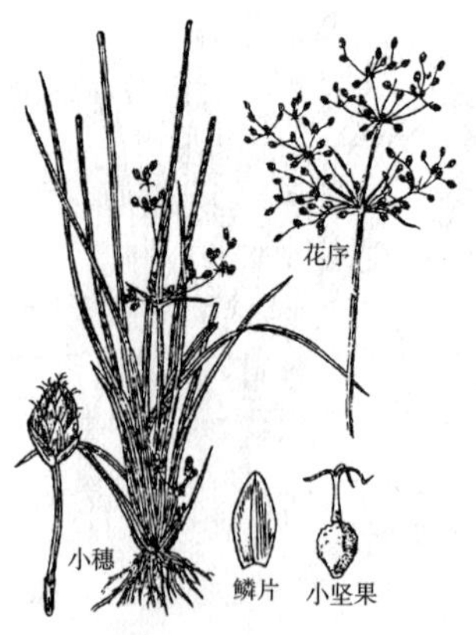

图 212b　日照飘拂草成株

【识别提示】 ①第一片真叶横剖面有 2 个大气腔。②叶剑状，顶端渐狭成刚毛状。③小穗球形。

【本草概述】 生于稻田、湖旁、河边潮湿处，我国除西北外，各省均有分布。是稻田、旱地常见杂草，部分水稻、旱作物受害较重。

【防除指南】 精细田间管理，适时中耕除草。药剂防除可用丙草胺、扑草净、2 甲 4 氯、苄嘧磺隆、灭草松、恶草酮、异丙甲草胺等。

213. 香附子

Cyperus rotundus L.

【别　　名】 莎草、猪毛草、九篷根、三棱草、回头青。

【幼苗特征】 种子留土萌发。第一片真叶带状披针形，叶片长1.6厘米，宽0.3毫米，有5条明显平行脉，叶片横剖面V形，叶片与叶鞘之间无明显连接处。第二片真叶与第一叶相似。第三片真叶有11条明显平行脉，其他与第二叶相似（图213a）。

图213a　香附子幼苗

【成株特征】 多年生草本，具长匍匐根状茎和块根。秆散生直立，高20～95厘米，锐三棱形。叶基生，短于秆，叶鞘基部棕色，叶状苞片3～5，下部2～3片长于花序，长侧枝聚伞花序简单或复出，具3～10条长短不等辐射枝，每枝有3～10个小穗排成伞形状；小穗条形，具6～26花；小穗轴有白色透明翅。鳞片卵形或宽卵形，背面中间绿色，两侧紫红色雄蕊3，柱头3，伸出鳞片外。小坚果三棱状长圆形，暗褐色，表面具细点，花果期5～10月（图213b）。

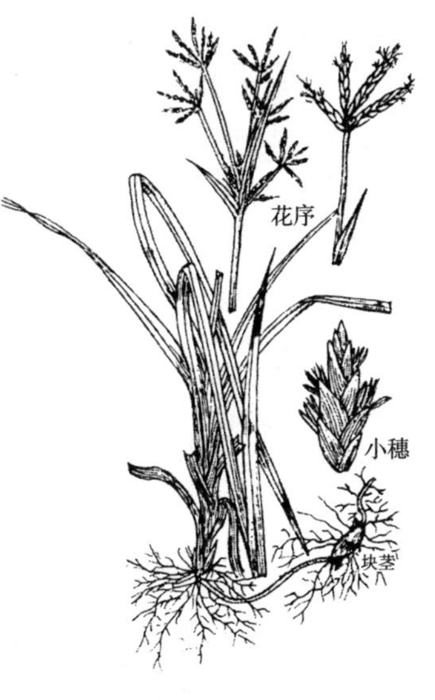

图213b　香附子成株

【识别提示】 ①第一片真叶横剖面V形。②根状茎细长，有黑褐色块茎。③鞘棕色，常裂成纤维状。

【本草概述】 生农田、荒地或路旁。广布南北各省区。是旱地、果园的常见杂草，主要危害棉花、花生、大豆、甘薯、蔬菜和果树，水稻也受其害。

【防除指南】 全面深耕，加强田间管理，适时中耕除草。可用甲草胺、异丙甲草胺、草甘膦、乙草胺、茅草枯、恶草酮、灭草松、敌草隆、莎扑隆、灭草敌、环草啶、一雷定、菌达灭、三氟羧草醚、丁草敌等药剂防除。

(五十五)鸭跖草科杂草

一年生或多年生草本,叶有叶鞘和明显中脉。花多两性，下位花，6瓣，外轮3个革质，宿存，内轮3个花瓣状，分离或在基部连合成管状，上部开裂，雄蕊6，着生在花被片基部，全有花药，有时有2个或数个不育雄蕊，子房2～3室，胚珠1或数个。蒴果开裂或不开裂；种子有棱，种脐常为线形，有1个圆形像脐眼状的胚盖。

214. 鸭跖草

Commelina communis L.

【别　　名】 蓝花草、鸡冠菜、鸭跖菜、淡竹叶、竹节草、竹叶草、萤火草。

【幼苗特征】 种子留土萌发。子叶连结较长，长达1.5毫米，子叶顶端膨大，留在种子内成为吸器，子叶鞘膜质包着一部分上胚轴，下胚轴发达，紫红色。初生叶1片，互生，单叶，卵形，叶鞘闭合，叶基及鞘口均有柔毛。后生叶1片，互生，呈卵状披针形，全缘，叶基阔楔形。幼苗全株光滑无毛（图 214a）。

图 214a　鸭跖草幼苗

【成株特征】 一年生披散草本。茎下部匍匐生根，上部直立或斜伸，长 30～50 厘米。叶互生，披针形至卵状披针形，基部下延成鞘，有紫红色条纹。总苞片佛焰苞状，有长柄，生于叶腋，卵状心形，稍弯曲，边缘常有硬毛，花数朵，略伸出苞外；花瓣 3，2 片较大，深蓝色，1 片较小，色淡，雄蕊 6，3 枚能育而长，3 枚退化，先端呈蝴蝶状。蒴果椭圆形，2 室，有 4 粒种子，种子表面凹凸不平，土褐色或深褐色。花果期 6～10 月（图 214b）。

【识别提示】 ①初生叶卵形，后生叶卵状披针形。②佛焰苞片有柄，心状卵形，边缘对合折叠，基部不相连。

【本草概述】 生路旁、田埂、山坡、林缘阴湿处及农田中。全国各地均有分布。是稻田边、旱地、果园常见杂草，对大豆、小麦、玉米等旱作物危害严重。

【防除指南】 实行合理轮作，加强田间管理，适时中耕除草。药剂防除可用 2 甲 4 氯、麦草畏、甲草胺、异丙甲草胺、乙草胺、五氯酚钠、乳氟禾草灵、灭草松、草甘膦、都阿混剂、都莠混剂、异丙甲草胺、甲羧除草醚、氟磺胺草醚等。

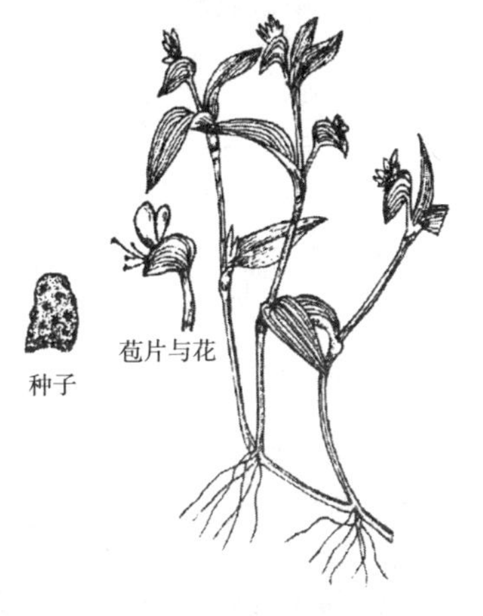

图 214b　鸭跖草成株

（五十六）雨久花科杂草

多年生，水生或沼生草本植物。根生泥中，叶和花高出水面。花两性，不整齐。穗状花序或总状花序自佛焰苞生出。花被6，花瓣状，雄蕊1～6，生于花被管喉部，其中有1个较大，花药内向开裂，子房上位，3室，果为蒴果，3瓣裂或不开裂。种子有纵条纹。

215. 鸭 舌 草

Monochoria vaginalis

(Burm. f.)Presl. et Kunth

【别　　名】 猪耳草，鸭嘴菜，马皮瓜，鸭仔草。

【幼苗特征】 种子留土萌发。由于子叶伸长而把整个胚推出种壳，顶端部分却留在种壳内，并膨大成为吸器，吸收胚乳，供胚生长。下胚轴明显，其下端与初生根之间有明显节，有时甚至膨大成球形颈环，表面密生根毛，可借此把刚出壳的幼苗固着泥中，上胚轴不发育。初生叶1片，互生，单叶，叶片披针形，先端渐尖，全缘，叶基两侧有膜质鞘边，叶片有3条直出平行脉及其之间横脉所构成的方格状网脉。幼苗全株光滑无毛(图215a)。

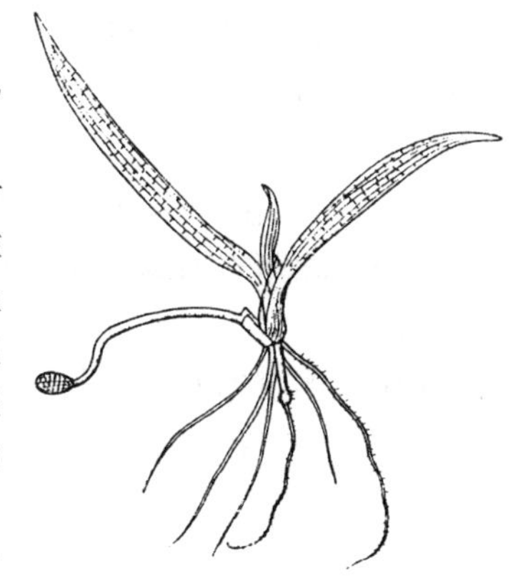

图 215a　鸭舌草幼苗

【成株特征】 一年生沼生或湿生草本。茎直立或斜生，有时成披散状，高20～30厘米。基生叶具长柄，茎生叶具短柄，基部均具叶鞘，叶的形状大小变化较大，通常卵形至卵状披针形。基部圆形，截形或略呈浅心形。总状花序腋生，有3～6花，且不超过叶长；花被蓝紫色，裂片6，披针形或卵形，花梗长不足1厘米，蒴果长圆形，花期7～9月(图215b)。

图 215b　鸭舌草成株

【识别提示】 ①初生叶带状披针形，有3条明显纵脉，并与横脉构成方格网脉。②叶片卵形至卵状披针形。③总状花序从叶鞘内抽出，但不超过叶的长度，有3～6花。

【本草概述】 生于湿地及浅水中，分布几乎遍及全国。部分水稻受害严重。

【防除指南】 实行水旱轮作。敏感除草剂有灭草松、扑草净、苄嘧磺隆、恶草酮等。

图书在版编目（CIP）数据

图说农田杂草识别及防除/马承忠等编著．—2版．—北京：中国农业出版社，2013.10（2021.8重印）
（最受欢迎的种植业精品图书）
ISBN 978-7-109-18436-7

Ⅰ.①图…　Ⅱ.①马…　Ⅲ.①农田－杂草－识别－图解②农田－除草－图解　Ⅳ.①S451-64

中国版本图书馆 CIP 数据核字（2013）第238538号

中国农业出版社出版
（北京市朝阳区农展馆北路2号）
（邮政编码 100125）
责任编辑　郭银巧　杨天桥

北京通州皇家印刷厂印刷　　新华书店北京发行所发行
2014年1月第2版　　2021年8月第2版北京第2次印刷

开本：880mm×1230mm　1/32　　印张：8.875
字数：245千字
定价：30.00元